Chemische
Technologie der Gespinstfasern
III. Teil

Chemische Technologie der Gespinstfasern

Praktisches Hilfs- und Lehrbuch
für Färber, Bleicher, Ausrüster und Drucker
sowie zum Unterricht an Fach- und Hochschulen

Von

E. Ristenpart

I. Teil: Die chemischen Hilfsmittel zur Veredlung der Gespinstfasern
II. Teil: Die Gespinstfasern
III. Teil: Die Praxis der Färberei
IV. Teil: Die Praxis der Bleicherei
V. Teil: Die Ausrüstung (Appretur)
VI. Teil: Die Druckerei

BERLIN W 35
Technischer Verlag von M. Krayn
1940

Die Praxis der Färberei unter Berücksichtigung der Ausrüstung

Von

Prof. Dr. E. Ristenpart

Neue ergänzte Ausgabe
der dritten Auflage von
Das Färben und Bleichen Teil III

Mit 224 Abbildungen und 15 Musterbeilagen

BERLIN W 35
Technischer Verlag von M. Krayn
1940

Vorwort.

In der neuen Ausgabe ist der Inhalt in derselben Ordnung gegliedert worden, wie sie sich in der alten erfolgreich bewährt hat.

Als Einleitung werden die Geschichte der Färberei, die Farblehre und die Anschauungen über das Färben besprochen, im Hauptteil folgen die beiden großen Kapitel Farbstoffe und Färberei, den Beschluß machen die Farbstoffanalyse und die Echtheitsprüfung.

Jedes Kapitel ist inhaltlich bis 1938 ergänzt worden, ein neues Kapitel über das Färben der Zellwolle ist eingeschoben worden.

Ein Lehrbuch muß in seinem engbegrenzten Rahmen möglichst viel unterbringen ohne auf Vollständigkeit Anspruch zu erheben. Wenn daher bei der Anführung von Farbstoffen oder Färbeverfahren eine oder die andere Auslassung sich findet, so ist diese in der Raumbegrenzung begründet und stellt nimmermehr ein Werturteil dar.

Der Verfasser ist von der Praxis auf das Wirksamste unterstützt worden. Zu besonderem Dank ist er der I. G. Farbenindustrie A. G. verpflichtet für so manchen wertvollen Rat aus dem Schatze ihres reichen Wissens und für die Ausschmückung des Buches mit Musterbeilagen.

Chemnitz und Wiesbaden, Januar 1939.

E. Ristenpart.

Inhaltsverzeichnis.

Druckfehler!

S. 2 Z. 6 v. u.: statt „acht“ lies „neun“.
S. 6 Z. 3: statt „bricht“ lies „brach“.
S. 10 Z. 1: statt „Farbenlehre“ lies „Farblehre“.
S. 11 Z. 13: statt „1837“ lies „1737“.
S. 15 Z. 6 v. u.: gehört unter Abb. 3.
S. 26 Z. 22: statt „Anagben“ lies „Angaben“.
S. 35 Z. 7—9: lies „Die Arbeiten Hellots und Dufays wurden bemängelt und schienen schon in Vergessenheit zu geraten, als der Glasgower Fabrikant Crumm (Bull. Mulh. **1864**/ 34) und der Chemiker Jean Persoz (Traité théorique et pratique de l'impression des tissus) die chemische . . .
S. 45 Z. 14: statt „Safranis“ lies „Safranins“.
S. 46 Z. 10: statt „gehalten“ lies „gespalten“.
Z. 49 Z. 21: statt „Blummenblätter“ lies „Blumenblätter“.
S. 51 Z. 3 v. u.: statt „Ätzkali“ lies „Ätzalkali“.
S. 53 Z. 2 v. u.: statt „100“ lies „1000“.
S. 55 Z. 4 v. u.: statt „20% SB“ lies „20%“.
S. 139 Z. 13: statt „Räth“ lies „Rath“.
S. 284 Z. 1 v. u.: statt „Vergrünlichkeit“ lies „Unvergrünlichkeit“.
S. 315 Z. 9: statt „$Na_2S_2O_3$“ lies „$Na_2S_2O_3$“.
Z. 18: statt „Nach“ lies „Auch nach“.
S. 324 Z. 2 v. u.: statt „Kalkfreies“ lies „Kalkreiches“.
S. 325 Z. 2: statt „Alizarinblau, Teig“ lies „Alizarinblau S Teig“.
Z. 7: statt „Alizarinblau SB-Pulver“ lies „Alizarinblau SR Plv.“.
Z. 4 v. u.: statt „7“ lies „6“.
S. 342 Z. 16, S. 401 Z. 8, S. 418 Z. 10, 29, S. 471 Z. 3 v. u., S. 477 Z. 3 v. u., S. 479 Z. 12, S. 480 Z. 14: statt „Band II“ lies Band IV“.
S. 354 Z. 24: statt „hälter“ lies „Behälter“.
S. 370 Abb. 69: statt „Fourlard“ lies „Foulard“.
S. 385 Z. 12: statt „1 · 0,9975“ lies 1 : 0,9975“. „1 kg feuchte Luft nimmt bei 76 cm Barometerstand, 60° C und 72% Sättigung 0,997 5 cbm ein; 1 cbm Luft wiegt 0,0975 kg“.
S. 413 Z. 24: statt „Auswringen“ lies „Ausschleudern“.
S. 417 Z. 17: statt „Abwinden“ lies „Herausschlagen“.
Z. 20: streichen „und abgewunden“.
S. 435 Z. 1 v. u.: statt „loses Material“ lies „Kops und Kreuzspulen“.
S. 436 Z. 9 v. u.: statt „Kops und Kreuzspulen“ lies „lose Wolle“.
S. 460 Z. 8 v. u.: statt „113“ lies „63“.
S. 480 Z. 15: statt „II“ lies „V“.
S. 489 Z. 11: statt „einer“ lies „einer Reihe“.
S. 490 Z. 5 v. u.: statt „Savar“ lies „Sarvar“.
S. 492 Z. 4 v. u.: streichen „und 20 Minuten mit Tannin und $^1/_2$—1% Salzsäure bei 50° C“.
S. 497 Z. 6: statt „1925“ lies „1924“.
S. 501 Z. 8: statt „sich“ lies „sie“.
S. 502 Z. 16—20: hinter Z. 7 setzen.
Z. 14 v. u.: statt „192“ lies „298“.

II. Zweifarbigkeit[1]).

1. Erst Seide, dann Baumwolle färben.

Sauer-basisch, S. 509, Z. 1.

Sauer-substantiv S. 509, Z. 9. Die Baumwolle wird im Katanol WL-Bad (S. 517) substantiv gedeckt.

2. Erst Baumwolle, dann Seide färben.

Substantiv-sauer. Auch hier setzt man dem substantiven Färbebad, wenn nötig, 3% Katanol WL zu, um die Seide rein zu halten. Die Seide wird danach im essigsauren Bad bei 30—40° gefärbt.

3. Baumwolle schwarz, Seide weiß (Schwarz-Weiß-Artikel).

Heute noch wird so gefärbt z. B. mit 10—20 g Immedialcarbon B, 20—40 g Natriumsulfid krist. usw. am besten auf dem Unterflottenjigger. Wenn nötig, kann nach dem Spülen geseift werden.

c) Mischgewebe aus Baumwolle + Kunstseide.

α) Baumwolle + Viskosekunstseide.

S. a. Köster, Das Färben von Mischgeweben und Strümpfen aus Kunstseide + Baumwolle, M. f. T. **1929,** Fachheft I, S. 17; H. Hoz, Das Färben von Baumwolle-Kunstseide-Mischgeweben, T. **1931,** 189; K. Linsenmeier, Das Färben von Stapelfaser und Mischgarnen (Stapelfaser + Baumwolle) auf Apparaten mit Indanthrenfarbstoffen, T. **1934,** 5:6.

Derartige Mischungen sind heute sehr beliebt, besonders auch mit Rücksicht auf die teilweise Ersparnis an Baumwolle. Sowohl Gewebe, glatt und gemustert als auch Gewirke, Trikot plattiert und Strümpfe, werden hergestellt. Verlangt wird fast immer Ton in Ton Färben oder Fadengleichheit.

Dieses Verlangen bedingt häufig große Geschicklichkeit des Färbers, da die beiden Fasern die Farbstoffe oft verschieden aufnehmen. Das hängt nicht nur von der Art der Faser selbst ab z. B. Baumwolle mercerisiert oder nicht, sondern auch von den Färbebedingungen wie Temperatur, Zusatz von Seife und Salz usw.

1. Substantive Farbstoffe.

Musterkarten Geigy 802 (1931), 859 (1933) und 897 (1934); I. G. 928 (1933) und 1321 (1936).

Die substantiven Farbstoffe ziehen im allgemeinen stärker auf die Viskosekunstseide, um so stärker, je heißer und salzreicher gefärbt wird; dagegen hält Seife vom Aufziehen auf die Kunstseide zurück.

---

[1]) Von hier ab ergänzt der Verf.

Danach hat die **I. G.** die in Frage kommenden substantiven Farbstoffe in 3 Gruppen eingeteilt:

I. Färben bei 45—50°.

Kalt eingehen in das mit 5% Marseiller Seife beschickte Bad, langsam auf 45—50° steigern und dann 10—20% Glaubersalz kalz. zusetzen.

II. Färben nahezu kochend ohne Salz

½ Stunde unter Zusatz von 5% Marseiller Seife, ½ Stunde bei abgestelltem Dampf nachziehen lassen.

III. Färben nahezu kochend mit 10—20% Glaubersalz kalz. und 5% Seife ½ Stunde, ½ Stunde bei abgestelltem Dampf nachziehen lassen.

Sehr beliebt sind heute Futterstoffe mit nicht mercerisierter Baumwollkette und Agfa-Viskoseschuß (Musterkarte 1321 (1936) der **I. G.**). Die mit 2—3 g Seife und 1—2 g Laventin HW ½ Stunde bei 70—80° gereinigte Ware wird nahezu kochend unter Zusatz von 2% Peregal 0 und 5—20% Duisburger Natriumsulfat oder Kochsalz mit bügel- und schweißechten substantiven Farbstoffen gefärbt. Danach wird appretiert und kalandert. Nachstehend einige Appreturen aus der Praxis:

	I	II	III	IV	V	VI
Appretan A	20—30					
Gelatine	5		5			
Soromin WF	3—5		3—5	3—5	0,5	
Appretan B		25				20
Johannisbrotmehl		3,5			5	3,5
Monopolbrillantöl		10				20
Cellappret trocken			10—20	10—20		
Ramasit I				5		
Appretan SF					70	75
Glyzerin					10	g im Liter

Die Vorschriften V und VI mit Appretan SF zum Schiebefestmachen gelten für dünne Gewebeeinstellungen.

Ferner werden Baumwolltrikot mit Kunstseide plattiert zunehmend verwendet (Musterkarte 715 (1932) der **I. G.**).

Die Ware wird zunächst mit 2—3 g Marseiller Seife und 0,5—1 g Igepon T oder auch, besonders bei hartem Wasser, mit 1—2 g Igepon T im Liter bei 70—80° gereinigt.

Wenn nötig, wird gebleicht mit Hypochlorit, 2 g wirksames Chlor im Liter, bei 25° ½—1 Stunde, vorteilhaft unter Zusatz von 1—2 g Igepon T oder Laventin HW, wodurch man oft die vorhergehende Reinigung ersparen kann und eine geschmeidige Ware erhält.

Gefärbt wird mit Siriusfarbstoffen unter Zusatz von 0,5 g Igepon T oder Soromin F im Liter und 5—10% Glaubersalz kalz. in 30facher Flotte 1 Stunde bei 50°,

für höchste Echtheit mit Indanthrenfarbstoffen.

Für besonders weichen Griff wird mit 1 g Soromin A im Liter bei 30° 15 Minuten nachbehandelt.

Sehr wichtig ist auch das Färben von Strümpfen aus Viskosekunstseide und Baumwolle geworden. Die Längen sind aus Kunstseide, Fuß, Rand und Naht aus Baumwolle. Die Kunstseide kann glänzend oder spinnmatt sein, die Baumwolle soll für helle Farben nicht mercerisiert sein, für dunkle dagegen mercerisiert.

Die Naht soll aus mercerisierter Baumwolle sein. Zum Durchfärben der Nähte färbt man kochend nach Verfahren II (S. 511) und setzt nur bei dunklen Farben nach und nach etwas Salz zu.

Die Strümpfe werden wie Futterstoffe (s. S. 511) gereinigt. Bleichen wäre kaum nötig, wird aber doch zuweilen getan, um das Aufziehvermögen der mercerisierten Baumwolle bei hellen Färbungen zu mindern.

Gefärbt wird mit 3—5 g Seife oder 1 g Igepon T im Liter, bei hellen Farben auch ohne Seife, um den Farbstoff mehr auf die Kunstseide ziehen zu lassen. Zum Gleichfärben wird Peregal 0 zugesetzt.

Die Farbstoffe müssen sorgfältig nach den Angaben der Farbstofffabriken ausgewählt werden. S. z. B. Musterkarten 839 (1933) (glänzende Kunstseide), 1114 (1935) (Mattkunstseide) und S 5530 (1937) der **I. G.**). Dies macht sich besonders dann nötig, wenn in die Strumpfränder Kanten aus reserviertem weißem oder buntem Baumwollgarn (Immungarn S. 648) eingewirkt sind, die nicht angefärbt werden sollen. S. a. Heft 812 (1932) der **I. G.**: Richtlinien für das Färben von Strümpfen aus Viskosekunstseide.

Ganz besonders sorgfältig müssen die Farbstoffe bei Strümpfen aus spinnmatter Kunstseide ausgewählt werden, um der Gefahr ungenügender Naßlichtechtheit (S. 702) vorzubeugen.

Die Färbung wird oft noch mit Solidogen BSE 3—4 g im Liter nachbehandelt, um sie wasserechter zu machen, damit sie nicht beim nachfolgenden Trocknen verläuft und Flecken gibt.

Weichgemacht wird z. B. mit Soromin A s. oben.

Da das Titandioxyd der spinnmatten Kunstseide den Weißgehalt der Färbung erhöht, empfiehlt es sich, um die Baumwolle farbgleich zu erzielen, diese nicht zu mercerisieren.

Mit Baumwolle plattierte kunstseidene Strümpfe werden wie Trikot (s. oben) gefärbt. Bei unregelmäßiger Plattierung kann Ringlichkeit (Bd. V S. 85) dadurch entstehen, daß der Baumwollfaden streckenweise an die Oberfläche kommt.

Über Strumpffärbemaschinen s. S. 668.

2. Küpenfarbstoffe kommen nur für höchste Echtheitsansprüche in Frage.

Bei dem gewöhnlichen Färbeverfahren ergeben die Verfahren IK und IW (S. 605) noch die beste Ton-in-Tonfärbung. Man färbt auf dem spannungslosen Jigger (S. 663) oder Kufe mit tiefliegendem Ovalhaspel (S. 487) oder ganz empfindliche Gewebe auf dem Sternreifen (S. 187).

Mit dem Prästabitöl-Klotzverfahren (S. 607) erzielt man die beste Durchfärbung.

3. Naphtol AS (S. 239 und 627).

Die Ware wird wie Kunstseide (S. 703) gereinigt und wieder getrocknet.

Grundiert wird nahezu kochend, um das Aufziehvermögen der Kunstseide abzuschwächen und seitengleiche Färbung zu erhalten. Nur bei Naphtol AS—BR ist 40—50° am günstigsten. Auch grundiert man möglichst kurz, um überhaupt das Aufziehen möglichst zu unterbinden; trotzdem muß man die Nachsatzlösung etwas stärker halten als die Ansatzflotte.

β) Baumwolle + Kupferkunstseide.

Das farbgleiche Färben derartiger Mischgewebe wird durch die starke Farbstoffaufnahme der Kupferkunstseide sehr erschwert; sie färbt sich bereits bei gewöhnlicher Temperatur tiefer an als Baumwolle und dies nimmt noch zu, wenn die Temperatur gesteigert wird (bis 70—80°; danach nimmt es wieder etwas ab). Um einigermaßen Farbgleichheit zu erreichen, muß die Baumwolle unter allen Umständen mercerisiert sein und die Farbstoffe müssen so gewählt werden, daß sie vorzugsweise die Baumwolle anfärben.

Die gut gereinigte Ware wird mit substantiven Farbstoffen unter Zusatz von Seife (oder Igepon T) nahezu kochend gefärbt; Salz wird, wenn überhaupt nötig, erst zum Schluß zugesetzt.

Für echtere Färbung wählt man Diazo- und Parafarbstoffe, für ganz echte Küpenfarbstoffe; damit diese gut gleich färben, setzt man 1—2 ccm Peregal O oder 10—20 ccm Dekol auf 1 Liter zu.

d) Baumwolle + Azetatkunstseide.

Wenn nötig, wird vorher gereinigt, aber mit Rücksicht auf die Azetatkunstseide nicht über 80°, und leicht mit Hypochlorit gebleicht.

Gefärbt wird für

I. Einfarbigkeit.

1. einbadig, Azetatkunstseidenfarbstoffe, die die Baumwolle weiß lassen wie Cellitonecht- bzw. Celliton- oder Setazyldirektfarbstoffe, zusammen mit substantiven Farbstoffen, die die Azetatkunstseide weiß lassen, aber jedes für sich in weichem Wasser gelöst, im Seifenbad färben unter Zusatz von 20—40% Glaubersalz krist. Eingehen bei 40 bis 50°, langsam auf 75° treiben, in 1 Stunde fertig färben.

Für waschechte Schwarz empfehlen Geigy Setazyldiazoschwarz B und J zusammen mit Diazopenylschwarz, diazotiert und entwickelt mit Betaoxynaphtoesäure; die I. G. Cellitazol STN konz., STN, AZN zusammen mit Sambesischwarz V oder Direkttiefschwarz EW oder RW extra, diazotiert und entwickelt mit Entwickler ON.

2. zweibadig, beide Fasern in derselben Weise, nur hintereinander färben, die Baumwolle nur bei 40—50° hinterher.

II. Zweifarbigkeit.

Man färbt ein- oder zweibadig wie unter I angegeben.

Soll die Baumwolle rein weiß bleiben, so muß sie aufgehellt („blanchiert") werden durch Nachbehandlung mit

2 ccm Schwefelsäure 66° Bé im Liter 10 Minuten bei 50° oder

3 g Blankit I im Liter 15 Minuten bei 40° oder

Chlorlauge, 1 g wirksames Chlor im Liter 15 Minuten kalt.

Zum Schluß immer gut spülen, nach dem Chloren Antichloren. Die Setazyl- bzw. Cellitonfarbstoffe müssen so ausgewählt werden, daß sie der Nachbehandlung Stand halten.

Soll die Azetatkunstseide rein weiß bleiben, so müssen nicht nur die Farbstoffe entsprechend ausgewählt, sondern auch berücksichtigt werden, daß tiefere Färbung stärkeres Anfärben zur Folge hat und daß Azetatmattkunstseide leichter Farbstoff annimmt als glänzende; unvollkommene Azetylierung bei der Herstellung der Kunstseide verrät sich auch durch stärkere Anfärbung; größere Flächen erfordern mehr Sorgfalt als kleinere Effekte, bei denen die Antönung weniger bemerkt wird.

Gefärbt wird mit

1. substantiven Farbstoffen wie unter I. 1.

2. Diazofarbstoffen, Schwarz z. B. mit Oxydiaminogen OT, diazotiert und entwickelt mit Entwickler Z

3. Schwefel- und Indanthrenfarbstoffen, wenn die Azetatkunstseide durch Zugabe von 5—10 g Reserve für Azetatkunstseide im Liter vor dem Verseifen durch das Natriumsulfid oder die Natronlauge geschützt wird.

Man nimmt z. B. auf 1 Liter Färbebad
10 g Immedialschwarz TBOC
14 g Natriumsulfid krist., vorher in heißem Wasser gelöst,
6,5 g Hydrosulfit konz. Plv., eingestreut
6 g Reserve für Azetatkunstseide,
färbt ¼ Stunde bei 50°, ¾ Stunden bei 70°, quetscht ab, spült warm, oxydiert, spült und seift bei 50—60°.

Indanthrenfarbstoffe werden nach Verfahren IW oder IK mit Natronlauge und Hydrosulfit verküpt und ½—1 Stunde mit 5—20 g Glaubersalz kalz. und 5—10 g Reserve für Azetatkunstseide auf 1 Liter kalt gefärbt. Spülen, Oxydieren, Säuern, Spülen, Seifen bei 70° wie üblich. Natronlauge soll nicht mehr als 5 ccm 38—40° Bé gebraucht werden; das Bad soll rotes Lakmuspapier anbläuen. Hydrosulfit 2—5 g im Liter. Reserve nur soviel, daß nicht Küpenfarbstoff ausgefällt wird.

e) Mischgarne und Mischgewebe aus Baumwolle (Flachs und Ramie) + Zellwolle. S. a. Vistraheft der **I. G.** S. 47.

Früher erzielte man solche Mischgarne und Mischgewebe durch Verzwirnen baumwollener usw. mit Zellwollgarnen bez. durch ihr Zusammenverweben und -verwirken. Heute geht man mehr und mehr zur Mischelung (Melangierung) der losen Fasern in der Spinnerei über; dazu eignet sich die Zellwolle ausgezeichnet.

Da beide Mischfasern in der Hauptsache aus Zellulose bestehen, können sie in gleicher Weise vorgereinigt und einbadig gefärbt werden gemäß den Vorschriften auf S. 511.

Ton-in-Tonfärbung gelingt leicht, wenn man die von den Farbstoffabriken vorgeschlagenen Farbstoffe wählt. Dabei beachte man das verschiedene Aufziehen auf mercerisierte, gute und geringe Baumwolle einerseits und Zellwolle glänzend und matt andererseits. Bei Mischungen mit matter Vistrafaser sind ganz bestimmte Farbstoffe auszuwählen.

Substantive Farbstoffe werden meistens unter Zusatz von 1—2% Igepon T und 2—4% Mars. Seife ½—¾ Stunde nahezu kochend gefärbt, wobei 5—30% Duisburger Natriumsulfat erst nach 10 Minuten zugesetzt werden. Man läßt noch ½ Stunde bei abgestelltem Dampf nachziehen. Einige Farbstoffe ziehen auch ohne Salz kochend. Eine dritte Klasse bereits bei 50° auf schwach gedrehte Garne, indem kalt eingegangen, langsam auf 50° getrieben und das Salz nachgegeben wird.

Sollen dicht geschlagene z. B. Ripsgewebe mit Indanthrenfarbstoffen durchgefärbt werden, so hilft man sich entweder durch Erwärmen des Bades bis auf 80—90° unter Zugabe von 20 ccm Dekol und

1—2 ccm Peregal 0 je Liter und Nachgabe von ausreichendem Hydrosulfit etwa alle 15 Minuten oder noch besser wendet man das Pigment-Klotzverfahren S. 607 an.

Strümpfe aus Baumwoll-Vistra-Zwirn werden wie solche aus Baumwolle-Viskosekunstseide gefärbt S. 512. Zuvor wird gründlich gereinigt mit 1 g Igepon T + 3 g Mars. Seife + 2—3 ccm Laventin KB oder HW 1 Stunde kochend und zweimal gespült.

f. Mischgewebe aus Wolle und Seide.

Gloria sind die bekanntesten Gewebe dieser Art aus Seidenkette und Kammgarnschuß, für Schirmstoff; Eolienne, ebenfalls Seidenkette, Kammgarnschuß, Leinwandbindung, für Ball- und Gesellschaftskleider usw.

Man färbt auf dem Haspel, bei empfindlichen Stoffen von Hand angetrieben; ganz empfindliche Ware auf dem Sternreifen.

I) Einfarbigkeit. Wird am meisten verlangt. S. Musterkarte 18/B der I. G. und 865 (1933) (Geigy).

II) Zweifarbigkeit. Heute wenig mehr als „Changeant", sondern nur mit der Seide als Effektfaden.

Man färbt erst die Wolle mit sauren Farbstoffen mit 10% Essigsäure 30% (Palatinechtfarbstoffe mit 5—10% Schwefelsäure 66° Bé) 1—1 ½ Stunden nahezu kochend oder auch mit Chromentwicklungsfarbstoffen mit 10% Essigsäure 30% + 10% Glaubersalz krist., nahezu kochend eingehen, 1 Stunde kochen, entwickeln durch ¾ Stunden Kochen mit 1—2% Kaliumbichromat und färbt die Seide basisch, sauer oder substantiv mit geeigneten Farbstoffen kalt mit 5—10% Essigsäure 30% nach.

Sehr häufig soll die Seide als Effektfaden weiß bleiben. In diesem Falle setzt man den Farbbädern nach ½—1 stündigem Kochen bzw. vor dem Nachchromen 5—10% Setamol WS oder K (I. G.) zu und kocht noch ½ Stunde. Die Seide wird dann so rein, daß eine nachträgliche Reinigung mit 3—5% Ammonazetat im frischen Bade bei 60—80° oder mit 1—2 g Hydrosulfit konz. Pulver im Liter kalt bis lauwarm, worauf gespült, mit 3—5% Schwefelsäure 66° Bé abgesäuert und wieder gespült wird, meist nicht mehr erforderlich ist. Zudem gefährdet zu warme oder zu lange Nachbehandlung mit Hydrosulfit die Farbe der Wolle und auch das Weiß der Seide, das vergilbt.

Nur bei schwarz gefärbter Wolle wird eine schwache Nachreinigung der weißen Seide kaum zu entbehren sein.

S. Rundschr. 679 (1931), Musterkarte 604 (1931) für Herrenstoffe, 673 (1932) für Damenkleiderstoff mit weißen Seideneffekten **(I. G.)**.

g) Mischgewebe aus Wolle + Zellulose (Viskose-, Kupfer-)kunstseide.

Die Verfahren ähneln im allgemeinen denen der Halbwollfärberei S. 501 und 720.

Das Kreppen von Kreppgeweben wird gleich mit dem Reinigen verbunden, indem auf dem Sternreifen, manchmal auch auf niedrig gelagertem Haspel 1 Stunde mit 5 g Seife, 2 g Igepon T oder A und 2 g Laventin HW oder KB im Liter behandelt wird; Eingehen bei 30—40°, langsam auf 80—90° treiben, wobei die Leinölschlichte der kunstseidenen Kette sich löst.

Etwaiges Bleichen mit Wasserstoffsuperoxyd muß sehr vorsichtig vorgenommen werden, besonders bei Kupferseide wegen des Vorhandenseins katalytisch wirkender Kupferreste auf der Kunstseide.

Gefärbt wird

1. meist Wolle und Kunstseide zugleich im Einbadverfahren mit geeigneten substantiven Farbstoffen. Zusatz von 1—2% Ammonsulfat wirkt günstig. Bleibt die Wolle trotzdem in der Farbe zurück, so muß sie mit in neutralem Bade ziehenden sauren Wollfarbstoffen gedeckt werden. Ist dagegen die Kunstseide (oder Zellwolle) zu hell ausgefallen, so setzt man solche substantive Farbstoffe nach, die Zellulosefasern stärker anfärben als Wolle und färbt in Gegenwart von 3% Katanol SL bei 60° C zu Ende.

2. erst Wolle, dann Kunstseide (Katanolverfahren).

Man färbt im Zweibadverfahren erst die Wolle im sauren Bade mit Säure- oder Chromfarbstoffen vor, spült, neutralisiert mit Ammoniak, spült wieder und färbt auf frischem Bade die Kunstseide (oder Zellwolle) unter Zusatz von 30—40% Glaubersalz krist. und 2—3% Katanol SL oder WL bei 50—60° mit geeigneten substantiven Farbstoffen nach. S. a. Musterkarte 483 (1931) der **I. G.**

Natürlich kann man nach Verfahren 2 auch zweifarbig färben. Man wählt dann die Wollfarbstoffe so aus, daß sie die Kunstseide möglichst weiß lassen.

Beide Verfahren werden auch angewandt zum Färben von Strümpfen aus Wolle mit Kunstseide plattiert. (Musterkarte 163 (1929) und 1141 (1937) der **I. G.**). Auch hier wird 1. gute Übereinstimmung der Farbe von Wolle und Kunstseide und 2. gutes Durchfärben der Nähte verlangt. Leider sind die Nähte meist aus Baumwolle und unnötig hart. Günstig wirkt ein Zusatz von 0,5—1 g Igepon T auf 1 Liter Färbebad und Vorsicht beim Zusatz von Salz.

h) Wolle + Azetatkunstseide.

Wenn nötig, wird wie bei Baumwolle + Azetatkunstseide vorgereinigt, nicht über 80° warm und unter Vermeidung jeglichen Alkalis.

Gefärbt wird für

I. Einfarbigkeit.

Einbadig unter Verwendung im schwach sauren Bade aufziehender Wollfarbstoffe zugleich mit Azetatkunstseidenfarbstoffen (Setazyldirekt-S-farbstoffe von Geigy oder Celliton- und Cellitonechtfarbstoffe der I. G.). Der Azetatkunstseidenfarbstoff wird mit Wasser aufgeschlämmt und durch ein Sieb für sich dem mit der Lösung des Wollfarbstoffs, 10 ccm Dekol auf 1 Liter, 10—15% Glaubersalz krist. und 3—4% Ameisensäure 85% beschickten Färbebad zugesetzt. Eingehen bei 60°, auf 80—85° treiben, 1 Stunde färben. Einige Wollfarbstoffe werden statt mit Ameisensäure nur mit 5—8% Essigsäure 30%, die Sulfoncyanine nur mit 5% Ammonacetat gefärbt.

Zu berücksichtigen ist, daß die Wolle von den Azetatkunstseidefarbstoffen immer etwas angefärbt wird, wodurch auch ihre Reibechtheit leiden kann. Aus diesem Grunde empfiehlt es sich von Anfang an nicht durch zuviel Säure den Farbstoff zu schnell auf die Wolle zu treiben. Durch Seifen mit 3 g Seife im Liter 35° warm läßt sich die Wolle etwas aufhellen und die Reibechtheit verbessern. Nach dem Färben wird zur Schonung der Azetatkunstseide gut gespült und nicht zu heiß getrocknet.

Häufig empfiehlt es sich erst den Azetatkunstseidenfarbstoff bei 40—60° aufziehen zu lassen und dann die Wolle bei 85° fertig zu färben.

Bei Auswahl geeigneter Wollfarbstoffe kann auch im neutralen Glaubersalzbade gefärbt werden; Eingehen bei 30—40°, langsam auf 65° treiben, nach 20—30 Minuten auf 85° treiben, nach 1 Stunde gut spülen. S. Musterkarte 816 (1933) u. S. 5365, S. 5555 der I. G.; ferner 889 (1934) von Geigy.

II. Zweifarbigkeit.

Gefärbt wird wie unter I, nur werden solche Wollfarbstoffe bevorzugt, die die Azetatkunstseideneffekte möglichst wenig anfärben. S. Musterkarte 57 (1929) der I. G. und 887 (1934) von Geigy.

S. a. W. Steger, Unifärbungen auf Azetatkunstseide-Mischgeweben T. **1938,** 278.

i) Mischgarne und Mischgewebe aus Wolle + Zellulose (Viskose-, Kupfer-)zellwolle. Vergl. S. 517.

S. a. **I. G.** Anleitungen zum Färben, Drucken und Ausrüsten von Wollstra (1934).

Wegen des verschiedenen färberischen Verhaltens beider Faserarten muß der Färber das Mischungsverhältnis kennen und berücksichtigen. Große Vorteile bietet die Verwendung von Wollstra, in der stets die gleiche Art Wolle mit Vistra in bestimmtem Verhältnis gemischt und mit nahezu demselben Drall nach dem Baumwollspinnverfahren versponnen ist. Dem Überwiegen des Vistra-Anteils kann z. B. durch Verwendung von Indanthrenfarbstoffen Rechnung getragen werden. Dagegen bestehen die Wollstra-Kammgarne aus gleichviel und noch mehr Wolle, die mit Vistra nach dem Kammgarnspinnverfahren versponnen, beim Färben mehr Berücksichtigung des überwiegenden Wollanteils verlangt.

Wollstra läßt sich als Kammzug, Kreuzspule oder Kettbaum auf Apparaten färben, wenn die Wickel lose gehalten werden (S. 658 und 660).

Web-, Wirk- und Strickgarne werden wie Woll- oder Halbwollgarne behandelt und im Strähn vorwiegend auf der Kufe gefärbt.

Gewebe und Gewirke werden auf dem Haspel (für leichte Ware eiförmig und niedrig liegend) gefärbt, Rundstuhlware im Schlauch mit der linken Seite nach außen.

Gewebe werden wie auf S. 517 beschrieben vorbehandelt.

I. Am wichtigsten ist auch hier das Ton-in-Tonfärben, wozu eine Reihe substantiver Farbstoffe zur Verfügung steht.

Für höhere Echtheitsansprüche empfiehlt sich die Verwendung von Benzoechtkupferfarbstoffen, die vorwiegend die Zellwolle anfärben, worauf die Wolle im gleichen Bade mit licht- und waschechten neutral ziehenden Farbstoffen z. B. Metachromfarbstoffen nachgefärbt wird (Musterkarte 1269 (1936) der **I. G.:** Benzoechtkupferfarbstoffe für Wollstragarnfärbungen (70 : 30) in guter Licht- und Waschechtheit).

Oder man färbt die Zellwolle mit Immedialleukofarbstoffen, die ohne Natriumsulfidzusatz gelöst und kalt gefärbt werden können. Die Wolle wird nur wenig angefärbt und bleibt auch in ihren sonstigen Eigenschaften erhalten; sie kann daher, nachdem die Zellwolle gefärbt und gründlich gespült wurde, mit Säure- oder Metachrom- oder Nachchromungsfarbstoffen nachgefärbt werden. (Musterkarte 1364 (1937) der **I. G.** „Immedialleukofarbstoffe in der Wollstragarnfärberei).

Modetöne auf Wollstragewebe (Karte 1102 (1935) der **I. G.** [Wolle: Vistra = 1 : 2]) werden nach der üblichen Vorbehandlung gefärbt im neutralen Glaubersalzbade unter Zusatz von 0,5 g Igepon T je Liter mit Sirius- und Siriuslichtfarbstoffen 1 Stunde bei 90°; neutral ziehende Wollfarbstoffe z. B. Supraminfarbstoffe werden zum Beifärben der Wolle beigegeben. Heiß zieht die Wolle stärker, beim Abkühlen zieht die Zellwolle nach.

Nach dem Einbaddiazotierverfahren (W. Hahn T. **1938,** 437) kann Mischgarn aus Wolle und Zellwolle (50 : 50 und 70 : 30) gefärbt werden. Man gibt z. B. für Schwarz in das Bad

8% Diamantschwarz PBB (für die Wolle)
6% Oxydiaminogen OT (für die Zellwolle)
15% Duisburger Glaubersalz
1% Leonil O Lsg.
1,5% Ameisensäure 85%ig und
2% Ameisensäure 85%ig nach. Darauf wird mit
2,5% Nitrit und
7,5% Salzsäure konz. diazotiert und mit
1,5% Entwickler H und
1% Leonil O Lsg. das Oxydiaminogen und schließlich mit
2% Kaliumbichromat
1% Ameisensäure 85%
1% Leonil O Lsg. das Diamantschwarz entwickelt.

Für tiefes Schwarz setzt man dem Färbebad zum Abtönen 0,5% Säureanthrazenbraun KE zu.

II. Das zweifarbige Färben von Wolle und Vistra bereitet bei der verschiedenen Farbstoffverwandtschaft beider Fasern keine Schwierigkeiten.

Man färbt entweder einbadig nach dem Katanolverfahren (S. 517).

oder zur Herausarbeitung klarerer Farben zweibadig, indem man zunächst die Wolle sauer vorfärbt und dann die Zellwolle substantiv nachdeckt,

oder zur Erzielung wasch-, schweiß- und seewasserechter Färbungen zweibadig, indem man zunächst die Vistra mit Diazotierungsfarbstoffen unter Zusatz von 1—2% Igepon T oder Peregal 0, 10—40% Glaubersalz krist. und 3—5% Katanol WL bei 60° vorfärbt, nach 1 ½ Stunden gut spült, 20—30 Minuten in kalter 40facher Flotte mit 2,5% Natriumnitrit (nicht mehr!) und 5% Schwefelsäure 66° Bé diazotiert, gut spült, 20—30 Minuten entwickelt und gut spült; darauf wird die durch die Diazofarbstoffe etwas angetönte Wolle mit waschechten Säurefarbstoffen unter Zusatz von 10% Glaubersalz krist., 5—10% Ammonazetat und 1—2% Essigsäure 30%ig 1 Stunde nahezu kochend gefärbt, nachdem bei 50° eingegangen wurde.

Zur Erzielung möglichst reibechter Färbungen setzt man dem sauren Färbebad 3% Intrasol oder Peregal 0 zu.

Soll eine Faser weiß bleiben, so läßt sich dies am besten mit der Vistra erreichen, indem nur die Wolle mit sauren oder Chromungsfarbstoffen gefärbt wird.

k) Wolle + Azetatzellwolle.

Das Färben geschieht nach den S. 518 angegebenen Regeln.

S. a. Färben von Strickgarnen aus Wolle-Azetatzellwolle T. **1938,** 88 und K. Gehre, Färben von Drapé aus Wolle-Zellwolle T. **1938,** 91.

Musterkarte S 5555 der I. G.: Man färbt mit Zusatz von 1—2% Leonil O Lösung + 10% Glaubersalz krist. + Azetatfarbstoff. Eingehen bei 40°, langsam auf 75° treiben, Wollfarbstoff + 2—7,5% Essigsäure 30% oder 1—4% Ameisensäure 85% zusetzen, auf 90—95° treiben. Man kann auch beide Farbstoffe nebst zugehörigen Zusätzen von vorneherein in das Bad geben und zusammen färben; sie sind aber getrennt zu lösen bzw. mit 1—2 g Leonil O Lösung im Liter fein zu verteilen (dispergieren).

l) Mischgewebe aus Seide + Zellulose (Viskose-, Kupfer-) Kunstseide.

Die Verfahren ähneln denen der Halbseidenfärberei S. 508.

m) Seide + Azetatkunstseide.

Es wird ähnlich wie bei Wolle + Azetatkunstseide S. 518 verfahren. Auch hier ist zu beachten, daß die Azetatkunstseidenfarbstoffe die Seide stets etwas mitanfärben.

Meist liegt die Seide bereits entbastet vor; andernfalls muß mit Rücksicht auf die Azetatkunstseide sehr vorsichtig entbastet werden (nicht über 80°).

Gefärbt wird für

I. Einfarbigkeit

einbadig, für lebhaftere Farben mit sauren, für stumpfere mit substantiven Farbstoffen, die neutral oder schwach sauer auf die Seide ziehen, und mit Azetatkunstseidefarbstoffen. Die Setazyldirektfarbstoffe (Geigy) werden, getrennt gelöst, dem Färbebad zugesetzt und im schwachen Seifenbade gefärbt, dem bei Mitverwendung saurer Farbstoffe 10, bei Mitverwendung substantiver Farbstoffe 20—40% Glaubersalz krist. zugesetzt werden. Eingehen bei 40—50°, langsam auf 80° treiben, 1 Stunde färben, bei ungenügender Reibechtheit 10 Minuten bei 95°. Die Setazyldirekt-S-farbstoffe lassen sich schwach sauer färben und gestatten dadurch bessere Ausnutzung der Seidenfarbstoffe.

II. Zweifarbigkeit.

Auch hier kann wie bei I einbadig mit ausgesuchten Farbstoffen gefärbt werden.

Reinere, besonders zarte Farben werden zweibadig erhalten, indem zunächst die Azetatkunstseide vorgefärbt wird; darauf wird die Seide durch Spülen und lauwarmes Abseifen von der Anfärbung gereinigt und auf frischem Bade mit sauren oder substantiven Farbstoffen, die die Azetatkunstseide weiß lassen, bei 50° vorsichtig gedeckt.

Färbt man die Azetatkunstseide statt mit Cellitonfarbstoffen mit Cellitazolen vor, so wird sie echter gegen das Überfärben und die Seide kann bei 80—85° nachgefärbt werden.

n) Mischgarne und Mischgewebe aus Seide (Schappe) + Zellwolle.

Hauptvertreterin ist die aus Schappe und Vistra gemischte „Silekstra“ der **I. G.** Gefärbt wird ähnlich wie bei der Mischung aus Wolle + Zellwolle S. 518. S. a. das Heft der **I. G.**: „Anleitungen zum Vorreinigen, Bleichen und Färben, Avivieren und Appretieren von Silekstra“.

o) Mischgewebe aus Viskose- und Azetat-kunstseide bzw. -zellwolle.

Die Verfahren ähneln denjenigen für die Mischungen aus Baumwolle + Azetatkunstseide S. 518.

Gefärbt wird sowohl einfarbig (s. Karte 644 (1932) der **I. G.**: Saisonfarben für Sommer 1932) als auch öfter zweifarbig.

Einzelheiten s. **I. G.**: Anleitungen zum Behandeln von Aceta und Acetastoffen sowie den Kunstseidenratgeber S. 502—510.

p) Mischgewebe aus Baumwolle, Wolle und Seide.

Einfarbig mit substantiven Farbstoffen wie Halbwolle nach Verfahren 4. A. S. 505.

Zweifarbig.

Vorfärben der Wolle und Seide mit sauren Farbstoffen nach S. 516, Z. 15.

Nachdecken der Baumwolle mit substantiven Farbstoffen nach S. 503, Verfahren 2. B.

Dreifarbig.

Vorfärben der Wolle nach S. 516.

Nachfärben der Seide mit sauren Farbstoffen.

Nachdecken der Baumwolle mit substantiven Farbstoffen nach Verfahren 2. B. S. 503 unter Zuhilfenahme von Erional oder Katanol (S. 517).

q) Mischgewebe aus Baumwolle, Wolle und Viskosekunstseide (bzw. Zellwolle).

Einfarbig.

Ist die Baumwolle nicht mercerisiert, so gelingt es nur, warme Farbtöne wie Gelb, Kreß, Rot einbadig einigermaßen farbgleich zu erzielen, da die Kunstseide sich zu tief anfärbt. Man färbt daher besser zweibadig, indem man zuerst die Wolle nach Verfahren 2. B. S. 503 vorfärbt und dann die Baumwolle und Kunstseide mit substantiven Farbstoffen unter Zusatz von 5—20 g Glaubersalz im Liter bei 40° nachdeckt.

Schwarz färbt man ebenfalls zweibadig, nach Verfahren 3. A., S. 504, indem man erst die Baumwolle und Kunstseide mit einem Diazotierungsschwarz z. B. Diaminschwarz BH unter Zusatz von 10 g Glaubersalz krist. und ½ g Soda kalz. im Liter bei 60° 1 ½ Stunden färbt, spült, diazotiert und entwickelt z. B. mit Entwickler H, spült und dann die Wolle mit einem sauren Schwarz z. B. Azosäureschwarz überfärbt.

Ist die Baumwolle mercerisiert, so färbt man einbadig nach Verfahren 4. A. S. 505 und bevorzugt diejenigen substantiven Farbstoffe, die die Wolle stärker anfärben, da die Wolle allgemein gern dunkler gehalten wird als die Baumwolle und Kunstseide.

Man färbt nur nahezu kochend mit 10—20% Glaubersalz krist. und deckt die Wolle, wenn nötig, noch mit neutral ziehenden Wollfarbstoffen nach. Auch kann man einige substantive Farbstoffe mit 10% Glaubersalz krist. und 1% Ammonsulfat färben und dadurch mehr auf die Wolle treiben, während erhöhter Glaubersalzzusatz die Kunstseide sich tiefer färben läßt.

Für lebhafte Farben kann man auch zweibadig wie oben färben.

Zweifarbig.

Vorfärben der Wolle sauer nach Verfahren 2. B. S. 503.

Nachdecken der Baumwolle und Kunstseide mit substantiven oder basischen Farbstoffen.

r) Baumwolle + Wolle + Azetatkunstsseide.

Einfarbig.

Celliton- und Cellitonechtfarbstoffe werden einbadig zusammen mit Halbwollfarbstoffen unter Zusatz von 20% Glaubersalz krist. und

2% Protektol II N $3/4$ Stunden bei 85° gefärbt und $3/4$ Stunden im erkaltenden Bade nachziehen gelassen.

Zweifarbig.

Ebenso gefärbt, nur werden solche Halbwollfarbstoffe gewählt, die die Azetatkunstseide möglichst ungefärbt lassen.

Dreifarbig.

Ebenso gefärbt, nur werden solche Wollfarbstoffe gewählt, die die Baumwolle und Azetatkunstseide möglichst ungefärbt lassen, und andererseits solche Baumwollfarbstoffe, die die Wolle und Azetatkunstseide möglichst weiß lassen. Gute Dienste leistet auch hier das Katanolverfahren (S. 517) indem man zunächst Wolle und Azetatkunstseide in ihren vorgeschriebenen Farben vorfärbt und dann nach Zusatz von 3% Katanol SL oder WL die Baumwolle substantiv in ihrer Farbe nachdeckt. Mau kann die Temperatur bis 50—60° steigern, setzt 20% Glaubersalz krist. zu und läßt $3/4$ Stunden ziehen. Die Wolle nimmt dabei nichts an.

S. a. Musterkarte 57 (1929) der I. G.

s) Mischgewebe aus Wolle, Seide und Viskosekunstseide (bzw. -zellwolle).

Einfarbig.

Zweibadig wird zunächst die Wolle und Seide nach Verfahren S. 516 Z. 15 mit sauren Farbstoffen vorgefärbt und dann die gut gespülte Ware zum Nachdecken der Kunstseide in kurzem Bade nach Verfahren a. 2. B. S. 503 mit 30—50% Glaubersalz krist., 2—3% Katanol SL oder WL und dem geeigneten substantiven Farbstoff gefärbt.

Zweifarbig.

Das gleiche Verfahren.

Dreifarbig.

Dreibadig wird zunächst die Wolle nach Verfahren S. 516 Z. 17 kochend sauer und dann die Seide kalt sauer und schließlich die Viskosekunstseide wie unter zweibadig substantiv nachgedeckt.

t) Mischgewebe aus Baumwolle, Wolle, Seide und Viskosekunstseide (bzw. -zellwolle).

Einfarbig.

Man färbt zweibadig erst die Wolle und Seide mit sauren Farbstoffen vor, darauf nach Verfahren a. 2. B. S. 503 mit Katanolzusatz die Baumwolle und Viskosekunstseide nach.

Zweifarbig.

Das gleiche Verfahren.

Dreifarbig.

Man färbt dreibadig erst die Wolle nach Verfahren g. 2. S. 517 kochend sauer, dann die Viskosekunstseide bei 50—70° substantiv mit 2—3% Katanol, schließlich die Seide kalt sauer.

Solche Vierfasermischgewebe sind gar nicht so selten und beschäftigen besonders häufig den Kleiderfärber (S. 526). Zur Erleichterung des Färbens haben die Farbstoffabriken Farbstoffe zusammengestellt, die ein einbadiges Färben einfarbig gestatten, so die I. G. die Universal- und Vegan-, Geigy die Omniafarbstoffe. Man geht mit der gut gereinigten Ware unter Zusatz von 30% Glaubersalz krist. bei 70° ein, treibt rasch zum Kochen, kocht 10 Minuten und läßt im erkaltenden Bade ½ Stunde nachziehen.

Tritt noch Azetatkunstseide zu dem Fasergemisch hinzu, so empfehlen Geigy zum einbadigen einfarbigen Färben die Inocyl-, die I. G. die Plurafil- und Plurafilechtfarbstoffe.

Die Inocylfarbstoffe werden unter Zusatz von 40% Glaubersalz krist. 1—1 ½ Stunden bei 80° gefärbt.

Die Plurafilfarbstoffe werden mit heißem, möglichst weichem Wasser angeteigt und gelöst und unter Zugabe von 30% Glaubersalz kalz. 1 Stunde bei 80° gefärbt, worauf gut gespült wird.

Bleibt die eine oder andere Faser etwas hinter den anderen in der Farbe zurück, so kann durch Nachgabe von diese Faser bevorzugenden Farbstoffen nachgeholfen werden, so bei tierischen Fasern mit neutral ziehenden Säurefarbstoffen, bei Pflanzenfasern mit substantiven Farbstoffen, bei Azetatkunstseide mit Setazyldirekt-, Cibacet-, Celliton- und Cellitonechtfarbstoffen.

G. Kleiderfärberei.

Die Kleiderfärberei hat den Vorteil, daß nicht genau nach Muster gefärbt werden muß, dafür aber den Nachteil, daß jedes Stück für sich behandelt werden muß. Daher werden die Zusätze an Farbstoff usw. nicht gewogen wie in der Lohnfärberei und große Färbemaschinen werden nicht gebraucht.

In den Musterkarten 438 (1930), 537 und 555 (1932) hat die **I. G.** wertvolle Angaben für das Färben getragener Kleider gemacht.

Der Kleiderfärber muß sich darüber klar sein, daß es eine undankbare, ja manchmal unmöglich zu erfüllende Aufgabe ist, verschossene oder stärker abgetragene Stellen durch das Auffärben zum Verschwinden zu bringen. An den belichteten Stellen hat ein Abbau der Faser eingesetzt, der besonders bei Wolle Farbstoffe verschieden stark aufziehen läßt (Bd. II, S. 192).

Bei der Auswahl der Farbstoffe ist in erster Linie auf gutes Gleichfärbevermögen zu sehen, weiterhin auf Reibechtheit und schließlich auf Lichtechtheit.

Natürlich sind die Farbstoffe auch nach Art des zu färbenden Fasergutes auszuwählen, ob Baumwolle, Wolle, Seide oder Kunstseide vorliegt. Wenn die Zusammensetzung nicht bekannt ist, muß der Kleiderfärber im Stande sein, sie durch die übliche Faserprüfung zu ermitteln. Besonders Azetatseide darf nicht unentdeckt bleiben.

In zweifelhaften Fällen wird mit Omnia-, Universal- und Veganfarbstoffen gefärbt, die im neutralen Bade die gebräuchlichen Fasern farbgleich anfärben.

Vor dem Färben müssen die Gegenstände gereinigt werden entweder mit Seife und Soda (Naßwäsche) oder mit Benzin u. dgl. („chemisch") oder nur durch Entfleckung s. Bd. IV. Abbürsten wollener und halbwollener Kleidungsstücke mit 20%iger Lösung von Laventin KB und nachfolgendes Spülen entfleckt und entfärbt zugleich, so daß auch abgetragenere Stellen gleichmäßiger überfärbt werden.

Ist die Grundfarbe durch die Reinigung noch nicht genügend aufgehellt, um überfärbt zu werden, so muß sie mit Burmol oder Dekrolin abgezogen werden.

Dünne empfindliche Stoffe werden nach dem Waschen und Spülen einige Stunden bei 20—25° in eine Lösung von 50—100 g Burmol im

Liter eingelegt oder sie werden 1 Stunde in eine Lösung von 5—30 g Burmol eingelegt und dann langsam zum Kochen erhitzt.

Dichte Stoffe und stark verschossene Färbungen werden mit 2—3% Dekrolin löslich konz. oder 3—4,5% Dekrolin AZA abgezogen. In das 40—50° warme Bad wird zunächst Ameisensäure 85%ig gegeben und zwar 45—50 g für je 100 g Dekrolin lösl. und 55—60 g für je 100 g Dekrolin AZA, dann sofort mit der Ware eingegangen, unter vorsichtigem Umziehen langsam zum Kochen getrieben und 20—30 Minuten gekocht. Zur Schonung der Wollfaser gibt man 1—2% Protektol I Plv. dopp. zu. Das Bad soll bis zum Schluß sauer bleiben. Schließlich gut spülen.

Man arbeitet in Holz- oder Emaillegefäßen. Metallene Haken und Knöpfe usw. sind vor dem Abziehen abzutrennen, da sie die Ware anflecken und auch schwächen.

Lederwaren wie Glacéhandschuhe, die innen weiß bleiben sollen, dürfen nicht im Wasser gefärbt werden, das zudem das Leder hart machen würde; sie werden mit einer Lösung von Farbstoff und Fett in Alkohol bestrichen und nach dem Trocknen abgerieben, damit sie möglichst wenig abfärben und Glanz bekommen.

Felle, s. S. 301 und 638.

Federn werden entfettet, nötigenfalls mit Wasserstoffsuperoxyd gebleicht und basisch oder sauer gefärbt, für Schwarz noch mit Blauholz; sie müssen vorsichtig behandelt werden.

Roßhaar und Schweinsborsten werden nach dem Entfetten gewöhnlich mit sauren Farbstoffen gefärbt.

H. Lederfärberei.

Das Färben richtet sich nach der vorangegangenen Gerbung.

Loh- und sumachgare (vegetabilisch gegerbte) Leder werden nach entsprechender Vorbehandlung (Entfernung des überschüssigen Gerbstoffs durch „Aufwalken“ und Aufhellen der Farbe durch „Bleichen“ z. B. mit 0,5—1% Oxalsäure und 1—2% Tamol NNO oder Tanigan GBL, Nachgerben mit Sumach und „Lickern“, d. h. Fetten mit wasserlöslichen Ölen) mit basischen oder sauren Farbstoffen gefärbt. Zum Färben dient entweder die Mulde (Tauchverfahren), indem zwei Felle mit der Fleischseite aufeinander gelegt werden, oder der Haspel oder das (Walk-)Faß, die durch ihre Drehung die Felle im Farbbad in Bewegung halten, wobei natürlich auch die Fleischseite angefärbt wird, oder schließlich die Tafel, wobei die Farbstofflösung von der Hand mit einer Bürste aufgetragen und die Fleischseite nicht mitgefärbt wird.

Chromleder werden nach der Gerbung im Walkfaß mit Boraxlösung entsäuert und vor dem Trockenwerden gefärbt; für basische Farbstoffe muß vorher mit Sumach oder Gambir behandelt werden; geeigneter sind saure Farbstoffe, besonders für helle Farben, da sie gut durchfärben, und die substantiven Farbstoffe, besonders zum Decken, da sie wenig ins Innere des Leders eindringen. Schwarz wird auch mit 0,4—1% substantiver oder saurer Teerfarbstoffe gefärbt, auch noch mit Blauholzextrakt und Eisenbeize. Vor oder nach dem Färben wird das Chromleder mit einer mittels Seifenlösung aus Klauenöl und Eigelb bereiteten Emulsion „geschmiert“.

Alaungare Leder werden zunächst gründlich mit lauwarmem Wasser gewaschen (aufgewalkt im Faß). Der Vorgang heißt auch nach dem französischen purger = reinigen „Pürgen“, ferner auch „Broschieren“. Danach wird mit sauren Farbstoffen gefärbt entweder auf der Tafel für einseitiges oder im Walkfaß für zweiseitiges Färben („Tunken“ oder „Plongieren“).

Sämischleder werden selten gefärbt. Am besten eignen sich noch Chromfarbstoffe auf Chrombeize, nachdem mit 0,5 bis 1%iger Sodalösung bei 25—30° entfettet und gespült wurde. Auch Schwefelfarbstoffe sind vorgeschlagen worden.

S. a. H. Wacker, Praktische Lederfärberei, Handbuch der Gerbereichemie und Lederfabrikation Band III/1, S. 168 (1937), Wien. **I. G.** 710 (1932) Ratgeber für die Lederindustrie.

I. Papierfärberei.

S. a. Anleitung **I. G.** 1349, sowie Ristenpart, Papierfärberei (in Kirchner „Das Papier", Teil IV, Biberach 1920—21).

a) Im Holländer (Stoffärbung) in der Masse. (Musterkarte 126 **(1928)** der **I. G.**).

1. Mit wasserlöslichen Teerfarbstoffen. Substantive werden von der holzfreien Faser ohne weiteres aufgenommen; basische und saure werden teils durch die Inkrusten des Papierstoffs, teils durch die Leimung (Aluminiumsulfat und Harzseife) befestigt.

2. Mit wasserunlöslichen Teerfarbstoffen (Fanal TX supra-, Permanentecht-, Indanthren-). Hier geschieht die Bindung mechanisch-kolloidchemisch durch die ausflockende Tonerde des Aluminiumsulfats.

(Musterkarten **I. G.** 440 (1930), 536 (1933), 869 (1934), 1378 (1937).

b) Durch Tauchen der fertigen Papierbahn (Tauchfärbung). Das fertige Seidenpapier durchläuft hierbei eine wäßrige, am besten heiße Lösung eines basischen, sauren oder auch substantiven Farbstoffes, wird abgepreßt und getrocknet (Musterkarte 650 der **I. G.** 1932).

c) Durch Aufbringen von Farbstofflösung auf die Oberfläche des Papiers (Oberflächenfärbung).

1. Mittels Filz- oder Gummiwalzen.
2. Mittels Bürsten (Streich- oder Bürstfärbung).
3. Mittels Druckluftzerstäuber, Bd. VI, S. 32.

Für lichtechte Farben dienen an erster Stelle Indanthren- und Permanentechtfarbstoffe, dann für tiefe Farben auch Immedial-, und für satte auch Sirius- und Siriuslichtfarbstoffe. Für reine lichtechte Blau Heliogenblau B und wasserlösliches Heliogenblau SBP, Musterkarten S. 5635 und 1445 (1938) der **I. G.**

K. Batik.

(Malaisch = Bemalen) ist ein auf Java heimisches Reserveverfahren; der Stoff wird mittels eines Kupferkännchens mit feinem Ausfluß („Tjanting“) mit Wachs bemalt und dadurch vor dem Zutritt des Farbstoffs beim nachherigen Färben geschützt; durch Sprünge im Wachs entsteht eine dem Batik eigentümliche Äderung. (G. P. Rouffaer en H. H. Juynboll, De Batik-Kunst in Nederlandsch Indie, Utrecht, Osthoek 1914; Schreckenbach, Batikdruck, Färberkalender **1934,** 72).

Farbstoffanalyse.

Die Farbstoffe werden hauptsächlich auf Einheitlichkeit, Farbton, Bereich, Ausgiebigkeit und Gruppenzugehörigkeit untersucht.

I. Einheitlichkeit wird geprüft.

1. Mit Mikroskop oder Lupe.

2. Durch die Blasprobe: Eine Messerspitze voll Farbstoffpulver wird über ein mit dest. Wasser angefeuchtetes Filterpapier hinweggeblasen. Die durch die Verstäubung getrennten Teilchen einer Farbstoffmischung lösen sich auf dem Papier jedes mit seiner Eigenfarbe.

Oder man läßt den Farbstoffstaub aus einiger Höhe auf die Oberfläche von Wasser in einem großen Zylinder fallen; die verschiedenen Teilchen einer Mischung sinken mit verschieden gefärbten Bahnen zu Boden. (P. Friedländer, Zur Einheitlichkeit des Chrompatentgrün A, Färb. Ztg. **1899,** 357).

3. Durch die Kapillaranalyse, dann anzuwenden, wenn 1) und 2) versagen, wenn nämlich die Farbstoffe nicht als trockene Pulver gemischt, sondern aus gemeinsamer Lösung zusammen zur Trockne eingedampft wurden. Man setzt einen Tropfen starker Farbstofflösung auf feines, trockenes Fließpapier oder taucht Streifen Filterpapier 1 cm tief in die Farbstofflösung. Meist erhält man in Folge der verschiedenen Wanderungsgeschwindigkeit der einzelnen Farbstoffe verschiedenfarbige Zonen z. B. bei einer Pikrinsäure-Indigokarmin-Mischung außen bzw. oben eine gelbe, innen bzw. unten eine blaue (F. Goppelsröder, Über Kapillaranalyse, Sonderabdruck aus den Mitteilungen der Sektion für chemische Gewerbe des K. K. Technologischen Gewerbemuseums, Wien 1889, und aus den Verhandlungen der Naturforschenden Gesellschaft, Basel **1901,** Bd. XIV, 59).

4. Durch bruchweises Lösen z. B.

A. Der Farbbasen basischer Farbstoffe in Äther aus

a) neutraler, b) schwach ammoniakalischer, c) ätzalkalischer Lösung.

B. Der sauren Farbstoffe in Äther aus

a) neutraler, b) 1% essigsaurer, c) salzsaurer Lösung. Farbstoffsäuren mit Karboxylgruppen sind in Äther löslich, mit Sulfogruppen nicht.

5. Durch bruchweises Färben, d. h. indem man kurz nach dem Eingehen abbricht und mit einem neuen Strähnchen eingeht usw. Starke Abweichungen im Farbton deuten auf schlechtes Gleichfärbe-

vermögen der Farbstoffmischung; bei einheitlichem Farbstoff liegen die Abweichungen nur auf der Ausfärbungskrummen im farbtongleichen Dreieck (S. 567).

Verdünnungsmittel dürfen nur in den seltensten Fällen als Verfälschung angesprochen werden. Sie werden den Farbstoffen zugesetzt, um auf den „Typ", d. h. die Stärke der Handelsmarke einzustellen. So wird z. B. den basischen Farbstoffen Dextrin (riechbar beim Auflösen) und Kochsalz, den sauren Glaubersalz, den substantiven Soda und Natriumphosphat, den Schwefelfarbstoffen Natriumsulfid usw. zugesetzt. Derartige Zusätze bleiben beim Auflösen des Farbstoffes in Alkohol zurück und können für sich geprüft werden. Auch in Anilin kann der Farbstoff gelöst werden (W. P. Atwood, Die Anwendung von Anilinöl bei der Bestimmung der Beschwerungsmittel in Anilinfarben, Z. f. angew. Ch. **1905,** 585). Die Zusätze sind für die Verwendung meist ziemlich belanglos.

II. Der Farbton einer Farbstofflösung oder Färbung wird mit der Farbtonleiter bestimmt, auf der die 24 Ostwaldschen Farbtonnormen (S. 23 u. 559) aufgereiht sind. Am besten bedient man sich dabei eines Farbvergleichers z. B. für Lösungen von F. V. v. Hahn (Über kolorimetrische Methoden mit Hilfe der Ostwaldschen Farbnormen, Z. f. angew. Ch. **1923,** 366) oder von Carl Zeiß, Jena, in Gestalt des Farbkomparators (S. 26) oder des Pulfrich-Photometers (S. 549); für Färbungen eignen sich die Zeißschen Apparate ebenfalls.

Die Feststellung des Absorptionsspektrums kommt wegen ihrer Umständlichkeit und Kostspieligkeit kaum in Betracht (J. Formanek und E. Grandmougin, Untersuchung und Nachweis organischer Farbstoffe I. 1908, II. 1. 1911, 2. 1912, Berlin).

III. Bereich s. S. 567.

IV. Ausgiebigkeit oder Farbstärke s. S. 568.

V. Gruppenzugehörigkeit.

Nach A. G. Green (Analysis of Dyestuffs, London 1922) gestaltet sich der Untersuchungsgang im wesentlichen folgendermaßen:

A. Wasserlösliche Farbstoffe

a) Basischer F.	b) Saurer F.	c) Beizenf.	d) Substantiver F.
Lösung wird mit Tanninreagens (5 g Tannin + 5 g Natriumazetat in 100 ccm Wasser) gefällt.	färbt aus kochendem sauren Bad Wolle an, merc. Baumw. nicht.	färbt gechromte Wolle andersfarbig an wie unter b) und widersteht dem Kochen mit 1%igem Ammoniak.	färbt Baumwolle im Salzbade.

B. Wasserunlösliche Farbstoffe

a) Schwefelf.	b) Küpenf.	c) Beizenf.
entwickelt beim Kochen mit Zinnsalzsalzsäure H_2S (Bleipapier gebräunt)	wird durch Natronlauge und Hydrosulfit zur Leukoverbindung reduziert; diese auf Filterpapier bildet den Farbstoff zurück: an der Luft Indigoider F., mit Persulfat: Anthrachinonfarbstoff.	wie unter A. c. seifenechte Färbung der gechromten Wolle.

Es darf aber nicht vergessen werden, daß auch Schwefelfarbstoffe mit Natriumsulfidzusatz und dadurch wasserlöslich in den Handel kommen; ebenso können Küpenfarbstoffe als Schwefelsäureester der Leukoverbindungen (Indigosole) wasserlöslich in den Handel kommen.

Die wasserlöslichen Farbstoffe werden weiter der Zink-Essigsäure-Reduktion unterworfen. Man fügt zur zur Lösung eine Messerspitze Zinkstaub, schüttelt und läßt 5%ige Essigsäure zutropfen, bis keine weitere Reduktion mehr erfolgt, was sich meist durch Entfärbung anzeigt. Dann gießt man von der klaren Lösung auf Filterpapier. Kommt der Farbstoff nicht innerhalb 2 Minuten zurück, setzt man einen Tropfen einer Lösung von 1 g Kaliumpermanganat + 2 g Schwefelsäure im Liter dicht daneben so, daß beide Lösungen in einer Berührungszone zusammenfließen. Da sich manche Farbstoffe in saurer Lösung nur schwer zurückoxydieren, hält man über eine Flasche mit starkem Ammoniak.

Die Reaktion gestattet die Unterscheidung in vier Gruppen:

A. Die Lösung wird entfärbt; die ursprüngliche Farbe kehrt auf dem Papier zurück.

a) Schnell an der Luft: Azine, Oxazine, Thiazine (veile und blaue) Pyronine, Akridine, Stilbenfarbstoffe, Indigokarmin.

b) Langsam, schnell erst nach Betupfen mit saurer Chamäleonlösung: Triphenylmethan- und rote Pyroninfarbstoffe.

c) Überhaupt nicht: Azo-, Nitro-, Nitrosofarbstoffe (Nitrofarbstoffe verpuffen auf Platinblech erhitzt).

B. Die Lösung wird nicht oder nur sehr langsam entfärbt: Thiazolfarbstoffe, Chinolingelb.

Befinden sich die Farbstoffe auf der Faser, so ist der Untersuchungsgang ähnlich, nur mit etwas anderen und zusätzlichen Gruppenreagentien.

Gruppenreagentien (abgekürzt R).

A. Für Wollfarbstoffe:

1. 5%ige Essigsäure.

2. 5%ige Rongalit C-Lösung — für Gelb (schwer reduzierbar) Zusatz von ½% Eisessig..

3. Kaltgesättigte Kaliumpersulfatlösung.

4. Ammoniak, 1 T. in 100 T. Wasser, für Veil und Schwarz in 50 T. Wasser + 50 T. Alkohol.

5. 0,1%ige Kaliumbichromatlösung.

6. Anilinöl.

B. Für Baumwollfarbstoffe außerdem:

7. Kochsalznatronlauge: 10 ccm Natronlauge 40° Bé in 100 ccm gesättigter Kochsalzlösung.

8. Ameisensäure 1 : 100.

9. Salzsäure 1 : 20.

10. Hydrosulfit X: 100 g Rongalit C in 250 ccm heißem Wasser lösen, 2 g gefälltes Anthrachinon, mit etwas Hydrosulfitlösung zur Paste verrührt, heiß hinzugeben; 2 Minuten auf 90° erhitzen, zu der auf 1 Liter verdünnten kalten Aufschlämmung 3 ccm Eisessig hinzufügen. Mit 1-Naphthylaminbordo gefärbte Baumwolle soll nach 1—2 Minuten Kochen mit dem Reagens entfärbt werden.

An Stelle des durch den Katalysator Anthrachinon in seiner Wirkung beschleunigten Hydrosulfits X kann man sich auch der wasserunlöslichen Zinksulfoxylat-form- bzw. -acet-aldehyd = Dekrolin bzw. Dekrolin AZA bedienen, die mit wenig Essigsäure gelöst werden.

11. 90%ige Ameisensäure.

12. 10%ige Natronlauge.

13. Chlorkalklösung frisch 3,5° Bé.

14. Zinnsalz-Salzsäure: 100 g Zinnsalz in 150 ccm 20%iger Salzsäure.

15. Käufliches Pyridin.

Statt mit dem stinkenden Pyridin zu kochen, kann man mit Paraffin tränken und im Glasröhrchen erhitzen. Das Paraffin sammelt sich am Boden gefärbt oder ungefärbt an.

Die Gruppenreagentien werden weiterhin durch R. mit der betreffenden Nummer abgekürzt. Vorausgeschickt sei, daß die aufeinanderfolgenden Prüfungen, wo nichts anderes bemerkt ist, stets mit frischen Proben des gefärbten Prüflings ausgeführt werden. Ob das Abziehen gelang oder nicht, soll nicht (oder nicht nur) an der Farbe der Lösung, sondern an derjenigen der abgezogenen Faser beurteilt werden, die jeweils mit der unbehandelten Färbung zu vergleichen ist.

Die mit Hydrosulfit gekochte Probe spült man nach Abtrennung eines kleinen Stückchens gründlich und läßt 1 Stunde auf Filterpapier liegen. Der Vergleich mit dem abgetrennten Stückchen erleichtert die Erkennung etwaiger Verfärbung.

R. 3 darf nur tropfenweise unter Vermeidung eines Überschusses zugegeben werden, damit der Farbstoff nicht zerbleicht wird.

Nie kehrt die ganze Farbstoffmenge bei der Rückoxydation zurück; es genügen aber schon Spuren, um den Vorgang der Rückbildung erkennen zu lassen. Was nicht zurückkehrt, ist durch Überreduktion zerstört worden.

Da man sich in den meisten Fällen nicht einheitlichen, sondern Mischfärbungen gegenübersieht, beachtet man am besten den Farbton zunächst gar nicht. Der Untersuchungsgang ist für alle Farbtöne mit ganz geringen Ausnahmen der gleiche. Manchmal gelingt die Erkennung der Farbtöne einzelner Bestandteile einer Farbstoffmischung aus ihrem verschiedenen Verhalten gegenüber den Gruppenreagentien.

So wird ein mit Orange II und Patentblau gefärbtes Marineblau bei der Reduktion mit R. 2. zunächst in Folge der Zerstörung des Orange rein blau und dann erst langsam entfärbt werden. Bei der Rückoxydation mit R. 3. kehrt das Blau allein wieder.

Auch gelingt es oft durch vorsichtiges Abziehen einen Farbstoff für sich herunterzuholen und auf weiße Wolle hinüberzufärben. Die Einzelbestimmung ist dann leicht.

Allgemeiner Untersuchungsgang.

A. Färbungen auf tierischer Faser (Wolle und Seide).

Zweimal 1 Minute mit R. 1. kochen

a) Der Farbstoff wird größtenteils abgezogen: Basischer F. Kochen mit R. 2

I. unverändert: Auramin, Pyronine, Akridine, Thiazole.

II. entfärbt; Farbe kommt zurück

1. an der Luft: Oxazine, Thiazine, Azine

2. mit R. 3.: Triphenylmethanfarbstoffe (Fuchsin und Violett nur schwach, Grün stark)

3. nicht: Azofarbstoffe

b) Der Farbstoff wird wenig oder nicht abgezogen. Zweimal 1 Minute mit R. 4 zusammen mit einem Stückchen weißer mercerisierter Baumwolle kochen. Aufbewahren des ammoniakalischen Auszuges.

I. Der Farbstoff wird größtenteils abgezogen (Baumwolle bleibt weiß): Saurer Farbstoff. Kochen mit R. 2.

1. unverändert: Pyronine, Chinolingelb, Anthrachinonfarbstoffe.

2. entfärbt; Farbe kommt zurück

α) an der Luft: Azine, Indigokarmin

β) mit R. 3: Triphenylmethanfarbstoffe

γ) nicht: Azofarbstoffe; Kochen mit R. 5: Farbumschlag nach Blauschwarz zeigt beizenziehenden Azofarbstoff an z. B. Chromotrop.

II. Der Farbstoff wird wenig oder nicht abgezogen.

1. weiße Baumwolle angefärbt: Substantiver Farbstoff, Kochen mit R. 2.

α) unverändert: Thiazolfarbstoff, Kurkuma.

β) entfärbt; Farbe kommt zurück: Stilben-, nicht zurück: Azofarbstoff.

2. Baumwolle bleibt weiß; Asche enthält

α) Beizenmetall; Kochen mit R. 2. Nichtangriff zeigt natürliche Farbstoffe sowie Alizarinbraun und Anthrazenblau, Gelb- bis Braunfärbung Alizarinfarbstoffe, Entfärbung Triphenylmethan-, Oxazin-, Thiazin- und Azofarbstoffe an

β) kein Beizenmetall: Küpenfarbstoff; läßt sich vielfach mit kochendem Anilinöl abziehen; nach dem Verdampfen des Anilins sublimiert manchmal der Rückstand.

B. Färbungen auf pflanzlicher Faser (Baumwolle usw.). Kochen mit R. 4 zusammen mit einem Stückchen weißer mercerisierter Baumwolle

a) Der Farbstoff wird abgezogen; Baumwolle bleibt weiß; der Farbstoff wird durch Zusatz von etwas Ameisensäure auf ein Stückchen weißer Wolle hinübergekocht;

I. Wolle nimmt nicht an: Berliner Blau auf Eisenbeize

II. Wolle nimmt an: Saurer Farbstoff; nach A. a. I. auf Pyronine, Chinolingelb, Triphenylmethan- und Azofarbstoffe untersucht.

b) Der Farbstoff wird wenig oder nicht abgezogen; weiße Baumwolle angefärbt; $^1/_2$ Minute kochen mit R. 7; spülen; dann zweimal mit R. 8, für Schwarz mit R. 9. kochen; Farbe wird

I. zerstört: Chromgelb und Chromorange (mit Ammonsulfid schwarz; blei- und chromhaltige Asche); Thioflavin T (nicht entfärbt mit R. 2).

II. abgezogen; die Lösung wird, nachdem die Säure durch Ammoniak abgestumpft ist, mit einem Stückchen weißer Wolle gekocht; je nachdem, ob die Wolle annimmt oder nicht, liegt ein basischer oder Beizenfarbstoff vor; diese werden durch Kochen mit R. 2 nach A. a) und A. b) II 2 α) weiter unterschieden.

Über Tanninnachweis s. Bd. 1, S. 329.

III. nicht abgezogen; 2 Minuten mit R. 10 kochen 1. unverändert, höchstens gebräunt; kochen mit R. 11 (für Braun R. 9).

α) abgezogen: Wenn die Baumwolle bei der Ammoniakkochung angefärbt wurde: Thiazol-, wenn nicht: Beizenfarbstoff (Tonerde oder Chrom in der Asche).

β) nicht abgezogen; Chrom in der Asche: Beizenfarbstoff (Alizarin und Alizarinorange beim Kochen mit R. 12 veil, Katechu nicht gefärbt), Anilinschwarz durch R. 13 gebräunt. Kein Chrom in der Asche: Anthrachinonküpenfarbstoff z. B. Indanthren-blau, -dunkelblau, -marron (Reaktionen S. 220).

2. entfärbt; Farbe kommt zurück

α) an der Luft; Bräunung des Bleipapiers beim Kochen mit R. 14, Zerstörung beim Kochen mit R. 13: Schwefelfarbstoff; Chrom in der Asche: Oxazin-, Thiazinfarbstoff; kein Chrom in der Asche: Küpenfarbstoff.

β) erst mit R. 3: Chrom in der Asche: Beizenfarbstoff z. B. Alizarinschwarz, -blauschwarz und -viridin; Mangan in der Asche: Manganbister (durch Natriumbisulfit entfärbt); Eisen in der Asche: Eisenchamois.

γ) nicht; wenn die Baumwolle bei der Ammoniakkochung angefärbt wurde: substantiver Azofarbstoff, unmittelbar gefärbt oder nachgechromt und nachgekupfert (Prüfung der Asche); wenn die Baumwolle weiß blieb, kochen mit R. 15; abgezogen werden auf der Faser erzeugte Eisfarbstoffe (Eisrot sublimiert im Glasrohr erhitzt in ein darum gewickeltes Filterpapier, Naphtholrot nicht; Eisrot gibt bei der Reduktion mit Hydrosulfit weißes 1-Amino-2-naphthol, Naphtolrot Naphtoesäureanilid, dessen Natriumsalz gelb ist); nicht abgezogen werden Beizenfarbstoffe (Chrom in der Asche) z. B. Alizaringelb GG und R; ferner kochen mit R. 9; dadurch wird Nitroso-, Solid-grün entfärbt (Eisen in der Asche); wird die Färbung weder durch R. 15 abgezogen noch durch R. 9 entfärbt, so liegt ein Entwicklungs (Diazotierungs) farbstoff vor.

3. Farbumschlag nach Grüngelb; die grüngelbe Färbung läßt sich diazotieren und mit 2-Naphthol zu Rot entwickeln: Primulinazofarbstoff.

L. Löchner hat T. **1925**, 914, 2 Reaktionen zur Untersuchung von Naphtol AS-Farbstoffen auf der Faser angegeben:

1. 0,1 g der gefärbten Baumwolle werden im Probierglas mit 5 ccm Eisessig aufgekocht, und einige Tropfen der Lösung auf einem Objektträger eintrocknen gelassen. Bei 500facher Vergrößerung werden eigentümliche Kristallbilder von bestimmter Farbe wahrgenommen z. B.:

Naphtol	AS-Echtrot GL	weitverzweigte Büschel	braun
,,	Echtrot 3 GL	unverzweigte Nadeln	braun
,,	Echtscharlach RC	schlecht entwickelte Nadeln	braun
,,	AS-SW-Echtrot KB	breite Nadeln	rot
,,	AS-BS-Echtscharlach RC	keine Kristalle	veil
,,	AS-RL-Echtrot RL	rechteckige Waben	dunkelblau

2. Die gefärbte Bauwolle wird mit 33%iger Natriumsulfidlösung gekocht; nach dem Abspülen des abgeschiedenen Schwefels zeigt sich Verfärbung z. B. bei Gegenwart von

Echtrot KB Base			keine
,, GL	,,	nach	rosa
,, RL	,,	,,	veil
,, B	,,	,,	schwarz
Echtscharlach RC	Base	nach	dunkelbraunrot
Türkischrot		,,	veil
Eisrot			keine

Küpenfarbstoffe werden reduziert und kehren an der Luft zurück. S. a. S. 220 Ferner E. Zühlke, Analyse von Färbungen, Leipzig 1937.

Prüfung der Echtheitseigenschaften von Färbungen.

S. a. P. Krais, Echte Farben für Stoffe, Dürerbund, 25ste Flugschrift, 1907.

Echtheit von Färbungen heißt ihre Widerstandskraft gegen bestimmte Einflüsse. Man unterscheidet Gebrauchs- und Herstellungsechtheit.

Bei der Gebrauchsechtheit handelt es sich um die Einflüsse des Lichtes, Waschens, Wassers, Reibens, Bügelns, Schwitzens, Alkali, Säure, Dekatierens, Seewassers und Formaldehyds.

Bei der Herstellungsechtheit um die Einflüsse des Avivierens, Beuchens, Bleichens, Chlorens, Entbastens, Karbonisierens, Kochens, Lagerns, Mercerisierens, Metallberührens, Pottens, Schwefelns, Superoxydbleichens, Säurekochens, Überfärbens und Walkens.

Zwecks Vereinheitlichung der Echtheitsbegriffe und -prüfungen wurde auf Anregung von C. Duisberg 1911 aus der Textilfachgruppe des Vereins deutscher Chemiker eine Echtheitskommission gebildet, die 1935 ihren 7. Bericht im Verlag Chemie, Berlin W 35 herausgegeben hat: „Verfahren, Normen und Typen für die Prüfung der Echtheitseigenschaften von Färbungen auf Baumwolle, Wolle, Seide, Viskose und Azetatkunstseide".

Messung der Lichtechtheit.

Eine künstliche Lichtquelle würde von den Schwankungen des Sonnenlichtes befreien, deckt sich aber nie vollkommen mit dessen Bleichwirkung. Am nächsten kommt wohl die gasgefüllte Wolframlampe von J. F. H. Custers (Die Chem. Fabrik **1935**, 103; T. **1935**, 673) mit 750 Watt und 3000° C. in einem Brennpunkt eines Ellipsoides; im anderen befindet sich der Prüfling, gekühlt durch Auflegen auf eine Metallplatte und Anblasen mittels Gebläses. Das durch Kupfervitriollösung und 27 cm Wasser gefilterte Licht ist 50 Mal heller als Sonnenlicht.

a) Unbezogene Messung.

Nach dem Vorschlage von Ziersch (Haller und Ziersch Z. angew. Chem. **1930,** 209) wird die Lichtechtheit einer Färbung gemessen durch den „Ausbleichgrad", d. i. die Strecke zwischen den Farborten der unbelichteten Färbung im psychologischen farbtongleichen Dreieck und der belichteten, bezogen auf die Strecke zwischen dem Farbort der unbelichteten Färbung und einem Nullpunkt auf der Grauachse.

Nach dem Vorschlag von Jost und Flütsch (T. **1930**, 296) wird aus dem Ausbleichweg einer Färbung im (rechtwinkligen) psychologischen Dreieck die „Halbwertzeit des Verschießens“ bestimmt.

Wesentlich ist, daß beim Belichtungsversuch mit gemessenen wirksamen Lichtmengen gearbeitet wird. Zur Bestimmung der Belichtungsdauer dient nach dem Vorschlage von P. Krais Viktoriablau B-Papier, das einheitlich hergestellt und auf eine Zentralstelle bezogen sein muß (Z. angew. Chem. **1911**, 1302). H. Sommer hat im Staalichen Materialprüfungsamt Berlin-Dahlem ein Jahr lang die Intensität des Sonnenlichtes gemessen und für den so gewonnenen Normalbleichstundenmaßstab eine Eichkurve aufgestellt, mit deren Hilfe das an einem beliebigen Orte belichtete Viktoriablaupapier durch Farbmessung in „Normalbleichstunden“, bezogen auf Berlin-Dahlem, ausgewertet werden kann.

Bei der vorstehenden Lichtechtheitsprüfung bleibt eine etwaige Farbtonveränderung unberücksichtigt, um das Verfahren nicht zu sehr zu verwickeln. Häufig fällt aber die Änderung des Farbtons dem Auge unangenehmer auf als ein Verblassen der Farbe unter Beibehaltung des Farbtons. Farbtonverschiebungen sind bei der veralteten Dreifarbenmischerei die Regel, da kaum zu erwarten ist, daß alle drei Farbstoffe gleichmäßig verschießen. Aber auch einheitliche Farbstoffe können ihren Farbton etwas verschieben. So hat R. Haller (T. **1922**, 433) gefunden, daß sich der Ton des Indigos um mehrere Einheiten nach Grün verschiebt.

Die Tonverschiebung wird am besten für sich gemessen und in Einheiten des 24-teiligen Ostwaldschen Farbtonkreises ausgedrückt.

Niederhauser (Moderne Betrachtungen über die Lichtechtheit und ihre Bewertung, Z. f. ges. Textilind. **1936**, 739) verlangt, daß der zu prüfende Farbstoff in einer „mittleren kritischen“ Tiefe, nämlich etwa 40 Weißgehalt, ausgefärbt werden müsse, um für seine Echtheit eigentümliche Ausbleichwerte zu erhalten.

Er belichtet mit direktem Sonnenlicht mit Hilfe des Insolameters Toussaint-Pinte, das die Wirkung des zerstreuten Tageslichtes ausschaltet und die vom Prüfling empfangene Lichtmenge mißt. (Toussaint ist Direktor eines Textilwerkes, Pinte Direktor des Laboratoriums der Handelskammer in Roubaix).

Er mißt das Ausbleichen mit Hilfe des Photokolorimeters Toussaint. Das Licht einer Glühlampe wird unter einem Winkel von 45° auf den Prüfling gespiegelt, nachdem es durch ein Farbfilter gegangen ist. Vom Prüfling gelangt das Licht nach einer photoelektrischen Zelle. Mit Hilfe von 6 Farbfiltern erhält man eine „Farbkurve“, wenn man mit Barytweiß = 100 vergleicht, eine „Musterkurve“, wenn man mit dem unbelichteten farbigen Muster vergleicht. Der „Ausbleichwert“ wird gemessen durch die Fläche zwischen der Musterkurve und der auf 100 eingezeichneten, den ursprünglichen Typ darstellenden Geraden.

b) Bezogene Messung.

Der Prüfling wird zugleich mit Typfärbungen von bestimmter Lichtechtheit (Grad I bis VIII) belichtet.

Rein (Mitteilung aus dem koloristischen und physikalischen Labor. der **I. G.** Farbenind. T. **1932,** 539) hat 8 neue Lichtechtheitstypen vorgeschlagen, die er in 2 cm Abstand hinter Fensterglas von 2—2,5 mm Stärke belichtet und zwar nach Süden gerichtet, unter einem Winkel von 45°, geschützt vor Schattenwirkung und den Einflüssen chemischer Gase. Alle Typen sind blau und auf Wolle gefärbt:

I. 0,6% Brillantwollblau FFR extra.
II. 0,6% Wollblau N extra.
III. 1 % Brillantindocanin 6 B.
IV. 1,5% Wollechtblau GL.
V. 1 % Cyananthrol RX.
VI. 2,5% Alizarindirektblau AGG. (heute Anthralanblau G).
VII. 2,5% Indigosol AZG, dekatiert.
VIII. 3 % Indigosolblau AGG, dekatiert.

In einer zweiten Mitteilung (T. **1933,** 27) mißt Rein das Verschießen der Färbung durch die Veränderungen der spektralen Absortionskurve in dem Diagramm mit den Wellenlängen 700—400 μμ als Abszisse und den Extinktionswerten $E = \log I_0/I$ als Ordinate, wo I_0 die Remission eines 100%ig reflektierenden Körpers, I die der zu messenden Färbung bedeutet. Er bestätigte dabei das Anwachsen der Lichtunechtheit mit der klimatischen Feuchtigkeit und die geringere Lichtechtheit von Baumwollfärbungen gegenüber entsprechenden Wollfärbungen.

P. Krais (Z. angew. Chem. **1936,** 55) hat die obigen neuen deutschen Tapen mit den nachstehenden englischen und amerikanischen Typen an Hand seines Blaupapiermaßstabes nach „Bleichstunden" vergleichend belichtet.

Englische Typen:

	Rot	Blau
II.	0,5% Acid Maggenta IIS (ICI)	0,5 % Lissamine Violet 6 BNS (I. C. I.)
III.	0,5% Polar Red 3 B conc. (Geigy)	0,6% Brillant Indocyanine 6 B (I. G.)
IV.	1% Cloth Fast Red (Ciba)	1,1% Polar Blue G conc. (Geigy)
V.	1% Alizarine Rubinole GW (I. G.)	0,5% Solvay Blue RS (I. C. I.)
VI.	1% Kiton Fast Red 4 BL (Ciba)	2% Alizarine Light Blue 4 GL (Sandoz)
VII.	1,2% Alizarine Orange A 425 Powder auf Zinkbeize (I. C. I.)	4% Caledon Blue GCP 300 Powder (I. C. I.)
VIII.	1,75% Durindone Red B 400 Powder (I. C. I.)	3% Indigosol Blue AGG (Durand)

Amerikanische Typen:

I. 2% Indigotine conc. (Du Pont)
II. 1,2% Scarlet 2 R conc. (Gen. Dyest.)
III. 2% Amaranth extra conc. (Geigy)
IV. 1,8% Sorbine Red X (Gen. Dyest.)
V. 2,5% Diamine Fast Red FC (Gen. Dyest.)
VI. 6% Indigosol O (Carbic)

Die englischen und amerikanischen Typen sind auch auf Wolle gefärbt. Die amerikanischen Typen I—V entsprechen fast genau den alten deutschen I—IV und VI.

Krais belichtete, bis ein deutlicher Angriff des Prüflings erkennbar war und fand dann die folgenden Sonnenstundenzahlen

Typ	Deutsch	Englisch rot	Englisch blau	Amerikanisch
I	1			6
II	3,5	3,5	3,5	41,5
III	6	6	6	50
IV	18,5	18,5	18,5	57
V	41,5	41,5	41,5	107
VI	59	69,5	69,5	180
VII	100	95	100	
VIII	138,5	132	138,5	

Danach stimmen die deutschen und englischen Typen gut überein mit Ausnahme von VI, der bei den deutschen ungünstiger liegt.

Die amerikanischen Typen weisen sehr unregelmäßige Bleichstunden auf; doch mögen hierbei klimatische Unterschiede zwischen Amerika und Dresden, dem Ort der Krais'schen Messungen eine Rolle spielen (vergl. auch Wm. D. Appel im Amer. Dyestuff Reporter **1935**, 306).

Prüfung der Waschechtheit.

Die Waschechtheit ist die zweitwichtigste Eigenschaft. Sie wird bei Baumwollfärbungen geprüft durch Verflechten mit je der Hälfte weißer Baumwolle und Kunstseide und halbstündiges Behandeln mit 5 g Marseiller Seife und 3 g kalzinierter Soda im Liter Kondenswasser in der 50fachen Menge Flüssigkeit a) bei 40°, b) kochend; danach wird zehnmal bei 40° durchgeknetet, gespült und getrocknet. Man vergleicht mit Typfärbungen von den Echtheitsgraden I, III und V mit Bezug auf Farbveränderung und Anfärben (Anbluten des Weiß).

Die Lichtechtheiten werden nach 8 Graden gemessen, für die übrigen Echtheiten genügen 5. Die höhere Nummer bezeichnet die höhere Echtheit.

Färbungen auf Baumwolle von höchster Licht- und Waschechtheit werden als „indanthrenecht" bezeichnet und dürfen mit dem I-zeichen (I-etikett) versehen werden, wenn sie mit Farbstoffen der von der **I. G.** getroffenen Auswahl („Indanthren-sortiment") sachgemäß gefärbt wurden.

Die Ciba versieht diejenigen Ciba- und Cibanonfarbstoffe, die licht-, wasch-, wasser-, trag- und wetterechte Färbungen ergeben, mit der Marke P (s. a. S. 604).

Gut licht-, aber nicht genügend waschecht sind die Chlorantinlicht-, Diphenylecht-, Siriuslicht- und Sirius-farbstoffe (s. a. S. 119).

Auch für Wolle sind gewisse Farbstoffgruppen unter den sauren Farbstoffen nach der Echtheit zusammengestellt worden, so die Anthralanfarbstoffe als best lichtecht und gleichfärbend, die Radio- und Supraminfarbstoffe als gut licht- und waschecht und die Supranol- und Walkfarbstoffe als gut licht-, walk- und seewasserecht (s. a. I. G. 497 (1913) Seewasserechte Färbungen auf Wollgarn, 545 (1931) auf Kammzug.)

Nach W. Scharwin und A. Pakschwer (Beiträge zur Oxydation der organischen Farbstoffe und der Zellulose unter Einwirkung des Lichtes, Z. f. angew. Chem. **1927,** 1008) entsteht beim Ausbleichen der Farbstoffe am Licht Kohlensäure.

Über licht- und wetterechte Färbungen für Markisenstoffe s. Rundschr. 279 (1929) der **I. G.**

Weiteres Schrifttum:

Goodings, Die Wirkung von Licht, Temperatur und Feuchtigkeit auf Farbstoffe Wollen- und Leinenind. **1936,** 100.

R. Haller, Über Probleme, Theorien und Untersuchungsmethoden, Bull. der Internat. Föderation textilchem. und kolorist. Vereine, Okt. 1936.

R. Lassé, Lichtechtheitsbestimmung von Farbstoffen mittels der Analysenquarzlampe, T. **1929,** 618.

H. Ris (Geigy), Die Bestimmung der Lichtechtheit gefärbter Textilien, T. **1937,** 93.

F. Weiß, Konstitution und Lichtechtheit, T. **1926,** 448.

W. Kaczkowski, Wasch-, Wasser- und Schweißechtheitsprüfungen von Färbungen, T. **1937,** 637.

R. Lassé, Badeecht? Z. f. ges. Textilind. **1930,** 704.

E. Ristenpart, Formaldehydechtheit, T. **1926,** 448.

I. G. Über schwefelechte Färbungen auf Wolldecken, Rundschr. 772 (1932).

Geschichte der Färberei. S. 2.

Den ersten nachchrombaren Azofarbstoff für Wolle (S. 8) das Diamantschwarz F stellten Lauch und Krekeler von den Farbfabriken Bayer, Elberfeld, 1889 her. 1913 erfuhr die Wollechtfärberei eine weitere Vereinfachung durch die Herstellung von Azofarbstoffen mit Chrom oder Kupfer in komplexer Bindung. Diese Neolanfarbstoffe der Ciba oder Palatinechtfarbstoffe der I. G. bedürfen keines Beizenzusatzes mehr, sondern können einfach sauer gefärbt werden.

Andererseits wurde die Wollechtfärberei gefördert durch die Herstellung des roten Thioindigo durch P. Friedländer 1905. Bald folgten noch andersfarbige Vertreter der indigoiden Küpenfarbstoffe (Cibafarbstoffe der Ciba und Helindonfarbstoffe der I. G.).

Für die Baumwollechtfärberei empfahl 1913 die Chemische Fabrik Griesheim-Elektron das Naphtol AS zum Grundieren der Baumwolle und Weiterentwickeln durch Kupplung mit Diazoechtbasen zum indanthrenechten Naphtolrot. Auch hier folgte eine ganze Reihe echter Naphtolfarbstoffe, unter denen besonders das von Rath 1929 entdeckte Variaminblau als ausgezeichneter Ersatz für Indigo hervorzuheben ist.

1923 entdeckte M. Bader den Schwefelsäureester des Indigoweiß, das Indigosol. Bald folgten Ester weiterer Leukoverbindungen von Küpenfarbstoffen. Sie ermöglichen Küpenfarbstoffe nach Art der auf der Faser erzeugten Farbstoffe, also denkbar einfach, wenn auch nicht gerade billig zu färben.

1925 schlossen sich die deutschen Teerfarbstoffabriken zur **I. G.** zusammen. Das bedeutete eine wesentliche Vereinfachung. Derselbe Farbstoff wird nun nicht mehr unter verschiedenen Namen gehandelt und das Farbstofflager ist erfreulich zusammengeschrumpft.

Den letzten großen Aufschwung erfuhr die Färberei wie alle übrigen Betriebe durch die Anwendung der Arbeitskunde, zu der zu rechnen sind: Betriebsuntersuchung, planmäßige Arbeitsvorbereitung, Arbeitszeitermittlung, Zusammenfassung aller anfallenden Werte und klare Menschenführung (O. Hartmann T. **1938**, 432).

Ostwaldsche Farblehre. S. 14.

Die drei Veränderlichen S. 14, Z. 2
sind dem praktischen Färber ohne weiteres verständlich; er kann eine Farbe z. B. Rot auf dreierlei Weise abändern:

1. im Farbton, indem er es gelber oder blauer macht,
2. im Weißgehalt, indem er es stärker oder schwächer ausfärbt,
3. im Schwarzgehalt, indem er es durch Zusatz von Schwarz abdunkelt.

Die Einteilung des Farbtonkreises. S. 14, Z. 14.

Auf S. 15 sind zwei Schwierigkeiten erwähnt, die entstehen, wenn die Farbtöne des Ostwaldschen Farbtonkreises auf die Wellenlängen des Spektrums bezogen werden.

Die erste wird noch deutlicher durch folgende Überlegung: Die Farbtöne bilden nicht wie die Töne in der Musik eine offene Reihe mit Anfang und Ende so, daß jedes Glied entweder höher oder tiefer wäre als sein Nachbar und daß die Reihe nach der Höhe der Glieder (oktavenweise) abgestuft werden könnte. Die Farbtöne bilden vielmehr eine geschlossene, in sich zurückkehrende Reihe und lassen daher keine quantitativen (der Höhe nach) Abstufungen, sondern nur qualitative (der Art nach) zu.

Zu den S. 15 erwähnten Schwierigkeiten gesellen sich noch zwei weitere:

3. Wie vermag Licht von der Wellenlänge 572, also noch nicht der 100ste Teil des ganzen Spektrums im Auge die Empfindung eines leuchtenden Gelb hervorzurufen, das doch an Wirkung dem durch das gesamte Spektrum hervorgerufenen Weiß kaum etwas nachgibt?

4. Warum klingt Veil mit den kleinsten Wellenlängen an Rot mit den größten Wellenlängen an so, daß die dazwischen geschalteten Purpurtöne die Brücke schlagen und den Kreis schließen können?

Auch die vierte Schwierigkeit wird durch die Lehre vom Farbhalb spielend gelöst. Das Farbhalb des Veil (Violett) umfaßt Wellenlängen des Rot und das Farbhalb des Rot Wellenlängen des Veil.

In dem durch die beiden Ostwaldschen Regeln festgelegten Farbtonkreis scheinen die einzelnen Farbtöne nicht immer gleichen Abstand zu haben, besonders zwischen 12 und 13 sowie 24 und 1 scheint der Abstand groß, zwischen 18 und 19 sowie 6 und 7 klein. Es wäre töricht hierin einen Fehler erblicken oder gar „verbessern" zu wollen. Die gesetzmäßige Normung ist viel wichtiger als die Befriedigung des Wunsches nach Gleichabständigkeit, zumal die Ansichten über „Gleichabständigkeit" bei den einzelnen Beurteilern immer auseinander gehen würden. Außerdem bleibt es jedem unbenommen, sich einen nach seinem Geschmack „gleichabständigen" Farbtonkreis zusammenzustellen, aber unter Beibehaltung der zugehörigen Ostwaldschen Farbtonnummern.

Das Unterscheidungsbedürfnis. S. 16, Z. 2 v. u.

Das Unterscheidungsbedürfnis hängt von der „Schwelle" ab. Die Schwelle ist der kleinste noch wahrnehmbare Reiz. Sie ist ungefähr $^1/_{100}$ des Abstandes zwischen Weiß und Schwarz.

Der Schwarzgehalt der kalten Farben. S. 19.

Der Schwarzgehalt der kalten Farben ist vom Wilhelm Ostwald Archiv 1937 nach den Angaben von W. Ostwald in Nr. 39 und 42 der „Farbe" so geregelt worden, wie es die nachstehende Übersicht angibt, durch die mithin die Übersicht auf S. 19 überholt wird.

Unter den Farbzeichen stehen drei Ziffern. Die unter dem Buchstaben für den Weißgehalt stehende Ziffer bedeutet diesen. Die beiden unter dem Buchstaben für den Schwarzgehalt stehenden Ziffern bedeuten den Schwarzgehalt und zwar die erste (schräg gestellte, „kursive") für die warmen, die zweite für die kalten Farben.

Für die Übergangsfarben vom Farbton 9—11,2 und 21—23,2 zwischen den warmen (Farbton 23,2—9) und kalten (Farbton 11,2—21) Farben muß der Schwarzgehalt errechnet werden. Also z. B.: Wie groß ist der Schwarzgehalt der Farbe **10** pg? Laut Übersicht beträgt g für die warmen Farben 78, für die kalten 83,7. Der Unterschied 83,7 — 78 = 5,7 entspricht dem Unterschied im Farbton 11,2 — 9 = 2,2; folglich entspricht dem Unterschied im Farbton 10 — 9 = 1 der Unterschied im Schwarzgehalt 1 · 5,7 : 2,2 = 2,6. Dieser ist also zu dem Schwarzgehalt 78 der warmen Farben hinzuzufügen um denjenigen der Übergangsfarbe 10 zu erhalten. Der gesuchte Schwarzgehalt ist mithin 80,6.

c a
56 *11* 16
e a
35 *11* 26
e c g a
35 *44* 49 22 *11* 34
g c i a
22 *44* 53 14 *11* 40
g e i c l a
22 *65* 68 14 *44* 58,4 9 *11* 44
i e l c n a
14 *65* 71 9 *44* 61 5,6 *11* 46,8
i g l e n c p a
14 *78* 79,9 9 *65* 73 5,6 *44* 63,4 3,5 *11* 48,5
l g n e p c r a
9 *78* 81 5,6 *65* 74,9 3,5 *44* 64,8 2,2 *11* 49,5
l i n g p e r c t a
9 *86* 87 5,6 *78* 82,7 3,5 *65* 76,1 2,2 *44* 66 1,4 *11* 50,1
n i p g r e t c
5,6 *86* 88,1 3,5 *78* 83,7 2,2 *65* 77 1,4 *44* 66,7
n l p i r g t e
5,6 *91* 91,9 3,5 *86* 88,9 2,2 *78* 84,4 1,4 *65* 77,8
p l r i t g
3,5 *91* 92,5 2,2 *86* 89,5 1,4 *78* 85,2
p n r l t i
3,5 *94,4* 94,9 2,2 *91* 92,9 1,4 *86* 90,1
r n t l
2,2 *94,4* 95,2 1,4 *91* 93,4
r p t n
2,2 *96,5* 96,8 1,4 *94,4* 95,6
t p
1,4 *96,5* 97
t r
1,4 *97,8* 98

Das psychologische Dreieck. S. 20.

Das S. 16—19 beschriebene farbtongleiche Dreieck (Abb. 147) heißt das analytische. Die geometrischen Orte der genormten Farben befinden sich an den Schnittpunkten der zugehörigen Weiß- und Schwarzgleichen (gepunktete und ausgezogene Linien). Die aus dem analytischen Dreieck abgelesenen Werte sind rechnerisch zu verwerten. Im analytischen Dreieck gilt das Gesetz der additiven Farbmischung (s. S. 37), wonach die Mischfarbe auf der geraden Verbindungslinie zwischen beiden Mischlingen liegt und die Abstände sich umgekehrt verhalten wie die Farbstärken.

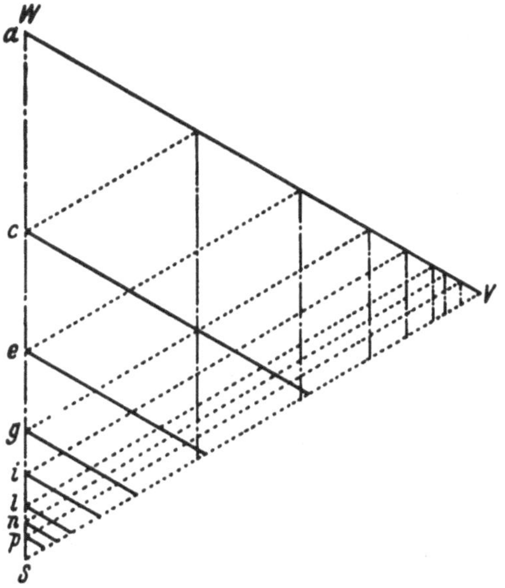

Abb. 147. Analytisches Dreieck.

Das analytische Dreieck trägt aber nicht der Empfindung für Gleichabständigkeit benachbarter Farben Rechnung. Das tut erst das psychologische Dreieck. Es heißt auch das logarithmische, weil an Stelle der eigentlichen Werte ihre Logarithmen gesetzt werden (Abb. 148).

Beim Übergang vom analytischen zum psychologischen Dreieck werden die Weiß- und Schwarzgleichen nur parallel verschoben. Die Reingleichen (Punkt-Strichlinien) dagegen, die im analytischen Dreieck parallel zur W-S-Seite ganz unregelmäßig durch die Rauten verlaufen, sind im logarithmischen Dreieck nicht mehr parallel zu W-S, sondern nähern sich nach unten zu der Vollfarbe V.

Dagegen werden die Verbindungslinien zwischen den Stufen der hellklaren Reihe und dem Schwarz, die im analytischen Dreieck durch die Schnittpunkte der Weiß- und Schwarzgleichen laufen, im logarithmischen Dreieck parallel zur W-S-Seite. Auf diesen Verbindungsgraden liegen die Farben, die bei zunehmendem Schwarzgehalt gleiches Verhältnis von Vollfarbe zu Weiß behalten. Solche Farben bilden eine Schattenreihe. Sie treten im psychologischen Dreieck an die Stelle der Reingleichen des analytischen Dreiecks. Sie werden tatsächlich als reingleich empfunden und heißen daher auch psychologische Reingleiche. Das psychologische Dreieck lehrt ohne weiteres die richtige Zusammensetzung von Schattenreihen.

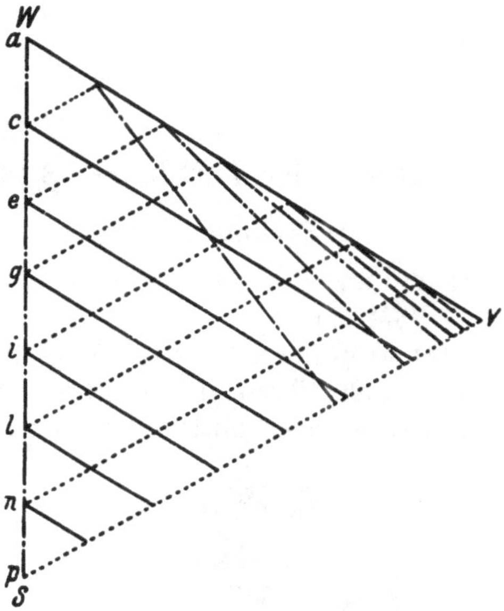

Abb. 148. Psychologisches Dreieck.

Die Reinheit der Reingleichen wächst mit ihrem Abstand von der Grauachse; sie wird durch eine römische Ziffer bezeichnet. Die Grauachse selbst hat die Reinheit O, die von c a ausgehende Reingleiche hat II, die von e a ausgehende IV usw.

Anwendung der Farblehre. S. 21.

a) Farbmessung.

S. a. A. v. Lagorio und E. Ristenpart der gegenwärtige Stand der Farbmessung, T. **1938**, 361.

A) Messung der unbunten Farben. S. 21, Z. 3.

Nach dem von Ostwald (Physikal. Farblehre S. 80) angegebenen Halbschattenphotometer ist das Pulfrich-Photometer (Abb. 149) von

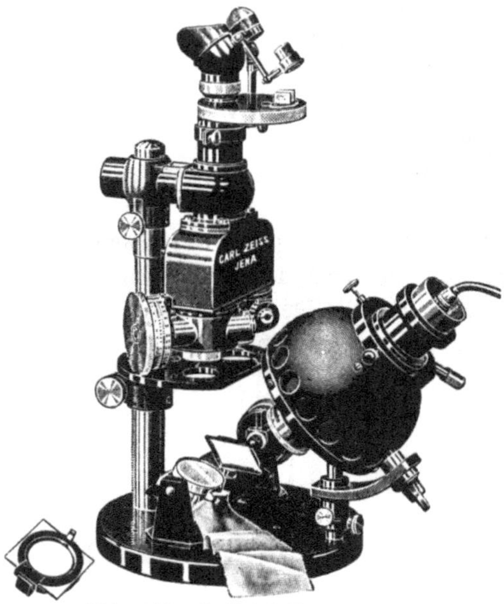

Abb. 149. Pulfrich-Photometer.

C. Pulfrich entworfen worden, das sich durch größere Fläche des Blickfeldes und schärfere Einstellung der Spalte auszeichnet (Carl Zeiß, Jena, Meß 431 c).

Die Messung des Glanzes. S. 21, Z. 22.

Der Sprachgebrauch bezeichnet schwachen Helligkeitswechsel, wenn einmalig, als Blinken, wenn periodisch, als Flimmern, starken Helligkeitswechsel, wenn einmalig, als Blitzen, wenn periodisch, als Funkeln z. B. der Sterne oder Glitzern z. B. der Wasserwellen (Kempf und Flügge Z. f. Instrumentenkunde **1929**, 1).

Ostwald sagt in seiner Farbkunde **1923**, 150 über den Glanz: „Seine Maßzahl ergibt sich durch Messung der Lichtmenge, welche unter dem Spiegelwinkel über die normale Zerstreuung hinaus zurückgeworfen wird. Diese Menge ist auch relativ vom Einfallswinkel abhängig. Man muß sie daher als Funktion für alle Einfallswinkel darstellen, oder man wird als erste Annäherung einen bestimmten Einfallswinkel als Norm annehmen und für ihn die Spiegelung messen. Die Praxis verlangt Einfachheit und wählt daher den zweiten Fall" (indem man den Einfallswinkel auch hier = 45° setzt).

„Man legt einerseits einc Probe des Meßlings wie gewöhnlich ein, auf der anderen Seite sieht man vor, daß eine Probe des Meßlings den

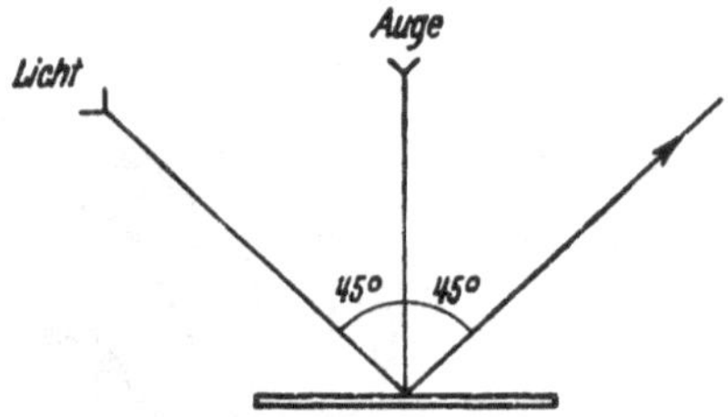

Abb. 150. Spiegelung in waagerechter Lage.

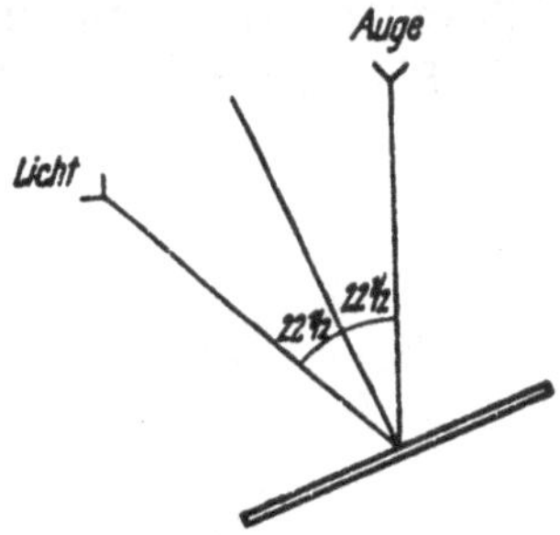

Abb. 151. Spiegelung in um 22½° gekippter Lage.

Winkel von 22½° mit der Wagrechten macht. Diese Seite erscheint heller, und durch Messung des Verhältnisses, in welchem man den zugehörigen Spalt verengern muß, gewinnt man ein Maß des Glanzes".

In Abb. 150 wird der Lichtstrahl von der wagrechten Oberfläche des Prüflings unter dem ∢ 45° zum Einfallslot zurückgeworfen. Wird die Probe um einen Winkel von 22½° gekippt, so wird der Lichtstrahl unter dem ∢ 22½° zum Einfallslot zurückgeworfen, er gelangt also in das Auge (Abb. 151).

Ostwalds Glanzzahl ist das Verhältnis $H_s : H_n$.

H_s = Helligkeit in der Spiegellage,

H_n = Helligkeit in der Normallage.

Die Helligkeit einer ebenen Fläche in der Spiegellage (22½°) ist immer größer als in irgendeiner anderen Lage.

Beispiel aus der Praxis:

Zwei Kunstseiden, Setilose und Setilmat, wurden, Faden neben Faden, in 12facher Lage auf Pappkärtchen gewickelt und im Photometer bei parallel mit der Fadenrichtung einfallendem Licht die Helligkeiten bei verschiedenen Einfallswinkeln gemessen:

Winkel:	**0**	5	10	15	20	**22½**	25	30	35	40	45
Setilose:	**13,6**	21,2	32,5	76,4	359	**500**	400	93	44,9	29,1	20
Setilmat:	**70,3**	79,7	88	79,8	120	**147**	135	118	**112**	112	112

Die Glanzzahl von Setilose ist daher 500 : 13,6 = **36,85**, die von Setilmat 147 : 70,3 = **2,09**.

Zur Bestimmung der Glanzzahl und für alle Bedürfnisse der Praxis ist die Helligkeitsmessung bei anderen Winkeln als 22 ½° überflüssig.

Auch braucht die „Photometrische Aufhellung" nicht berücksichtigt zu werden, die nach dem Gesetz von Lambert proportional dem Cosinus des Rückwurfswinkels erfolgt. Ostwald sagt darüber (Physikalische Farblehre, S. 63):

„Ideale Streuung schreiben wir einer Fläche zu, welche bei gegebener Beleuchtung gleich hell aussieht, in welcher Richtung man sie

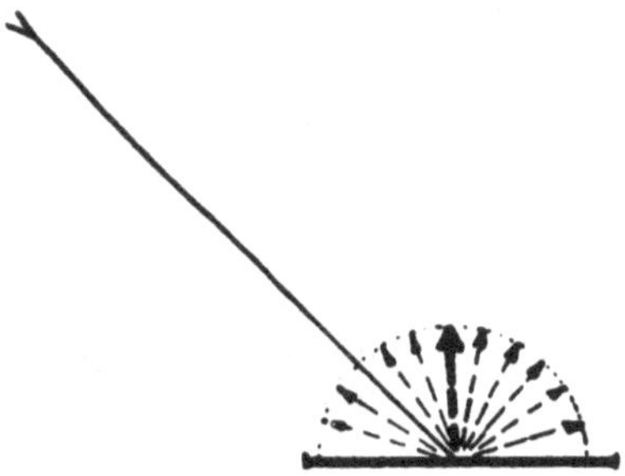

Abb. 152. Ideale Streuung.

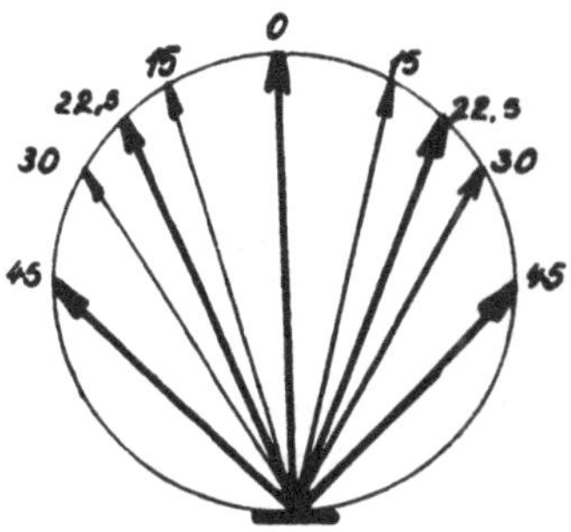

Abb. 153. Kosinusfunktion.

auch betrachten mag. Aus dieser Begriffsbestimmung ergibt sich ein zuerst von Lambert ausgesprochenes Gesetz für die Lichtmenge, welche eine solche Fläche nach verschiedenen Richtungen aussendet (Abb. 152).

Die ideal streuende Fläche sei so beleuchtet, daß sie von der Flächeneinheit *ab* eine bestimmte Lichtmenge *l* senkrecht aussendet. Wenn sie gemäß der Definition seitlich von c aus betrachtet gleich hell erscheint, so muß sie nach dieser Richtung eine geringere Lichtmenge schicken, weil die Fläche von c aus gesehen kleiner erscheint (nämlich von der Breite *ad*), und daher heller aussehen müßte, wenn sie nach c ebensoviel Licht sendete, wie nach *l*. Nennen wir die senkrecht zurückgeworfene Menge *l*, die schräge *l'*, so besteht das Verhältnis $l' : l = ad : ab = \cos lac$. *lac* ist der Winkel unter dem das Licht ausgeht. Daher lautet das Gesetz von Lambert:

Eine ideal streuende Fläche sendet nach allen Richtungen Licht zurück, dessen Menge im Verhältnis zu der senkrecht zurückgeworfenen Menge durch den Cosinus des Rückwurfswinkels gemessen wird".

Wenn $l = 1$ wird, so wird $l' = \cos lac$. Es muß also nur mit dem Cosinus des Rückwurfswinkel vervielfacht werden.

Winkel:	0	5	10	15	20	**22,5**	25	30	35	40	45
Cosinus:	1	0,996	0,985	0,966	0,94	**0,924**	0,906	0,866	0,819	0,766	0,707
	(1,414	1,409	1,393	1,366	1,329	**1,306**	1,282	1,224	1,158	1,083	1)

Die eingeklammerte Reihe gilt für den Fall, daß $l' = 1$.

Die Cosinusfuktion ist in Abb. 153 dargestellt.

Da bei der Glanzmessung der Einfallswinkel von 45 auf 22,5° verringert wird, wird die Helligkeit **1,306** mal größer. Das Gesetz von Lambert gilt aber nur für eine zerstreuende Fläche, nicht für eine glänzende.

Eine vollkommen glänzende Fläche wirft das Licht nur nach einer Richtung zurück. Der Spiegelwinkel ist gleich dem Einfallswinkel (Abb. 150/1).

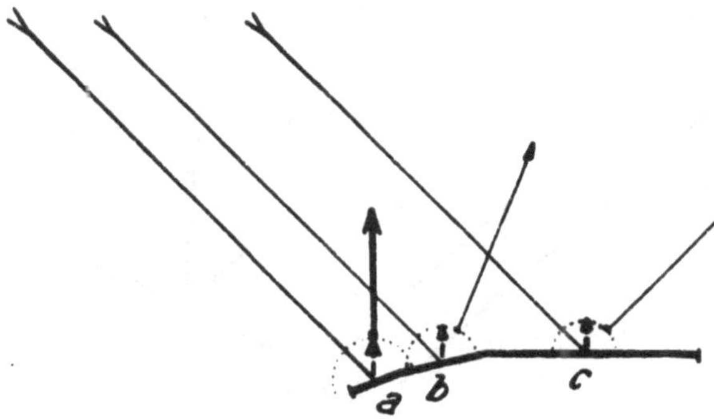

Abb. 154. Spiegelung in der Normallage.

Wirkliche Flächen sind teils zerstreuend, teils glänzend. Nur der zerstreuende Anteil steigert die Helligkeit nach dem Cosinusgesetz, wenn die Fläche um den Winkel 22½° gekippt wird. Der spiegelnde Anteil hängt von der Oberflächenanordnung ab.

Diese Abhängigkeit veranschaulichen Abb. 154 und 155 (Normale und Kipplage). Die Oberfläche möge aus den Teilflächen a, b, c bestehen und a gegen c um 22½° geneigt sein.

In der Normallage (Abb. 154) sendet nur die kleinste Teiloberfläche a ihren Anteil Zerstreuung (vervielfacht mit cos 22½°) (dargestellt durch den gepunkteten Halbkreis) und ihren Anteil Spiegelung (dargestellt durch den dicken Pfeil) in das senkrechte Sehrohr.

Die mittlere Teilfläche b sendet nur ihren Anteil Zerstreuung (verringert nach dem Cosinusgesetz) in das Sehrohr; dagegen geht der Anteil Spiegelung (dargestellt durch den dünnen Pfeil) ungesehen am Sehrohr vorbei.

Die größte Fläche c verhält sich wie b.

In der Kipplage (Abb. 155) gelangt die Hauptfläche c in die Spiegellage und sendet ihre Anteile Zerstreuung und Spiegelung in das Sehrohr. Die kleineren Teilflächen a und b senden nur ihre Anteile Zerstreuung in das Sehrohr.

Wieviel der jeweilige Anteil Zerstreuung und wieviel der Anteil Spiegelung beträgt, entzieht sich der Kenntnis. Die Messung ergibt immer nur die Summe.

Der Anteil Zerstreuung läßt sich annähernd nach Ostwald (Physik. Farblehre S. 64) ermitteln:

„Man mißt die Rückwerfung in einer Anzahl verschiedener Richtungen zwischen 0 und 90° sowohl der Beleuchtung wie der Beobachtung. Der kleinste Betrag, den man hierbei beobachtet, wird als Streuung in Rechnung gesetzt; alle Überschüsse als Spiegelung.“

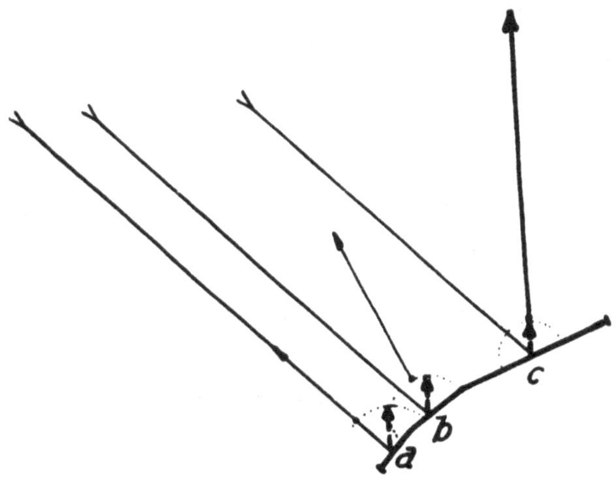

Abb. 155. Spiegelung in der Kipplage.

Indeß bleibt der Betrag Zerstreuung für die praktische Glanzmessung unbekannt; infolgedessen auch der von ihr verursachte kleine Betrag Aufhellung; dieser wird daher bei der Festsetzung der Ostwaldschen Glanzzahl mit Überlegung außer Acht gelassen.

Bei der Glanzmessung an Geweben und Gewirken muß zweierlei beachtet werden:

1. Der Glanz hängt von der Lage der Fäden zur Beleuchtungsrichtung ab. Darum müssen die Proben in ihrer Ebene gedreht werden, um die Lagen höchster Spiegelung zu ermitteln. Gewöhnlich findet man zwei, in denen denn auch gemessen werden muß. Beide Glanzzahlen werden nebst der Richtung, in der sie ermittelt wurden — Kette oder Schuß, Maschenreihe oder Maschenstäbchen — angegeben.

2. Da die Fäden um einander gedreht sind, bleibt die Spiegellage nicht immer in der gleichen Ebene, sondern tritt mehr oder weniger heraus. Dann braucht der Winkel höchster Helligkeit nicht 22½° zu sein, sondern mehr oder weniger. Das ändert gar nichts an der Meßmethode, wenn nur bis zum Winkel höchster Helligkeit gekippt wird. Bei solchen Abweichungen wird außer der Glanzzahl der besondere Kippwinkel angegeben.

Während der letzten Jahre bevorzugt die Mode Kunstseide mit vermindertem Glanz, sogenannte Mattkunstseide. Setilmat (S. 550) ist Setilose, deren Glanz durch Beimischen von etwa 3% Titandioxyd zur Spinnlösung vermindert worden ist. Das Verhältnis der entsprechen-

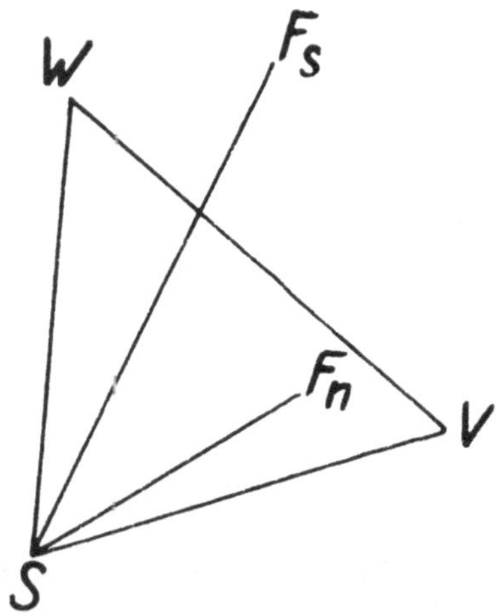

Abb. 156. Das farbtongleiche Dreieck mit der Farbe F_n in der Normal- und F_s in der Spiegellage.

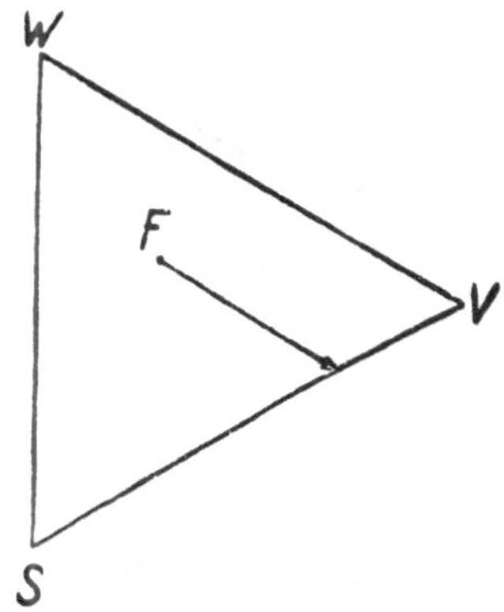

Abb. 157. Verschiebung der Farbe im farbtongleichen Dreieck durch die Betrachtung mit Paßfiltern.

den Glanzzahlen 36,85 : 2,09 = 17,63 heißt die Mattierungszahl; sie mißt in einfacher Weise die Wirkung der Mattierung und kennzeichnet sowohl das Mattierungsverfahren als auch die „mattierte" Kunstseide. (E. Ristenpart, Über Glanz und Glanzmessung, T. **1934**, 418).

Glanzmessung an bunten Oberflächen (T. **1937**, 197).

Der Glanz stört den Färber sehr beim Abmustern, da er die Farbe der Probe stark verändert je nach der Lage zur Beleuchtungsrichtung und zur Blickrichtung.

Die Messung des Glanzes an bunten Oberflächen wird dadurch erschwert, daß die beiden Helligkeitskomponenten Weiß und Vollfarbe nicht im gleichen Verhältnis gespiegelt werden, sondern überwiegend das Weiß.

Bezeichnet F_s (Abb. 156) den Ort der gespiegelten Farbe im farbtongleichen Dreieck, F_n den Ort der Farbe in der Normallage, W, S und V die Orte für Weiß, Schwarz und Vollfarbe, so liegt F_s nicht auf der Verlängerung der Geraden SF_n, was einer Abnahme des Schwarz zu Gunsten von Weiß und Vollfarbe im gleichen Verhältnis entspräche, sondern auf einer näher an W vorüber ziehenden Geraden. Durch Abdrosselung der Lichtzufuhr zu F_s kann man sich nur auf der Geraden nach S zu bewegen, nie aber nach F_n kommen.

Man darf aber auch nicht die Übereinstimmung von F_s und F_n durch Einschaltung eines Farbfilters erzwingen wollen (T. **1928**, 133).

Verwendet man ein Paßfilter, z. B. ein rotes für einen rötlichen Prüfling, so wird dessen Anteil Weiß durch einen ebenso großen Anteil Vollfarbe (Rot) er-

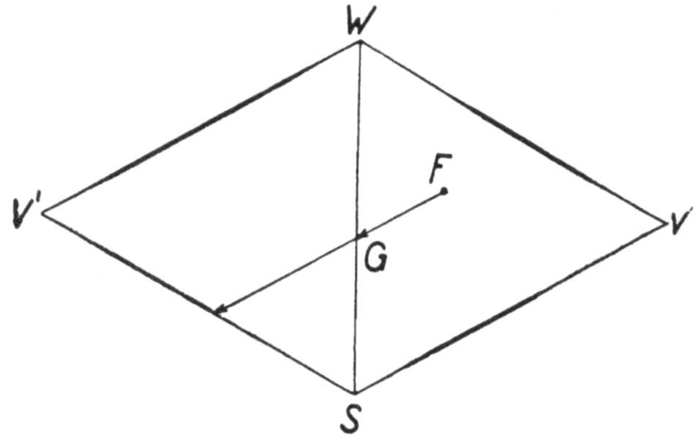

Abb. 158. Verschiebung der Farbe in das Gegendreieck durch die Betrachtung mit Sperrfiltern.

setzt. Das bedeutet Verdunkelung, da die Vollfarbe weniger hell als Weiß ist. Abb. 157 zeigt wie die Farbe F bei der Betrachtung durch das Paßfilter auf einer Schwarzgleichen parallel der hellklaren Reihe WV bis zum Schnittpunkt mit der dunkelklaren Reihe VS verschoben wird.

Verwendet man ein Sperrfilter z. B. ein grünes für einen rötlichen Prüfling, so wird der Anteil Vollfarbe (Rot) durch Schwarz, der Anteil Weiß durch einen ebenso großen Anteil Vollfarbe (Grün) ersetzt. Beide Veränderung bedeuten auch hier Verdunkelung. Abb. 158 zeigt wie die Farbe F bei der Betrachtung durch das Sperrfilter auf der Weißgleichen parallel der dunkelklaren Reihe VS zunächst bis zum Schnittpunkt G auf der Grauachse — Ersatz der Vollfarbe (rot) durch Schwarz — und dann auf der Verlängerung im farbtongleichen Dreieck der Gegenfarbe (grün) d. h. auf der Schwarzgleichen parallel zur hellklaren Reihe WV'bis zum Schnittpunkt auf der dunkelklaren Reihe V'S — Ersatz des Weiß durch einen ebenso großen Anteil Gegenvollfarbe (grün) — verschoben wird.

Übereinstimmung der beiden Hälften im Gesichtsfeld des Photometers läßt sich ohne Farbfilter auf folgendem Wege erzielen (Abb. 159):

1. Dem Prüfling in der Normallage auf der linken Seite des Photometers wird soviel Weiß beigemischt, daß sich F_n auf der Geraden F_nW bis zum Schnittpunkt T auf der Geraden F_sS bewegt.

2. Die Helligkeit des Prüflings auf der rechten Seite des Photometers in der Spiegellage wird mit der Trommel soweit abgedrosselt, daß sich F_s auf der Geraden F_sS ebenfalls bis zum Schnittpunkt T bewegt.

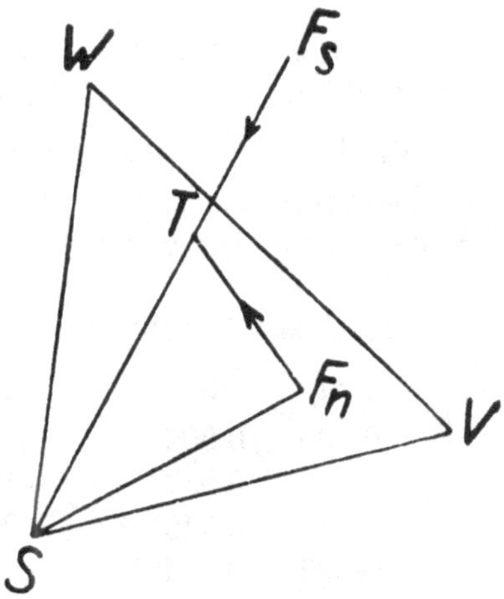

Abb. 159. Bewegung von F_n und F_s zum Treffpunkt T im farbtongleichen Dreieck.

Beide Farben F_n und F_s begegnen sich also im Treffpunkt T und nehmen mithin im Photometer die gleiche Farbe an.

Schlägt man die Vorschlaglupe über das Okular, so erblickt man — von der linken Seite herrührend — ein großes Quadrat, teils weiß, teils bunt (rot), — von der rechten Seite herrührend — ein kleineres buntes (rotes) Quadrat, das in der Abb. 160 daneben gezeichnet ist, in Wirklichkeit aber natürlich auch sich mitten im Gesichtsfeld befindet.

Um das Verhältnis von Weiß zu Bunt zu ermitteln, wird das große Quadrat durch Hereindrehen der linken Trommel verkleinert, bis

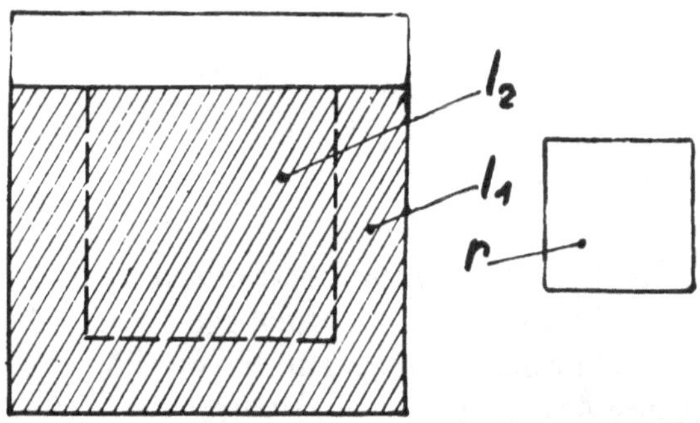

Abb. 160. Weißzumischung unter der Vorschlaglupe gesehen nach Einstellung auf gleiche Farbe links und rechts.

seine obere Kante die Trennungslinie Weiß-Bunt gerade berührt. Die Seite des verkleinerten Quadrates sei a, die Trommelstellungen vorher und nachher l_1 und l_2. Dann wird das Verhältnis der durchgelassenen

Lichtmengen $l_2 : l_1 = a^2 : 1^2$. Der Inhalt des bunten Rechteckes R ist $1 \cdot (1 + a) : 2$ oder $(1 + \sqrt{l_2 : l_1}) : 2$ und der Inhalt des weißen Rechteckes $1 - R$.

Die neue Farbe T ist also aus F_n und W im Verhältnis $R : (1 - R)$ ermischt. Bezeichnen v_n und w_n sowie v_t und w_t die Hundertstel Vollfarbe und Weiß in F_n und T, so wird

$$v_t = v_n \cdot R \quad \text{und} \quad w_t = w_n \cdot R + 100 \cdot (1 - R).$$

Die folgende Übersicht aus Meß 430 c der Firma Carl Zeiß erleichtert die Auffindung von R:

Tafel zur Farbbestimmung mit dem Pulfrich-Photometer.

$l_2 : l_1$	R	$l_2 : l_1$	R	$l_2 : l_1$	R
0,000	0,500	0,145	0,691	0,59	0,884
0,004	0,532	0,19	0,718	0,64	0,900
0,012	0,555	0,24	0,745	0,69	0,915
0,022	0,574	0,29	0,769	0,74	0,930
0,032	0,590	0,34	0,792	0,79	0,944
0,045	0,606	0,39	0,812	0,84	0,958
0,070	0,632	0,44	0,832	0,89	0,972
0,095	0,654	0,49	0,850	0,94	0,985
0,120	0,673	0,54	0,867	0,99	0,998

Ist die rechte Trommel bis auf r zurückgedreht worden, um die Farbe F_s nach T zu verschieben, so sind sowohl v_s als auch w_s im Verhältnis $l_1 : r$ verkleinert worden. Daher wird

$$v_s = v_t \cdot l_1 : r \qquad w_s = w_t \cdot l_1 : r$$
$$= v_n \cdot R \cdot l_1 : r \qquad = [(w_n - 100) \cdot R + 100] \cdot l_1 : r$$
$$H_s = h_o \cdot v_s + w_s = [h_o \cdot v_n \cdot R + (w_n - 100) \cdot R + 100] \cdot l_1 : r$$
$$H_n = h_o \cdot v_n + w_n$$
$$\Gamma = H_s : H_n$$

In der Ostwaldschen Glanzzahl Γ bezeichnen H_s und H_n die Helligkeiten in der Spiegellage und in der Normallage. h_o bezeichnet die Helligkeit der reinen Vollfarbe, bezogen auf Barytweiß = 1. Die folgende Übersicht zeigt ihre Abhängigkeit vom Farbton des 24-teiligen Farbtonkreises (Physik. Farblehre S. 149):

Nr.	1	2	3	4	5	6	7	8	9	10	11	12
h_0	0,88	0,76	0,66	0,49	0,38	0,33	0,27	0,24	0,22	0,18	0,14	0,13

Nr.	13	14	15	16	17	18	19	20	21	22	23	24
h_0	0,12	0,24	0,34	0,51	0,62	0,67	0,73	0,76	0,78	0,82	0,86	0,87

Eine praktische Glanzmessung an mercerisiertem Baumwollgarn, 32/2, Alastra 100 den, und Fabelmat 100 den. in sechs verschiedenen Farben ergab folgende Werte:

	Baumwolle				Alastra				Fabelmat			
	t	w	s	Γ	t	w	s	Γ	t	w	s	Γ
weiß ...	**3**	63	35	2,32	**2**	13,7	82,2	24,8	**1**	64,5	9,5	1,9
gelb ...	**1**	3,4	40	2,68	**1**	0,3	78,8	11,4	**1**	3,3	30	4,42
rot	**7**	1,2	61	3,14	**7**	0,1	84,9	45,8	**7**	1	22	4,7
blau ...	**13**	1	90	3,72	**13**	0,2	97,4	274	**13**	3,6	74	7,24
grün	**21**	0,9	96	3,86	**21**	0,1	99,5	608	**21**	1,1	93,7	8,35
schwarz	**14**	1,4	98	6,32	**14**	0,08	99,9	732	**14**	0,6	98,6	29,1

s = Farbton w = weiß s = schwarz Γ = Glanz

Das Licht fiel immer parallel der Längsachse der Fäden ein.

Die Zahlen lehren dreierlei:

1. Der Glanz steigt mit zunehmender Dunkelheit der Farbe. Das geht ohne weiteres aus der Glanzformel hervor. Denn mit zunehmender Verdunkelung wird der Nenner des Quotienten kleiner. Es glänzt also derselbe Stoff in Blau mehr als in Gelb und in Schwarz mehr als in Weiß.

2. Die Überlegenheit der Kunstseide gegenüber mercerisierter Baumwolle mit Bezug auf Glanz ist über Erwarten groß. Das Verhältnis der Glanzzahlen von Alastra und mercerisierter Baumwolle beträgt in

Weiß	Gelb	Rot	Blau	Grün	Schwarz
10,6	4,3	14,4	73,7	157	104

Heute verlohnt es sich nicht mehr wegen des Glanzes zu mercerisieren.

3. Die Entglänzung im Spinnverfahren ist vorzüglich. Das Verhältnis der Glanzzahlen von Alastra und Fabelmat ist in

Weiß	Gelb	Rot	Blau	Grün	Schwarz
13	2,59	9,74	38	73	25,1

B) Messung der bunten Farben.

I. Messung des Farbtons. S. 21, Z. 7 v. u.

Der Farbton einer Farbe kann nur dann an demjenigen einer anderen Farbe z. B. auf einer genormten Farbtonleiter gemessen werden, wenn auch die beiden anderen Elemente der Farbe, Weiß und Schwarz mit einander übereinstimmen. Sonst tritt keine Gleichheit ein. Die Aufgabe ist also, dies beiden anderen Bestandteile gegen einander abzugleichen. Dazu gibt es zwei Verfahren, das ältere mittelbare, nämlich unter Vermittelung der Gegenfarbe, und das neuere unmittelbare.

1. Mittelbares Verfahren.

Hier wird die Gegenfarbe auf der Tonleiter gesucht, die — nach Abdrosselung ihrer zu hohen Reinheit — mit der Farbe des Meßlings

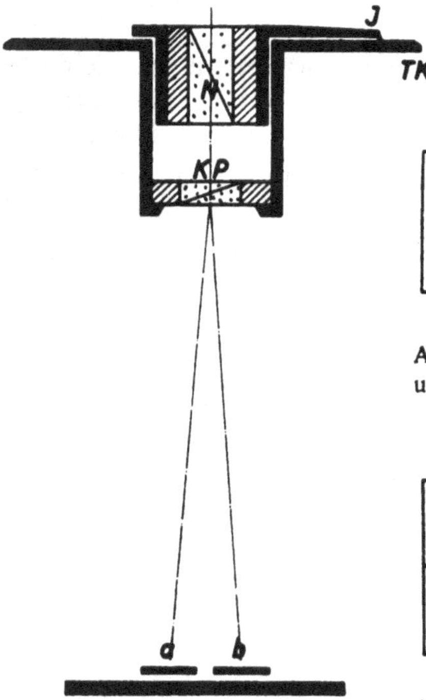

Abb. 161. Polarisationsfarbmischer.

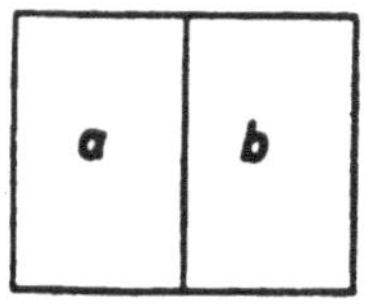

Abb. 162. Farbe a und Gegenfarbe b.

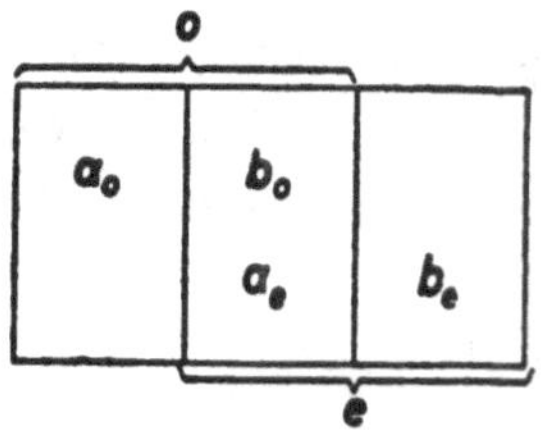

Abb. 163. Mischung von $a_e + b_0$.

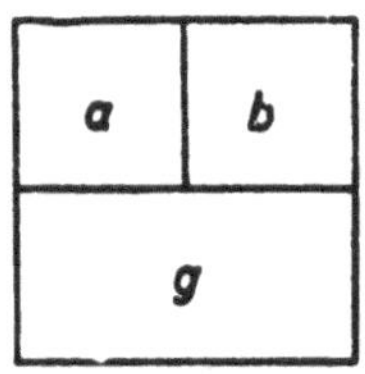

Abb. 164. Das Vergleichsgrau g.

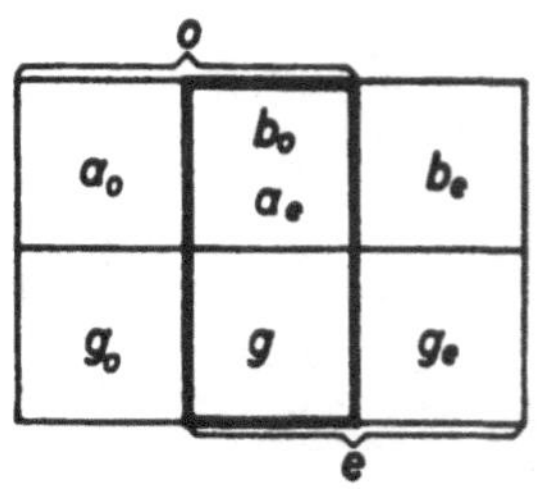

Abb. 165. Schlußstellung mit den 4 Farben a_0, b_0 a_e, b_e und g.

sich zu neutralem Grau mischt. Die Mischung bewirkt Ostwald mit Hilfe eines doppelt brechenden Wollastonprismas KP in seinem Polarisationsfarbmischer (Abb. 161).

Das Prisma entwirft von der bunten ebenen Platte a von 2 cm Seite zwei um 19 mm voneinander abstehende Bilder, ein ordentliches a_0 und ein außerordentliches a_e. Ebenso von der daneben gebrachten Gegenfarbe b (Abb. 162). Das rechte Bild der linken Farbe fällt auf das linke der rechten; beide mischen sich additiv; je zur Hälfte (Abb. 163).

Die Abdrosselung des zu reinen Anteils bewirkt ein über dem Wollastonprisma drehbar angebrachtes Nikolprisma N. Steht dessen Zeiger auf 45°, so sind beide Teile unverändert; steht er auf 0°, so ist der linke, steht er auf 90°, so ist der rechte Anteil verschwunden. Zeigt er den Winkel w an, so verhält sich der linke zum rechten Anteil wie $tg^2 w$.

Man schiebt einerseits die Farbtonleiter und dreht andererseits den Nikol solange hin und her, bis neutrales Grau erreicht ist. Um über den Charakter des Grau keinen Zweifel aufkommen zu lassen, legt man auf ein ebenfalls im Gesichtsfeld befindliches Tischchen diejenige der Graukarten g, die dem Mischgrau im Pomi am nächsten kommt (Abb. 164). Man sieht also 4 Farben im Gesichtsfeld: 1. den Meßling a_0, 2. die Gegenfarbe auf der Farbtonleiter b_e, 3. das Mischgrau $b_0\ a_e$, 4. das in der Schlußstellung mit 3. übereinstimmende neutrale Grau g (Abb. 165).

2. Unmittelbares Verfahren.

Bei diesem neueren Verfahren wird der reineren Normfarbe der Farbtonleiter soviel Weiß (durch Hineinschieben von Barytweiß in das vom Meßling erfüllte Gesichtsfeld) und Schwarz (durch Hereindrehen der Trommel und Verengerung des Spaltes) zugemischt, daß sie mit dem Meßling übereinstimmt (C. Pulfrich Zeitschr. für Instrumentenkunde **1925,** 35; Pulfrich-Photometer, Meß 430/III, Carl Zeiß, Jena, Abb. 17).

II. Messung des Weiß- und Schwarzgehaltes. S. 22.

1. Mit dem Spektrophotometer („analytisches" oder „Spektral"-Verfahren).

Dieses mühsame und kostspielige Verfahren ermittelt die Rückwurflinie (Remissionskurve) durch Bestimmung der Lichtschwächung an verschiedenen Orten

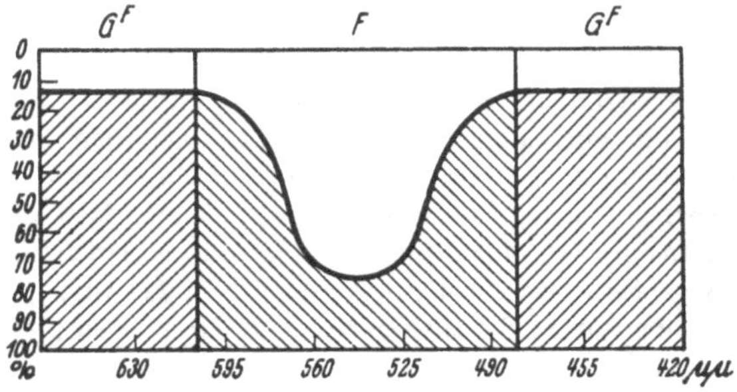

Abb. 166. Rückwurflinie eines Grün.

Abb. 167. Zeiß Ikon Spektrodensograph.

des Spektralbereichs. Abb. 166 zeigt die Rückwurflinie eines Grün im Diagramm mit den Wellenlängen als Abszisse und den Durchlaßzahlen als Ordinate. Die unterste Gerade mit 100% entspricht Barytweiß, die oberste mit 0% dem idealen Schwarz. Über Einzelheiten s. Din 5033 und T. 1938, 361.

Teilt man die ganze Fläche des Diagramms durch zwei das Farbhalb des nach I. bestimmten Farbtons begrenzende Ordinaten nach Abb. 166 ab, so ergeben sich die beiden Rechtecke des Farbhalbs F und des Gegenfarbhalbs GF. Durch Integrieren der an den einzelnen Wellenlängen durchgelassenen Lichtmengen oder einfacher durch Planimetrieren der Durchlaßflächen kann man die in F und GF durchgelassenen Lichtmengen ermitteln und es wird

Lichtmenge in GF = Weiß,

100 — Lichtmenge in F = Schwarz,

Unterschied der Lichtmengen in F und GF = Vollfarbe.

Der Zeiß Ikon Spektrodensograph (Abb. 167) trägt selbsttätig jeden Meßpunkt auf einem Diagrammblatt auf. Ein neutralgrauer Keil von gleichmäßig ansteigender Dichte mißt durch Verschiebung den Durchlaß für jede Wellenlänge.

2. Mit Hilfe von Farbfiltern („Helligkeits"-Verfahren).

a) Auf Grundlage des Farbhalbs.

Dieses einfache und billige Verfahren ermittelt die in F durchgelassene Lichtmenge durch Messung im eigenfarbigen Licht mittels Paßfilter gegen Barytweiß, die in GF durchgelassene durch Messung im gegenfarbigen Licht mittels Sperrfilter.

Theoretisch müßte jeder Farbton sein eigenes zugehöriges Filter haben. In Wirklichkeit kann ein für einen Farbton brauchbares Filter auch für ein ausgedehntes Gebiet benachbarter Farbtöne verwendet werden. Ein gutes Farbfilter erkennt man, wenn man einen möglichst reinfarbigen Farbkreis damit betrachtet. Der ganze Farbkreis zerfällt dann in eine helle und dunkle Hälfte, die nur durch kurze graue Übergänge miteinander verbunden sind. Bei einem ungenügenden Filter

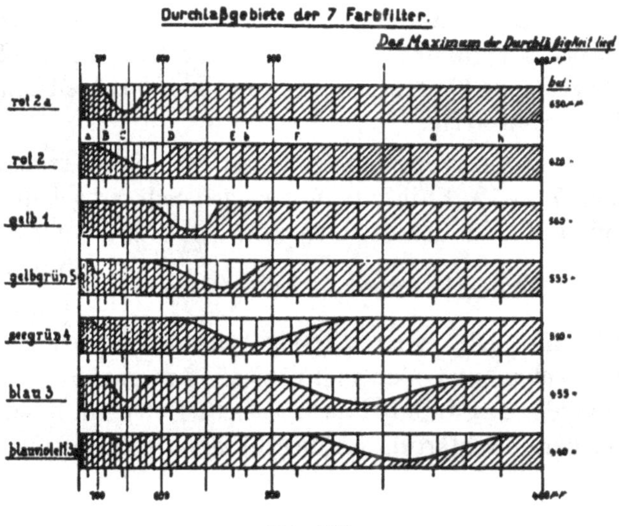

Abb. 168.

erscheinen die hellen und dunklen Anteile verkürzt und an den Übergängen machen sich bunte Farben bemerklich. (Physikal. Farblehre S. 202).

Gute Lichtfilter für die Farbmessung hat zuerst A. von Lagorio hergestellt. Über die schwierigen Vorarbeiten berichtet Wi. Ostwald in „Beiträge zur Farblehre" (Abh. der Sächs. Ges. der Wiss. **1917,** 543).

Für den sichtbaren Teil des Spektrums fand Lagorio 7 Filter als genügend. Abb. 168 zeigt ihre Durchlaßgebiete in gleichmäßiger Verteilung (C. Pulfrich Zeitschr. für Instrumentenkunde 1925, 110). Diese 7 Farbfilter gelten als Sperr- bzw. Paßfilter für die nachstehenden Farbtöne:

Filter	Spektrales Durchlaßgebiet	sperrt	läßt durch
1 (gelb)	560—580 μμ	9,8—15,5	24,2—3,5
2 (rot)	605—690	13,5—22	1 —8,2
2a (rot)	625—680 (kein Blau!)		5,8—13
			7 — 9,8
3 (blau)	420—480 (kein Rot!)	22 — 5,8	13 —17,2
3a (blau)	425—480 (kein Rot!)	22 — 5,8	
4 (grün)	490—540	5,2— 9,5	16 — 1
5 (grün)	520—565	7—14,5	19 — 1

Da, wo die Umfänge der Filter übereinander greifen, bevorzugt man als Sperrfilter das mit dem kleineren, als Paßfilter das mit dem größeren abgelesenen Wert.

Reinfarbige Gelb müssen mit 3 + 3a zugleich gesperrt werden; die dadurch bewirkte Verdunkelung erschwert die Messung. Laubgrün 22, wo das blaue Doppelfilter gegen das rote ausgewechselt wird, liefert leicht zu hohe Weißwerte.

Besondere Aufmerksamkeit erfordert die Schwarzmessung der Purpurfarben 7,2—13. Früher maß man den Schwarzgehalt des roten Anteils a mit Filter 2a, den des blauen Anteils b mit Filter 3 und fand den Mittelwert für den Farbton n nach der Formel $a + \frac{b - a}{6} \cdot (n - 6)$.

Bereits Ostwald („Die Farbe" Nr. 42, **1925**) hat an Stelle der Doppelmessung mit rotem und blauem Filter die Anwendung von Purpurfiltern empfohlen. Lagorio hat noch 3 solche Filter für dieses empfindliche Gebiet von Mischfarben aus unsichtbarem Infrarot und Ultraveil hergestellt:

6 = 2a		7— 9,8
6a (rot)	640—700 (Spur Blau bei 450)	10—10,8
6b (veil)	650—700 (Ultraveil bis 475)	11—11,2
6c (blau)	650—Infrarot (510—Ultraveil) (Rot sehr schwach)	10—12,8

Wichtig ist bei der Messung die Beobachtung folgender Vorschriften:

1. Normale Sehbedingungen: ausgeruhte Augen, farbtüchtige Augen, Schutz gegen fremde Farbwirkung durch Auskleidung der Umgebung mit mittlerem neutralen Grau (vergl. S. 566).

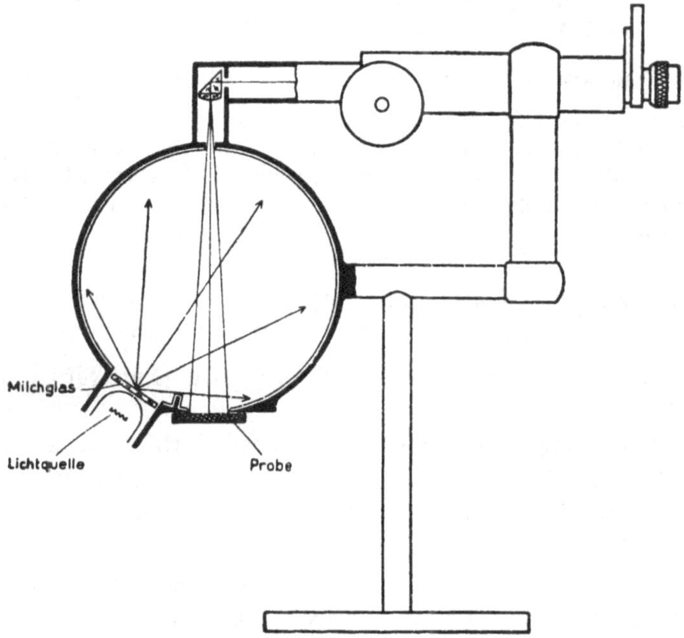

Abb. 169. Zeiß. Ulbricht'sche Kugel.

2. Verwendung von Augen-photometern, also Ausschluß photoelektrischer Strahlungsempfänger, die auf Farbunterschiede anders ansprechen als das Auge (Melliand Textilberichte **1936**, 732).

3. Ausschluß von Glanz und Schatten durch Verwendung einer gleichmäßig zerstreuenden Lichtquelle (Ulbricht'sche Kugel, Kugelreflektometer von Carl Zeiß, Jena, Meß 431, Abb. 169). Einen guten Ersatz bildet das zerstreute Tageslicht des bedeckten Himmels in den Stunden von 9—15.

4. Unveränderlichkeit der Lichtfilter; einheitliche, genormte Filter.

b) Auf Grundlage des Dreifarbensystems.

Dieses von A. von Hübl (Physikal. Zeitschr. **1917**, 270; Wi. Ostwald, physikal. Farblehre S. 210) angegebene und von L. Bloch (Zeitschr. für techn. Physik **1923**, 175) zum Gebrauch für Ostwalds Farblehre empfohlene Verfahren benutzt statt der 7—10 über den ganzen Farbkreis verteilten Lichtfilter des vorigen Verfahrens nur 3, nämlich für die drei „physiologischen" Grundfarben Rot, Laubgrün und Ublau („L-Filter" von Zeiß), und besticht daher zunächst durch seine Einfachheit. Durch Abdrosselung mittels Graukeile werden die Mengenverhältnisse festgestellt, deren optische Mischung die Farbe des Meßlings ergibt. Die Einheitswerte der Grundfarben ergeben gemischt Weiß. S. a. Meß 430 und 430 a. von Carl Zeiß, Jena.

Hat man die Anteile der drei Grundfarben zu a, b und c ermittelt $a > b > c$, so wird $c =$ Weiß, $1 - a =$ Schwarz gesetzt und der Farbton durch den „Farbtonquotienten" q, das Verhältnis der „wirksamen" Grundfarbenbestandteile $\frac{b - c}{a - c}$ bestimmt (K. Miescher Zeitschr. f. techn. Physik 1930, 66.

Das Verfahren hat sich nicht einzuführen vermocht; es hat zwar mit dem vorigen die willkürliche Wahl der Filter gemeinsam, ist aber viel umständlicher auszuführen und in Folge der erforderlich werdenden heterochromen Photometrie viel ungenauer.

3. Durch Vergleich mit genormten Farben „Synthetisches" oder „Gleichheits"-Verfahren.

a) aus einer geordneten Sammlung (Farbkörper von Wi. Ostwald).

Am besten eignen sich die Ostwaldschen Farbleitern, 28 Kärtchen mit je 24 in den Farben der wert- (weiß- und schwarz) gleichen Farbkreise gefärbten Papiersprossen zum Auflegen auf den durch die Lücken sichtbaren Meßling.

Eine andere Form sind die Ostwaldschen Meßdreiecke, die 24farbtongleichen Dreiecke mit Lücken zwischen den einzelnen Stufen, ebenfalls zum Auflegen auf den Meßling.

Diese Art Messung hat infolge ihrer Einfachheit bereits weiteste Verbreitung gefunden.

b) Anstatt die Norm einer Farbtafel zu entnehmen, hat man auch versucht, sie jeweils additiv zu ermischen: aus einem Farbton veränderlicher Helligkeit und Weiß s. Verfahren B. I. 2.

oder aus drei Eichfarben (trichromatische Colorimeter).

Die Eichfarben können sein

I. Spektralfarben (H. E. Ives, Journ. Frankl. Inst. **164**, 47 und 421 (1907); zugrunde liegt der Farberzeuger von Maxwell (Wi. Ostwald, Physik. Farblehre, **1919**, 126).

II. Filterfarben, Weißes Licht durch bestimmte Glasfilter durchgelassen. (J. Guild. Trans. opt. Soc. London **27**, 106 (1925), R. Donaldson, Proc. Phys.

Soc. **1935,** 1068; A. Hilger, Publication No. 240/2, June **1936**). Zwei wunde Punkte sind die schlechte Mischung der Eichfarben (Flimmerphotometer) und die Veränderlichkeit der Farbfilter (in der Masse gefärbte (Schott)gläser).

III. Pigmente und Farbaufstriche. Hierher gehört der bei den Psychologen beliebte Farbkreisel, das Kolorimeter von D. Nickerson (Journ. Amer. Opt. Soc. **1931,** 640). S. a. A. Hilger (Journ. Scient. Instrumentekde **1936,** 199). Zwei wunde Punkte sind die geringe Farbreinheit der Mischungen und die Veränderlichkeit der Eichfarben.

Das Deutsche Farbnormblatt 5033 gibt 7 Vorschriften für die Messung nach dem Gleichheitsverfahren:

1. Gesichtsfeldleuchtdichte > 10 Apostilb = 10 Lux Beleuchtungsstärke auf weißer Fläche. Wände des neutral. gestrichenen Raumes > 50 Apostilb.
2. Gesichtsfeldgröße 1,5° im Durchmesser.
3. Gesichtsfeldumgebung neutral.
4. Auge ausgeruht.
5. Beobachter farbtüchtig.
6. Körperfarben werden in Richtung der Flächennormalen gemessen. Lichteinfall 45°.
7. Zur Glanzmessung Kippung des Prüflings unter einem Winkel von 22,5° gegen Beleuchtungs- und Beobachtungsrichtung, wobei die Beleuchtungsstärke auf dem Prüfling auf das 1,31fache angestiegen ist.

b) Farbstoffmessung S. 23, Z. 6.

Die S. 559 beschriebene Farbmessung nach Ostwald gestattet in ihrer Auswertung auch wichtige Messungen an Farbstoffen:

I. Der Bereich.

Der Bereich eines Farbstoffes umfaßt die mit seiner Hilfe erreichbaren Farben. Er wird durch eine Kurve gemessen, die die Orte der verschieden starken Ausfärbungen im farbtongleichen Dreieck verbindet. Die über der Krummen liegenden weißreicheren Farben können mit

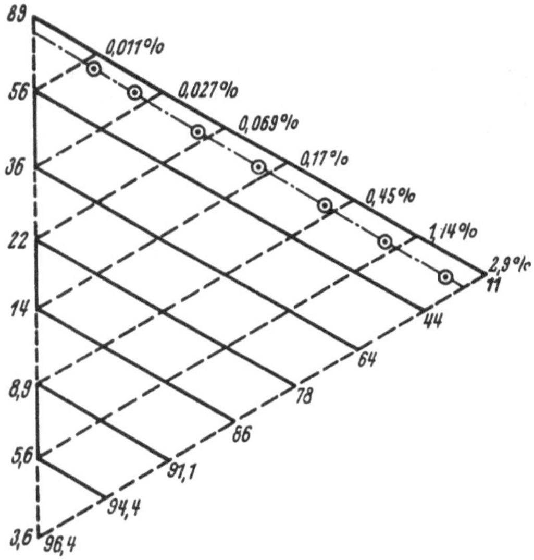

Abb. 170. Ausfärbungskrumme von Siriusrot BB.

dem Farbstoff überhaupt nicht, die unter der Krummen liegenden schwarzreicheren Farben durch Zumischung anderer Farbstoffe erreicht werden.

Z. B. erhält man die Krumme für Siriusrot BB (Abb. 170) durch Messung des Weißgehaltes w und des Schwarzgehaltes s der Färbungen von 0,011—7,4 % auf Baumwolle (M. f. T. **1931**, 345):

%	0,011	0,027	0,069	0,17	0,45	1,14	2,9	7,4
w	52,5	38,5	23,9	15,6	9	5,8	3,8	2,2
s	16,5	17,7	18,2	18,3	18,4	18,5	18,7	26

Wird vor dem Färben gebleicht, so werden die Krummen höher gelegt und der Bereich erweitert; davon sollte aber nur ausnahmsweise Gebrauch gemacht werden.

Eine geordnete Färberei vereinigt die Krummen sämtlicher von ihr gebrauchter Farbstoffe in einer Kartei (Farbe 1921, Nr. 12). (F. Linke Farbmessung als Grundlage für rationelle Arbeitsführung, Wollen- und Leinenind. **1927**, 271; W. Schramek Die Vorteile der Systematisierung des Farbvorkommens in einer Färberei, Z. f. angew. Ch. **1927**, 746).

II. Die Ergiebigkeit.

Diese Eigenschaft des Farbstoffes ist sehr wichtig für seine Anwendung. Je weniger von einem Farbstoff gebraucht wird, um eine gewünschte Farbe zu erzielen, um so billiger ist die Färbung.

Früher konnte man nur Farbstoffe derselben Art vergleichen, indem man ein Typmuster auf eine weiße Faser in bestimmter Stärke, etwa 1%, ausfärbte und die Menge des Prüflings bestimmte, die zur Erzielung der gleichen Farbe erforderlich war. Die Ergiebigkeiten verhielten sich dann umgekehrt wie die angewandten Farbstoffmengen.

Die Farbmessung ermöglicht eine zahlenmäßigen Ausdruck für die Ergiebigkeit von allgemeiner Anwendbarkeit. Zu diesem Zweck muß zunächst das Grundsätzliche geklärt werden. Das Merkmal für die Tiefe einer Färbung ist ihr Weißgehalt. Man setzt deshalb einen bestimmten Weißgehalt fest, zu dem allgemein gefärbt werden soll. Dieser sei l = 8,9. Maß der Ergiebigkeit ist dann das Gewicht des Stoffes (Faser), dessen Weißgehalt durch 1 g Farbstoff bis auf 8,9 erniedrigt werden kann.

Die Ergiebigkeit von Siriusrot BB kann z. B. aus Abb. 170 abgelesen werden, wo die Ausfärbungskrumme den Weißgehalt 8,9 schneidet, wenn sie 0,45% Farbstoff anzeigt. Dann werden von 1 g Farbstoff 220 g Baumwolle auf den Weißgehalt 8,9 gefärbt und 220 ist seine Ergiebigkeit.

c) Farbmischung. S. 23, Z. 6.

α) Additive Z. 14.

Die additive Farbmischung ergibt in der Gespinstfärberei viel echtere Farben als die substraktive. Da nämlich beim Mischen kein zusätzliches Schwarz erzeugt wird, können die zu mischenden Fasern viel tiefer angefärbt werden. Tiefere Anfärbung hat aber größere Beständigkeit gegen zerstörende Einflüsse des Lichtes usw. zur Folge.

Aus diesem Grunde werden für ganz echte Stoffe wie Uniformen usw. die Fasern lose oder als Vorgespinst gefärbt und danach zur gewünschten Farbe gemischelt („melangiert"). (Musterkarte 266 [1929] der **I. G.**) S. a. Wi. Ostwald, Die Farbe Nr. 21, 1921.

β) Subtraktive, Z. 16 v. u.

Einfacher als die additive Farbmischung, bei der die gefärbten Fasern gemischt werden, ist die subtraktive, bei der die Farbstoffe gemischt werden.

Mit einem einzigen Farbstoff lassen sich nur die auf seiner Ausfärbungskrummen (S. 567) im farbtongleichen Dreieck liegenden Farben erzielen, indem in entsprechender Stärke ausgefärbt wird. Durch Zumischen eines schwarzen Farbstoffs in entsprechender Stärke lassen sich auch die unter der Ausfärbungskrummen liegenden Farben erzielen. An Stelle des einen schwarzen Farbstoffes können auch mehrere Buntfarbstoffe treten, deren Mischung neben dem Farbton den gewünschten Anteil Schwarz ergibt.

Die Mischung mit Schwarz gewährleistet größere Treffsicherheit und größere Sparsamkeit. (E. Ristenpart M. f. T. **1928**, 309; ferner T. **1922**, 208; ferner H. Maschek T. **1932**, 206; ferner Wi. Ostwald M. f. T. **1923**, 133).

Ein dritter wichtiger Vorzug der Farbmischung nach Ostwald ist die Erzeugung eines vollkommenen Grau (Monatsschrift für Textilindustrie **1931**, 315). Ein Grau, aus Rot, Gelb und Blau gemischt, ist notwendig unvollkommen.

Ein vollkommenes Grau wirft von allen Wellenlängen des weißen Lichtes den gleichen Bruchteil zurück. In Abb. 171 stellt r v die Schluckkurve des reinen Weiß, r'' v'' die des reinen Schwarz und r' v' die des vollkommenen Grau dar; alle drei verlaufen gerade und parallel.

Ändert sich die Beleuchtung so, daß die weiße Fläche das Spektrum r r″ v v″ in Abb. 172 hat, so würde die vollkommen graue Fläche das Spektrum r r′.. v v′ in Abb. 172 haben, indem jede Lichtart im gleichen Verhältnis gemindert wird. Die Wirkung entspricht daher einer allgemeinen Verdunkelung und wird wiederum als Grau empfunden.

Ein unvollkommenes Grau wirft von den Wellenlängen des weißen Lichtes solche Bruchteile zurück, daß die eine Hälfte die Gegenfarbe der andern, die Mischung also Grau ergibt.

Am einfachsten entsteht das unvollkommene Grau durch Mischung zweier Buntfarbstoffe z. B. Chinolingelb für Gelb und Guineaviolett für Blau. Hat man das Grau bei Tageslicht neutral eingestellt,

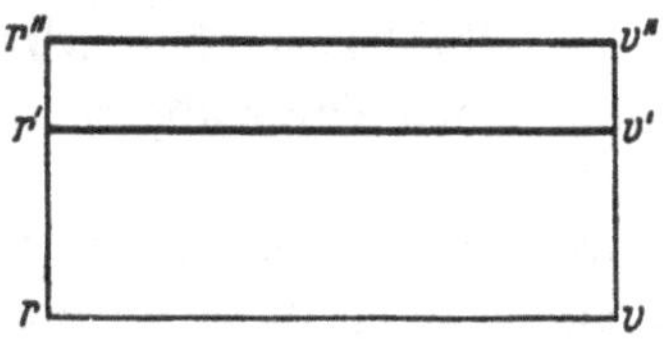

Abb. 171.
Vollkommenes Grau im Tageslicht.

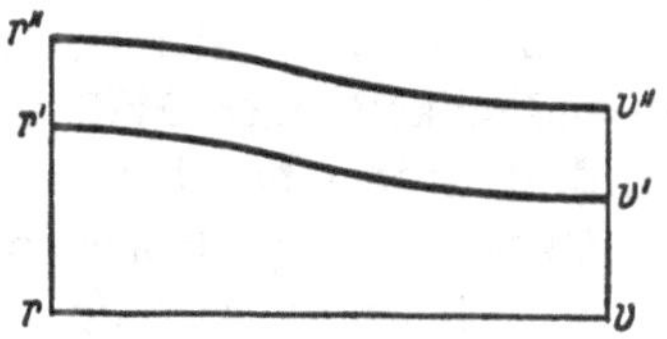

Abb. 172.
Vollkommenes Grau im Lampenlicht.

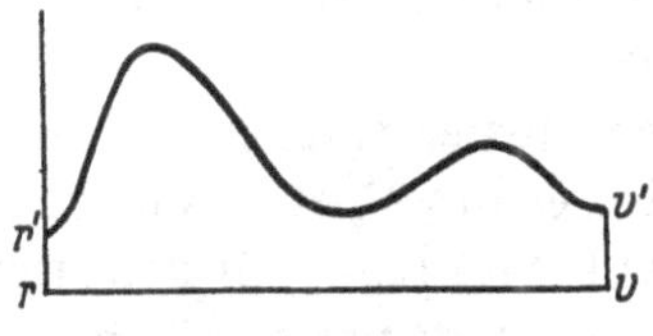

Abb. 173. Unvollkommenes Grau.

so sieht es am Abend rot aus; hat man bei Lampenlicht gemustert, so sieht es bei Tage grün aus. Außerdem sieht man um den Fixierpunkt herum einen verwaschenen Purpurfleck, der mit dem Blick wandert, also subjektiv ist. Er rührt von der gelben Färbung der Sehgrube her.

In Abb. 173 stellt r r′ v v′ das Spektrum dieses unvollkommenen Grau dar. Es hat zwei gegenfarbige Schluckgebiete im Gelb und im Blau. Eine einseitige Abänderung der Beleuchtung muß das zurückgeworfene Licht beeinflussen. Lampenlicht hat mehr rote und weniger blaue Lichter als Sonnenlicht, während das Grün seinen Wert behält. Fällt Lampenlicht auf das erwähnte unvollkommene Grau, so wird das überschüssige Rot vollständig, vom Grün nur ein mittlerer Betrag und vom Blau fast gar nichts zurückgeworfen. Daher sieht die Gesamtfarbe rot aus.

Das Umgekehrte tritt ein, wenn man bei Lampenlicht mustert. Dann muß man das Grün stark vermehren, um das überschüssige Rot aufzuheben; bei Tageslicht tritt dann das überschüssig gewordene Grün hervor.

Ähnlich liegt es bei dem aus drei Buntfarben gemischten unvollkommenen Grau, wenn auch die Empfindlichkeit gegen Änderungen in der Beleuchtung nicht so kraß ist.

Je mehr Farben unter möglichst gleichmäßiger Verteilung über den ganzen Farbkreis gemischt werden, um so geringer wird die Empfindlichkeit des Grau. Eine Mischung aus 5 Farben: Gelb, Hochrot, Purpur, Ublau und Eisblau oder Seegrün erreicht bereits das vollkommene Grau beinahe.

Das vollkommene oder unvollkommene Grau können nicht nur für sich, sondern auch als grauer Anteil trüber Buntfarben vorkommen und ihre Vor- oder Nachteile auf diese übertragen. Nur wird die Empfindlichkeit nach Maßgabe des vorhandenen Grau abgeschwächt sein, d. h. größer bei den sehr trüben Farben.

Farben, die gleich aussehen, aber aus verschiedenen Lichtern gemischt sind, nennt Ostwald metamer. Sie verraten diese Eigenschaft durch ihre Veränderlichkeit bei verschieden zusammengesetzter Beleuchtung, können daher auch bei der Messung des Weiß- und Schwarzgehaltes mit Hilfe von Farbfiltern verschiedene Werte geben (E. Ristenpart M. f. T. **1922**, 78).

Beim Färben nach Muster entsteht die wichtige Frage: Soll die zu färbende Farbe mit der des Musters vollständig — also auch in der Zurückwerfung der Lichtarten — übereinstimmen oder soll sie nur gleich aussehen, darf aber metamer sein? Im ersten Falle ist sie eine sog. Abendfarbe, d. h. sie ändert sich bei künstlichem Licht im Vergleich zum Muster nicht, im zweiten Fall ist sie nur eine Tagesfarbe, d. h. sie gleicht dem Muster nur bei Tageslicht, bei künstlichem Licht fallen beide auseinander.

Ostwald hat den Weg gewiesen, wie der Färber zur Abendfarbe gelangen kann, nämlich durch Erzeugnng eines vollkommenen Grau als unbunten Bestandteil der Buntfarbe.

d) Farbordnung. S. 24, Z. 8 v. u.

Die mit Hilfe der Farbmessung ermittelten Farbzeichen gestatten eine Einordnung der Farben ohne jede Willkür.

Man ordnet eine größere Anzahl von Farben am besten zunächst nach den 24 Farbtönen.

Innerhalb dieser Hauptgruppen ordnet man nach den Reinheiten II—XIV.

Innerhalb der Reinheitsreihen läßt man schließlich die Farben von hell nach dunkel verlaufen.

Bei dieser Anordnung kann man sämtliche Farben hintereinander auf einer Schnur aufreihen und könnte trotzdem jede einzelne im Nu herausfinden. Man hätte nur zunächst nach dem Ton, dann nach der Reinheit zu fragen.

Häufig gilt es eine gegebene Anzahl Farben auf einer Fläche, etwa dem Blatt einer Musterkarte zu ordnen. Dann reiht man die Farben dem Farbton nach auf einer wagrechten und den Reinheiten und Weißgehalten nach auf einer senkrechten Linie darunter auf.

In einer so geordneten Musterkarte wird man sich natürlich viel leichter zurechtfinden als in den früheren willkürlich zusammengestellten. Auch sieht eine geordnete Karte zweifellos schöner aus als eine bunt zusammengewürfelte.

Bei dieser Anordnung lernt man nebenher, daß gewisse Farben, denen man früher eine Farbtongruppe für sich zuwies, sich zwanglos in eine der 24 vorhandenen Farbtongruppen einordnen, so Olive unter Laubgrün und Gelb, Braun unter Kreß, Bordo unter Rot usw. Sie sind nichts weiter als durch Schwarz getrübte Farben dieser Farbtöne.

e) Farbnamen.

Die Farbzeichen gestatten weiter eine höchst einfache Benennung der Farben.

Die frühere Benennung von Farben war ganz ungenau. Namen wie „altgold", „amaranth", „aprikose" bezeichnen keineswegs eine einzelne, bestimmte Farbe, sondern umfassen eine ganze Gruppe von Farben.

Wollte man sich daher über eine Farbe verständigen, so genügte der Name durchaus nicht, sondern man mußte ein gefärbtes Muster zu Hilfe nehmen, an dem man die betreffende Farbe zeigen konnte.

Solche Muster sind aber vergänglich; nicht nur können sie verloren gehen, sondern sie ändern auch unter den verschiedensten Einflüssen, besonders des Lichtes, ihre Farbe.

Das mitgeteilte Farbzeichen z. B. 25 i e ändert sich nicht; seine Farbe kann, soweit sie nicht im Gedächtnis haftet, jeder Zeit im Ostwaldschen Farbkörper oder Farbatlas nachgesehen werden.

Hierbei sei daran erinnert, daß die Ostwaldschen Farbzeichen für matte Oberflächen z. B. Papier gelten. Sollen sie auf glänzende Flächen bezogen werden, so muß entweder die Farbe unter Ausschaltung des Glanzes gemessen werden (S. 564) oder man bedient sich eines in dem betreffenden glänzenden Stoff ausgefärbten Farbkörpers.

Eine Zusammenstellung gebräuchlicher Farbnamen und der dazu gehörigen Farbzeichen findet sich z. B. in der Zeitschrift für die gesamte Textilindustrie **1927**, 565 und in Meyers Lexikon, 8. Aufl., Band 3.

Farbzeichen für die gebräuchlichsten Farbnamen.

Altgold	3 i a	Cadet	13 g c	Eukalyptus	23 e a
Amaranth	11 p i	Cerise	9 n a	Falb	4 c a
Aprikose	3 g c	Chamois	2 e a	Feldgrau	1
Bast	3 g e	Champagner	3 t c	Flaschengrün	22 p i
Beige	3 g c	Delftblau	16 e a	Fleisch	7 i a
Biskuit	2 n a	Drap	5 p i	Flieder	12 g c
Blattgrün	22 p i	Ekru	6 l i	Fraise	5 c a
Blaugrau	13 l i	Elektra	17 g a	Fuchsin	10 p e
Bleu	15 g a	Elfenbein	1 b a	Gold	2 n c
Blond	2 g e	Entenblau	18 i e	Granatrot	9 n e
Bordo	9 p n	Erdbeere	6 n c	Hechtgrau	14 g e
Bronce	2 l g	Erika	8 e a	Heliotrop	12 l a

Farbe	Zeichen
Heu	21 l i
Himmelblau	15 l c
Holz	4 g c
Indig	13 n e
Isabellfarbe	24 l a
Kaffeebraun	5 p l
Kaiserblau	14 r g
Kardinal	10 n g
Karmoisin	8 n e
Kastanienbraun	7 p l
Kastor	2 l i
Khaki	3 l e
Königsblau	13 p c
Koralle	8 n c
Kornblumenblau	13 p a
Krem	1 e a
Kupfer	7 l e
Lachs	5 e a
Lavendel	12 l e
Leder	4 r i
Lehm	3 e a
Lila	11 l e
Lindenblüte	24 c a
Mahagoni	7 p n
Mais	2 e a
Malve	13 i e
Mandelgrün	21 i a
Marienblau	16 n a
Marineblau	13 p e
Marron	12 p i
Mauve	10 i g
Mausgrau	14 n l
Meergrün	22 i a
Milchfarben	17 d a
Mimose	1 l a
Mode	3 l g
Moosgrün	22 p l
Nachtblau	16 l c
Nachtgrün	16 p g
Neger	6 p n
Nelkenbraun	7 p g
Neublau	13 p e
Ochsblut	7 p l
Ocker	4 l e
Olive	22 p l
Orange	5 l a
Pastellblau	16 g a
Pensée	10 v l
Perlgrau	14 e c
Pfaublau	17 r e
Pflaumenblau	11 r l
Porzellanblau	14 l a
Primel	2 l a
Purpur	8 p a
Querzitrongleb	2 l a
Rauchblau	15 g e
Rauchfarbe	16 i g
Rauschgrün	22 n e
Rehbraun	5 l g
Reseda	24 l c
Rosa	8 g a
Rosenholz	7 g c
Rostbraun	3 p c
Rubin	10 p e
Russischgrün	21 p l
Safran	6 p a
Safrangelb	3 p a
Samtschwarz	t
Sand	3 g e
Saphirblau	17 p e
Scharlach	8 p a
Schieferblau	13 l i
Schokolade	6 n i
Schwefel (gelb)	1 l c
Silbergrau	e
Smaragd	19 p c
Sonnenbrand	6 e a
Stahlblau	14 p g
Stahlgrün	18 p l
Steingrau	5 g e
Strohgelb	2 e a
Tabak	4 p i
Taubenblau	11 l i
Taubengrau	13 i e
Taupe	8 p n
Terrakotta	6 g c
Türkis	15 p e
Veilchenblau, -farben	12, 5 r e
Wasserblau	13 p a
Weinrot	9 p g
Ziegelrot	6 p c
Zinnoberrot	6 n a
Zitrongelb	1 p a

Mittelfarben, F. aus der Mitte der farbtongleichen Dreiecke, etwa *l e*-Kreis. — Sattfarben, Vollfarben aus den *pa*-*ta*-Kreisen. — Schecken, ungleiche F. nebeneinander. — Schillerfarben, 2 (oder 3) ungleiche F. in periodischem Wechsel nebeneinander, je nach der Blickrichtung bald die eine, bald die andere hervortreten lassend, z. B. in Kette und Schuß eines Gewebes.

f) Farbnormung

Die Normung der Farben ist wie jede andere Normung ein Gebot der Energieersparnis. Die Beschränkung auf die noch deutlich unterscheidbaren Farben verringert ihre Zahl, mithin auch diejenige der auszufärbenden Stücke, indem mehrere Stücke nur wenig abweichender Färbung zu einer Ausfärbung vereinigt werden können.

Die Normung ist zuerst von praktischen englischen Färbern erwogen worden; aber ihre Versuche mußten scheitern, weil ihre Normen willkürlich waren und bei einem Wechsel der Mode nicht mehr ansprachen. Ostwalds Normen ergeben sich mit sachlicher Notwendigkeit aus der Farbordnung nach dem Fechnerschen Gesetz und umfassen den ganzen Farbkörper, sind also der Mode nicht unterworfen. Es genügt, diese Normen ein für allemal herauszugeben. Aus ihnen werden die für einen bestimmten Zeitabschnitt gültigen Mode- oder „Saison"-karten zusammengestellt.

g) Farbe als Darstellungsmittel.

Schon immer wurde Farbe in Schrift und Zeichnung zur Hervorhebung besonderer Gedanken gebraucht. So dient die rote Tinte für die Korrekturen des Lehrers, der Rot- und Blaustift für Anordnungen des Kaufmanns und Verwalters. Geographische Karten und technische Zeichnungen bedienen sich der Farbe. Der Normenausschuß der deutschen Industrie kennzeichnet Werkstoffe durch Farben.

Heute, wo die Farben eine wohlgeordnete dreifaltige Gruppe bilden, kann auch ihre Verwendung als Darstellungsmittel ordnungsmäßig betrieben werden.

Von den drei Veränderlichen der Farbe ist uns der Farbton am meisten vertraut. Wir benutzen daher vorzugsweise Verschiedenheiten im Farbton. Wir folgen dabei zwei Regeln:

1. Buntfarben, die zusammen gehöriges bezeichnen, nehme man aus wertgleichen Kreisen.

2. Bildet die darzustellende Gruppe eine Reihe, so werden ihnen die Farbtöne in der Reihenfolge des Farbtonkreises, beginnend mit Gelb, zugeordnet.

Die 8 Hauptfarben lassen sich leicht erkennen; man wählt immer den zweiten Vertreter mit Ausnahme des Seegrün, wo der dritte Vertreter leichter vom zweiten Eisblau und immer noch gut vom zweiten Laubgrün unterschieden wird.

Bei der Auswahl der Farbkreise, darf man nicht zu tief hinabsteigen, damit noch schwarze Schrift auf dem buntfarbigen Grund zu lesen ist. Der tiefste hellklare, noch gut anwendbare Kreis ist **i a.**

Sind helle Farben erwünscht, so wählt man **e a.**

Beide zusammen ergeben 16 Darstellungsmittel. Genügen diese noch nicht, so nimmt man noch den trüben **g c** — Kreis hinzu.

Die 24 buntfarbigen Darstellungsmittel lassen sich sowohl in Gestalt von Buntstiften als auch wäßrigen Tuschen leicht herstellen.

Eine sehr hübsche Anwendung der Farbe als Darstellungsmittel hat z. B. die **I. G.** in ihren neuen Ratgebern gemacht, indem sie zur schnellen Auffindung der einzelnen Kapitel diese auf Buntpapier aus dem Kreise c b drucken ließ. Die 4 Grundfarben + Weiß ergaben so 5 Unterscheidungsstufen.

h) Farbsehen. S. 24.

Das negative Nachbild S. 25 wird von Fremdwörtlern als „Successiv-Kontrast“ bezeichnet, wodurch dann beim Kontrast der Zusatz „Simultan-“ nötig wird.

Tageslichtlampen, S. 26, werden heute auch durch Mischen des Lichtes von Natrium- und Quecksilberdampflampen hergestellt, z. B. von der Julius Pintsch Kommanditges. Berlin O 27, Abt. Meda. Die Natriumlampen liefern den fehlenden Gelbanteil, die Quecksilberlampen das fehlende Grün.

Körting & Mathiesen, Leipzig W 35, liefern die Kandem-Leuchten für künstliches Tageslicht.

Zur weiteren Vertiefung in die Ostwaldsche Farblehre sei auf das 1936 vom Wilhelm Ostwald Archiv herausgegebene Schriftenverzeichnis zur Farblehre (Theodor Martins Textilverlag, Leipzig) verwiesen.

Das Färben. S. 31.

Die (zweite) Forderung der Dauerhaftigkeit der Färbung erheischt genaue Kenntnis der vom Auftraggeber gewünschten Echtheit, z. B. ob die zu färbende Baumwolle indanthrenecht oder die zu färbende Wolle walkecht sein soll.

Die (dritte) Forderung der Übereinstimmung mit dem Muster wendet sich an die eigentliche „Kunst" des Färbers, zu der gründliche Beherrschung der Farbe mit Hilfe der Ostwaldschen Farblehre sowie Übung und Geschicklichkeit verhelfen (zur Mustergetreuheit von Färbungen, T. **1934,** 214).

Die folgenden von Prof. O. Mecheels aufgestellten Leitsätze für das Musterfärben können nicht warm genug zur Befolgung empfohlen werden:

Leitsätze für das Musterfärben im Reutlinger Jahrbuch 1934/35, 130.

1. Untersuche, wie das Muster gefärbt wurde (Verfahren, Farbstoffklasse)!
2. Unterscheide zwischen „klaren" (schwarzarmen) und „trüben" Farben!
3. Es gibt viele Möglichkeiten trübe Färbungen herzustellen, z. B. „gelb, rot, blau-Methode".
4. Wähle den Hauptfarbstoff möglichst nahe dem Farbton des Musters!
5. „Nuanciere" nicht mit „Komplementärfarben", sondern mit dem Hauptfarbstoff möglichst verwandten Farbstoffen!
6. „Schwärze ab" mit schwarz, braun, veil oder grün je nachdem, ob gleichzeitig der Farbton bleiben oder geändert werden soll!
7. Schwärze nicht mit Komplementärfarben ab, sonst „Zweischeinigkeit" bei verschiedener Beleuchtung!
8. Für „klare" Färbungen wähle schwarzarme Farbstoffe!
9. Stelle die Flotte von Anfang so, daß der Farbton beim ersten Aufstellen nahe erreicht wird!
10. Eine mustergetreue Färbung darf weder bei verschiedener Tagesbeleuchtung noch bei Abendlicht vom Muster abweichen.

Den Musterkarten der Farbstoffabriken kann auch nicht genug Aufmerksamkeit geschenkt werden. Mit Hilfe des Farbgedächtnisses lassen sich die Farbtöne der einzelnen Farbstoffe bei wiederholter Betrachtung recht gut einprägen.

In den Ratgebern der Farbstoffabriken findet der Färber die Farbstoffe zusammengestellt, die nach ihrer Echtheit, nach ihrem Gleichfärbevermögen usw. zu einer Gruppe zusammengehören.

Am wichtigsten ist wohl das Gleichfärbevermögen der Farbstoffe für den Färber. Denn, was nützen alle anderen wertvollen Eigenschaften des Farbstoffes, wenn es nicht gelingt, ihn in gleichmäßiger Färbung auf die Faser zu bringen? Freilich wird mancher Meister im Färben einen beim Anfänger unbeliebten störrischen Farbstoff doch noch so geschickt anzuwenden wissen, daß die Färbung zur Zufriedenheit ausfällt; hier fängt die „Kunst“ an.

Sehr wertvoll ist die Aufbewahrung von Mustern und Vorschriften früherer Partien in einem Archiv. Die schnelle Auffindbarkeit wird durch die Ostwaldsche Farbordnung erleichtert. Man sucht das Muster, das in der Farbe dem neuen am nächsten kommt, und hat nun gleich ein Verfahren, das ziemlich nahe an das Ziel bringt.

Das Färben „aus dem Handgelenk“ oder „nach Augenmaß“ ist dem Lotteriespiel zu vergleichen und zu verwerfen. Alle Zusätze sollen abgewogen oder, wo dies bequemer ist, aus Vorratslösungen abgemessen werden.

Ist ein neues Muster zu färben, zu dem noch keine passende Vorlage vorhanden ist, so empfiehlt es sich zunächst eine kleine Probefärbung zu machen, sei es im Färbebecher des Digestoriums (Bd. I, 292), sei es in kleinen Musterfärbeapparaten wie sie B. Thies, Coesfeld, für Kreuzspulen, Eduard Esser, auch für Flocke, Kammzug, Kops, und andere Firmen bauen.

Hat man doch einmal über das Ziel hinausgeschossen, indem die Farbe tiefer (schwarzhaltiger) als das Muster ausgefallen ist, so färbt man am besten weiter nach einem anderen tieferen Muster, das vom Kunden ebenfalls verlangt wird; an dem helleren Muster versucht man sich mit einer frischen Partie.

Ist dieser Ausweg über eine Ersatzpartie verschlossen, so muß wohl oder übel versucht werden die Färbung abzuziehen und wieder nach Muster aufzufärben. Das Abziehen geschieht nach R. Haller (T. **1938**, 281)

1. bei Pflanzenfasern a) bei Indigoiden durch Kochen mit Natronlauge 2,5—3° Bé unter geringem Überdruck, b) bei Azofarbstoffen mit 4% Hydrosulfit + 4% Natronlauge 36° Bé bei 80°,

2. bei tierischen Fasern mit saurem Hydrosulfit. S. a. S. 527.

3. Bei Azetat mit Natriumhypochlorit 0,5° Bé + etwas Essigsäure in der Wärme.

Zur Klärung der strittigen Frage, ob das Färben ein physikalischer oder ein chemischer Vorgang sei, haben die Untersuchungen von R. Haller beigetragen. S. 39.

Im Anschluß an die Arbeiten von Crum, S. 35, untersuchte er 1906 Querschnitte substantiv gefärbter Baumwollfasern unter dem Mikroskop und beobachtete einen tief gefärbten Ring, der den nur blaß gefärbten übrigen Querschnitt umschloß. (Das Mikroskop in der Praxis des Chemiker-Koloristen, Färberz. **1912,** 255; die Primulinfärbung, Färberz. **1914,** 301). Unter dem Ultramikroskop beobachtete er, besonders wenn die Faser in Kupferoxydammoniak aufgelöst wurde, daß die aufgelagerten Massen z. B. von Paranitranilinrot in Submikronen hoher Zerteilung zerfielen (Das Wesen der Paranitranilinrotfärbung, Färberz. **1913,** 227).

Nach Nägeli baut sich die organisierte Masse, also auch die Gespinstfaser, aus Mizellen auf, ähnlich wie Backsteine im Mauerwerk werk angeordnet. Bei der Quellung drängt das Wasser die Mizellen auseinander und trägt gelöste Teilchen in die Zwischenräume.

Nach Haller werden die gelösten Teilchen je nach ihrem Zerteilungsgrad verschieden von den Mizellen festgehalten.

a) Die molekularen werden unbehelligt durchgelassen.

b) Die Amikronen ($< 1\ \mu\mu$), d. h. (ultra-)mikroskopisch nicht mehr sichtbaren können auch noch hindurchtreten, werden aber von der großen Oberfläche der Mizellen angezogen und festgehalten; daher die blasse Färbung.

c) Die Submikronen ($1 - 100\ \mu\mu$), d. h. die ultramikroskopisch als Beugungsscheibchen mit sog. Brownscher Bewegung erkennbaren Teilchen vermögen nicht mehr in die Zwischenräume der Mizellen einzudringen, sondern werden von der äußeren Oberfläche angezogen und festgehalten; daher der farbige Ring des Querschnittbildes. Siehe S. 39.

Nach den drei Hallerschen Gruppen läßt sich jede Färbung auf Baumwolle oder verwandten Cellulosefasern ordnen. Z. B. gehört Anilinschwarz und in der Regel die basische Färbung nach a) („Intussusceptionsfärbung), Indigo und Alizarinrot nach c) („Appositionsfärbung"), die substantive Färbung nach b) („Mischfärbung").

Daß substantive Farbstoffe wie Kongorubin verschiedene Teilchengröße haben („polydispers") sein können, hat Haller durch einen schönen Versuch (Koll. Ztschr. **1928,** 83) bewiesen. Er tauchte Filterpapier als Elektroden in die durch Dialyse elektrolytfrei gemachte Farbstofflösung ein und schloß den Strom von 600 Volt Spannung. Die

Anode färbte sich blau, indem die gröber zerteilte blaue Phase dorthin wanderte, die Kathode frei lassend.

Haller erklärte (Das Verhalten bestimmter Färbungen bei der Berührung mit heißen Metallen, T. **1929,** 373) die Farbtonverschiebung bügelunechter Färbungen mit dem Übergang der nicht hitzebeständigen grob zerteilten Phase (beim Kongorubin blau) in die feinere beständige (beim Kongorubin rot).

Aus dem sonstigen reichen neueren Schrifttum seien noch erwähnt:

A. Lottermoser, Physikalisch-chemisches zu den Färbetheorien, T. **1926,** 146; zur Theorie der Färbung, T. **1926,** 845; physikalisch-chemische Untersuchungen an Farbstofflösungen, T. **1933,** 352. R. Auerbach, Neue kolloidchemische Anschauungen über Färbevorgänge, T. **1927,** 160. F. C. Jacoby, Eine spezielle Methode zur Bestimmung der Farbstoffdispersion in Färbebädern, T. **1929,** 536. P. Ruggli, Chemische und physikalisch-chemische Betrachtung der Färbevorgänge, T. **1929,** 536. F. Weiß, Kolloidchemische Grundlagen der Färberei und Druckerei, T. **1929,** 879. A. Schäffer, Kolloidchemische Vorgänge beim Färben der Baumwolle, Wollen- und Leinen **1933,** 335. H. Maschek, Zur Theorie des Färbevorgangs von Zellulose, T. **1933,** 507.

Maschek erklärt das Anlagern der Farbstoffteilchen an die Wände der Mizellen mit einem Ausgleich der Potentialdifferenzen.

Nicht so einfach liegen die Verhältnisse beim Färben der tierischen Fasern. Die chemische Theorie von Knecht, S. 35, stützt sich auf den Versuch von Jacquemin (Compt. rend. **1876,** 82; 261), Rotfärbung von Wolle in ammoniakalischer farbloser Fuchsinlösung. Sie ist weiter begründet worden von P. Pfeiffer (Zur Theorie des Anfärbens von Wolle und Seide, Z. f. angew. Ch. **1926,** 253) und K. H. Meyer (Die Vorgänge beim Färben der Wolle mit sauren Wollfarbstoffen, T. **1926,** 605; **1927,** 781). Meyer fand, daß 100 g Wolle im Höchstfall 0,08 g-Äquivalente Farbstoffsäure ebenso wie andere Säuren, also 4,12 g Schwefelsäure, 4,8 g Essigsäure und 4,6 g Ameisensäure binden (Bd. II, S. 198).

Demgegenüber weist Haller auf das Unbefriedigende des Versuches von Jacquemin hin. Warum bindet sich die Fuchsinbase an die saure Gruppe der Wolle und nicht das viel stärker vorhandene Ammoniak?

Ferner bemängelt er die Nichtberücksichtigung des dreifach verschiedenen Aufbaus der Wollfaser aus Schuppen, Rinde und Mark, die sich chemisch nicht gleich verhalten.

Die Farbstoffe. S. 41.

A) Natürliche. S. 42.

Indigo (S. 49).

Gewinnung S. 50. 100 kg trockene Pflanzen liefern 1 ½—2 kg Indigo. S. a. Ch. Rawson, J. Ch. I. **1899,** 467.

Indigoanalyse, S. 52. Bei der Permanganatmethode wird der Indigo besser nur mit 6 ccm Schwefelsäure und bei 50° und dafür 5 Stunden lang gelöst, um Dunkelfärbung zu vermeiden, die die nachfolgende Titration erschweren würde.

Die Küpenmethode nach Rawson ist weniger genau.

Die Extraktionsmethode nach Brylinski (Rev. génér. mat. col. **1898,** 52) und Binz und Rung (Z. f. angew. Ch. **1898,** 904), eignet sich nur für die Bestimmung von Indigo auf der Faser.

Die Hydrosulfitmethode nach der **BASF** (Indigo rein B. A. S. F., S. 14) wird am wenigsten von den Verunreinigungen des Indigos beeinflußt, beansprucht nur 5—6 Stunden und nur 0,1—0,2 g Probe und beruht auf der Entfärbung der Indigosulfosäure durch Hydrosulfit. 1 g Indigotin brauchen 0,664 g $Na_2S_2O_4$.

Bereitung der Hydrosulfitlösung: 3—4 g Hydrosulfit konz. Pulver (I. G.) werden in 1 Liter kaltem dest. Wasser, dem man zuvor 12 ccm Natronlauge 40° Bé zugesetzt hat, gelöst und unter Leuchtgas auf 100 ccm einer 0,1 %igen Indigolösung, ebenfalls unter Leuchtgas, eingestellt.

Titration: Man saugt die Hydrosulfitlösung in eine Bürette mit durch eine Spitze von 10 cm verlängertem Auslauf, schichtet 1 ccm Ligroin zum Abschluß der Luft darüber und titriert 100 ccm der 0,1 %igen kurz vorher durch Aufkochen und Abkühlen von Luft befreiten Indigolösung in einem Erlenmeyer unter gleichzeitigem Einleiten von Leuchtgas und Eintauchen der Spitze des Bürettenauslaufes unter die Lösung, bis diese nur noch schwach blau gefärbt ist. Dann hebt man die Spitze etwas heraus und läßt bis zur Entfärbung zutropfen. Für größere Versuchsreihen empfiehlt sich der von der BASF angegebene Apparat.

Berechnungsbeispiel:

100 ccm Normalindigolösung (= 0,1 g Indigotin) verbrauchten 42 ccm Hydrosulfitlösung,

100 ccm Bengalindigolösung (= 0,1 g Bengalindigo) verbrauchten 23,3 ccm Hydrosulfitlösung zur Entfärbung.

Dann ist der Bengalindigo 100 · 23,3 : 42 = 55,48 %ig.

Beide Titrationen sollen immer kurz hintereinander folgen. In längeren Abständen ist die Hydrosulfitlösung stets neu einzustellen.

Indigorot wird erst nach der Entfärbung des Indigotins von Hydrosulfit angegriffen.

Hydrosulfitküpe, S. 56.

Im Ratgeber für Baumwolle **1933,** 208 empfiehlt die **I. G.** folgende Ansätze:

Stammküpe:

20 kg Indigo rein BASF Teig 20% S werden mit
40 Liter heißem Wasser angeteigt,
7,8 Liter Natronlauge 38° Bé zugegeben und
4 kg Hydrosulfit konz. Plv. eingerührt.

Man erwärmt auf 50—60°. Nach ½ Stunde macht man die Glasplattenprobe: Die Stammküpe soll von einer eingetauchten Glasplatte gelb und klar ablaufen und in 20—30 Sekunden vergrünen. Ist sie noch nicht rein gelb und vergrünt schneller, so setzt man Hydrosulfit nach.

Färbeküpe:

Man schärft auf 1000 Liter an mit
100 ccm Natronlauge 38° Bé und
150 g Hydrosulfit konz. Plv., setzt
4 kg Monopolseife und
20 kg Kochsalz zu, gibt die Stammküpe zu, rührt um, schöpft nach einigem Stehen die Blume ab und kann mit dem Färben beginnen.

Die Monopolseife soll das Ausfallen des Indigoweiß verhindern und die Ware netzen.

Der Salzgehalt der Küpe soll nicht so weit ansteigen, daß die Färbeküpe 10° Bé zeigt.

Gärungsküpen. S. 57.

Der sog. „Indigogeruch" kann auch bei der Hydrosulfitküpe künstlich erzeugt werden entweder durch Besprengen der gefärbten Ware mit einer Lösung von „Küpengeruch N" **(I. G.)** oder Nachbehandeln in 1000 Liter Wasser, dem 100 g Küpengeruch N, in 2,5 l Alkohol gelöst, zugesetzt sind. Nicht zu warm trocknen!

Die „Bastardküpe" S. 62 wird als Waidküpe angesetzt und als Sodaküpe weiter geführt.

Die Wollschweißküpe benutzt den Wollschweiß als Gärungsmittel und wäscht und färbt gleichzeitig.

Die Waidküpe wird fast nur noch in England, die Sodaküpe hauptsächlich in Mitteleuropa und dann für hellere, lebhafte Blau verwendet.

Überwiegend wird heute die Hydrosulfitküpe gebraucht. Die **I. G.** schreibt für den Ansatz der Stammküpe vor:

Für 3000 l Färbeküpe (30 kg Wolle auf offenen Gefäßen mit Quetschvorrichtung) werden

5 kg Indigo rein BASF Teig 20% mit
30 Liter Wasser von 60° angerührt und
1,65 kg Natronlauge 38° Bé zugesetzt. Dann werden
1,5 kg Hydrosulfit konz. Pulver eingerührt und ½ Stunde auf 55° gehalten.

Für den Ansatz der Färbeküpe gilt die allgemeine Vorschrift der **I. G.** (Ratgeber 1932, 98) für Indigoide:

Das Wasser wird bei 50—55° mit
9 Liter Leimlösung 1 : 10
0—900 g Ammoniak 25%ig und
600 g Hydrosulfit konz. Pulver beschickt und die obige Stammküpe eingerührt. Die Ammnoniakmenge richtet sich nach der Tiefe der Färbung und ist bei helleren Färbungen größer, bei dunkleren kleiner.

Kombinationsschwarz. S. 72.

Dem Säure-Blauholz- Schwarz verwandt, aber säureechter und die Baumwolleisten besser weiß lassend ist das Säure-Sumach-Schwarz.

Man geht kochend auf ein Bad von 3—4% Oxalsäure, 20% Glaubersalz krist., 5—8% Amidonaphtolschwarz 4 B oder dergl. und 7% Sumachextrakt 30° Bé, läßt ½ Stunde ohne Dampf gehen, kocht 1 Stunde, erschöpft, wenn nötig, durch Nachsetzen von ½—1% Oxalsäure, setzt nach dem Erschöpfen 3% Kupfer- + 4—5% Eisenvitriol zu, läßt noch ½ Stunde kochen und spült zur Erhöhung der Reibechtheit ½—¾ Stunde kalt.

Blauholzschwarz auf Soupleseide. S. 73.

Den S. 73—76 angeführten Verfahren mit Eisenbeize schließt sich noch der neuere Pinksouple an:

1. Zinnchlorid, Waschmaschine, Natriumphosphat, Waschen (vergl. S. 81 und Band V, S. 109).
2 „Pinknatron" ergeben 80%, 3 ergeben 100%, 4 ergeben 150% Beschwerung.
2. Seifen.
3. 200% Catechu 50—65°.
4. 20—30% Blauholz + 20—30% Seife bei 30—40°.
5. alter Catechu bei 40°.
6. 30% Blauholz und Seife bei 35—40°.
7. 10% Seife.
8. Schönen (avivieren).

Radiumschwarz. S. 82.

Nach F. Weber (T. **1937,** 448) zieht bei diesem „Neumonopolschwarz" das Hämatoxylin am besten in einem Bad auf, das im Liter 2,5 g Seife enthält.

Durch Nachbehandlung mit salpetriger Säure kann man den roten Ton decken, so daß weniger Thioninblau oder Methylenblau BG extra gebraucht wird und die Färbung nicht so leicht abrußt.

Chromgelb. S. 88, Z. 3 v. u.

Das S. 89, Z. 4 beschriebene Verfahren dient für kräftige Gelb; wird die Ware mit Bleisalzlösung getränkt und durch Ammoniak gezogen, so muß bei der Entwicklung mit Kaliumbichromat nach und nach etwas Salzsäure zugegeben werden, um alles Bleihydroxyd in Chromat überzuführen.

Für schwächere Gelb genügt es auf Bleiazetat aufzustellen, abzuwinden und mit 5—6 g Kaliumbichromat im Liter bei 50—60° zu entwickeln.

Chromorange. S. 89, Z. 21. $HO \cdot Pb \cdot CrO_4 \cdot Pb \cdot OH$, wird am besten durch gründliches Tränken (über Nacht) in Bleiessig (Bleizucker $Pb(CH_3COO)_2$ + BleiglättePbO) 18° Bé, Abwinden, Kalken mit Kalkmilch, Spülen in fließendem Wasser, Chromen mit Kaliumbichromat unter allmählicher Beigabe von etwas Salzsäure ½ Stunde bei 30°, Abwinden, kurzes Umziehen in kochender Kalkmilch und sofortiges Spülen in fließendem Wasser erzeugt. (Vgl. Band I, 256).

B. Teerfarbstoffe. S. 91.

Einteilung nach der Art der Verwendung S. 92.

Bancroft unterschied zuerst subjektive, d. h. unmittelbare, direkt färbende und adjektive, d. h. mittelbare, mit Hilfe einer Beize färbende Farbstoffe.

Dementsprechend unterscheiden wir heute folgende Gruppen:

I. Basische Farbstoffe, älteste Gruppe, mittelbar gegenüber Baumwolle, unmittelbar gegenüber Wolle.

II. Unmittelbare Farbstoffe.

a) Saure F. gegenüber Wolle.

b) Substantive F. gegenüber Baumwolle und Wolle.

III. Mittelbare Farbstoffe.

a) Auf der Faser zurückentwickelte F.

1. Schwefelf., mit Natriumsulfid reduziert und löslich gemacht, durch Luftsauerstoff auf der Faser zurückoxydiert. Wasserlösliche Schwefelfarbstoffpräparate sind die Immedialleukof.

2. Küpenf., durch Hydrosulfit und Natronlauge zur löslichen „Leukoverbindung" reduziert, durch Luftsauerstoff auf der Faser zurückoxydiert.

3. Indigosolf., wasserlösliche Schwefelsäureester der Leukoverbindungen, die auf der Faser zum Küpenfarbstoff oxydiert werden.

b) Auf der Faser erzeugte wasserunlösliche Farbstoffe (Pigmente).

I. Azofarbstoffe.

1. Eisf. (Ingrainf.), S. 234.
2. Naphtol AS-Farbstoffe, S. 239.
3. Diazotierungsf., S. 122.
4. Kupplungsf., S. 120.

II. Oxydationsfarbstoffe, S. 267.

c) Beizenfarbstoffe, S. 303.

Die Aufbewahrung der Farbstoffe hat außerhalb der Färberei zu geschehen. Das geschieht schon mit Rücksicht auf die Gefahr des Staubens der Farbstoffpulver. Aber auch die Farbstoffe selbst sind zum Teil empfindlich gegen Feuchtigkeit, besonders die Immedialfarbstoffe, oder gegen Säuredämpfe, besonders die Indigosole, oder gegen Sonnenlicht (Indigosole). Darum sind die Fässer und Büchsen nach der Entnahme sofort wieder gut zu verschließen.

Besondere Sorgfalt erfordern Farbstoffe in Teig. Sie müssen vor Frost geschützt werden, da sich beim Gefrieren ihre Teilchengröße ändert. Sollten sie doch einmal eingefroren sein, so sind sie langsam aufzutauen, gut durchzurühren, durch ein Sieb zu geben und besonders sorgfältig zu lösen. Teigfarben sind überhaupt vor dem Gebrauch aufzurühren, damit der Teig vor dem Abwiegen ganz gleichmäßig wird. Um sie etwas gegen das Eintrocknen zu schützen, legt man einen feuchten Lappen über den Behälter, ehe man mit dem Deckel verschließt.

a) **Basische Farbstoffe.** S. 92.

Die basischen Farbstoffe werden nicht nur durch Gerb- und Pikrinsäure, sondern auch durch Farbstoffsäuren ausgefällt, dürfen daher unter keinen Umständen mit sauren oder substantiven Farbstoffen zusammen gelöst werden.

Auf dieser Ausfällung beruht auch die Möglichkeit substantive und Schwefelfarbstoffe nach dem Färben mit basischen Farbstoffen zu übersetzen (S. 148).

α) Für Baumwolle.

s. a. Karte 1648 (1939) der I. G.

1. Tannin-Antimongrund, S. 93.

Bei eisenhaltigem Wasser setze man dem Tanninbad etwas Salzsäure (0,5—1 %) zu.

Stehende Tanninbäder schimmeln leicht; man kocht daher öfter auf oder setzt etwas Borsäure zu.

Die alten Brechweinsteinbäder sind jeweils mit 3/4 der ursprünglichen Zusätze zu ergänzen.

Bei der Verwendung von Antimonsalz, Patentsalz, S. 94, sind 6—8% ihres Gewichtes an Soda kalz oder Kreide zum Abstumpfen zuzusetzen, bei Antimonin dagegen 2 ccm Essigsäure 30%ig auf 1 Liter Bad.

Dem Färbebad setzt man zum gleichmäßigeren Aufziehen 2—3% Essigsäure oder 2—4% Alaun zu.

2. Ölbeize, S. 94.

Man nimmt je 2 Pfd Garn auf der Terrine durch 15 Liter einer Beize aus 1 Teil Türkischrotöl (50%ig) und 2 Teilen Wasser, windet ab, trocknet nicht zu heiß, wiederholt den Gang 1—2 mal, nimmt durch essigsaure Tonerde 3° Bé, windet ab, trocknet und färbt wie bei 1.

3. Katanol ON-Beize, S. 95.

Man löst zuerst die Soda in kochend heißem Wasser, streut Katanol ON unter Umrühren ein, gibt diese Lösung in das 60—70° warme Beizbad und setzt vorsichtig 20—40% Kochsalz zu.

Sollten Katanolbäder laufend gebraucht werden, so werden sie das erste Mal mit der Hälfte, später mit ein Drittel des Ansatzes verstärkt.

Die Katanolbeize hat vor der Tannin-Beize mit Brechweinstein den

Vorteil, daß einbadig gearbeitet werden kann. Im Gegensatz zu Tannin ist Katanol weniger eisenempfindlich und gibt mit basischen Farbstoffen alkalichtere Färbungen.

ε. Für Kunstseide. S. 96, Z. 3 v. u.

I. Nach Musterkarte **I. G.** 760 **(1934)** wird Afga-Viskose mit 4—6% Katanol W + 20% Glaubersalz krist. oder mit 4—6% Katanol ON + 2% Soda kalz. + 20% Glaubersalz krist. 1 Stunde bei 35° in 30facher Flotte gebeizt (für hellere Farben weniger) und bei 30—70° unter Zusatz von 2—5% Essigsäure ausgefärbt. Essigsäure verlangsamt das Aufziehen, ebenso Peregal 0 (1—2 ccm im Liter Bad).

Chrysoidin und die Grüns erfordern mehr Katanolbeize.

Astra-phloxin und -violett werden mit 1—2% Tannin und 0,5—1% Brechweinstein gebeizt.

Die gebrauchten Katanolbäder werden mit der Hälfte und später ein Drittel ergänzt.

II. Basische Farbstoffe färben Azetatkunstseide auf Grund ihres sauren Charakters ohne Beize an (S. 496). Die Färbungen sind aber sehr wenig licht- und nur mäßig waschecht. Für tiefere Färbungen empfiehlt die **I. G.** unter Zusatz von Celloxan (5—20 ccm auf 1 Liter) in 20—30facher Flotte bei 70° $^3/_4$ Stunden zu färben, worauf gut gespült und bei 40° mit 1% Essigsäure geschönt wird.

Von der **I. G.** werden folgende basische Farbstoffe geliefert:

	vgl. Nr.
I. Gelb und Kreß.	
Thioflavin T, TCN	8
Auramin O	1
Auramin G	2
Janusgelb G, R	10
Flavophosphin R konz.	3
Chrysoidin A, RL	9
Rheonin AL konz.	
Thesovin extra, BLX	
Manchesterbraun GG	11
Bismarckbraun FR extra	11
Janusbraun R	12
Schokoladenbraun RX, GX, V	
II. Rot und Veil.	
Rhodamin 6 GDM extra, 6 G extra	5
Rhodamin B extra	4
Astraphloxin FF extra	
Saphranin MN konz., T extra konz.	6
Brillantrhodulinrot B	7
Fuchsin KL krist.	1
Neufuchsin 90 Plv.	3
Juchtenrot GB konz.	1
Janusrot B	
Saphraninscharlach G	6
Astraviolett FN extra	
Methylviolett R extra hochkonz.	
Methylviolett B extra hochkonz.	9
Kristallviolett Plv.	11
III. Blau.	
Viktoriablau 4 R hochkonz.	
Viktoriablau B hochkonz.	4
Marineblau RN, BN	
Viktoriareinblau BO	
Brillantrhodulinblau BR	

	vgl. Nr.
Astrazyanin B	
Thioninblau GO	
Methylenblau BB	8
Neumethylenblau N	10
Neublau S konz.	5
Echtbaumwollblau BV	
Janusblau B	14
Indonblau R konz.	
Rhodulinblau 5 B, 6 G	
Nilblau BX	
Rhodulinreinblau 3 G	
Türkisblau G	

	vgl. Nr.
IV. Grün.	
Malachitgrün krist.	1
Brillantgrün krist.	2
Diamantgrün GX	
Reingrün LB	
Gelbgrün L	
Janusgrün B	
V. Grau und Schwarz.	
Neuechtgrau	
Kohlschwarz GGX, BTX	
Janusschwarz D, 1	

b) Saure Farbstoffe. S. 105. Z. 9 v. u.

Das Bestreben, die im Handel befindlichen Farbstoffe möglichst dem Zweck nützlicher Verwendung anzupassen, hat dazu geführt, daß auch die sauren Farbstoffe nach ihren Echtheitseigenschaften und ihrer hauptsächlichen Verwendung auf Wolle geordnet und in Gruppen eingeteilt wurden. (Vergl. H. Taubadel Neuerscheinungen auf dem Gebiet der Wollfarbstoffe seit Anfang 1934, T. **1936,** 807).

Sehr gutes Gleichfärbevermögen und sehr gute Lichtechtheit haben die Anthralanfarbstoffe der I. G. (Musterkarte 822 (1933), 996 (1935) und 1399 (1937), die Erioecht- und Erioanthracenfarbstoffe von Geigy (Musterkarte 879 (1934) und die Kitonechtfarbstoffe der Ciba. Sie dienen der Stückfärberei von Damenkleider- und Dekorationsstoffen, namentlich in zarten Farben („Pastellfarben", s. z. B. I. G. 1061, 1934); ferner für Wirk- und Teppichgarne.

Gutes Gleichfärbevermögen und ziemliche Wasser- und Schweißechtheit haben die Supramin- und Radiofarbstoffe der I. G. (Musterkarte 134 (1929) und 164 (1930), die Eriosolidfarbstoffe von Geigy und die Tuchechtfarbstoffe der Ciba; sie widerstehen auch leichter (saurer) Walke. Sie dienen besonders für Strick- und Webgarne, Strümpfe und Damenkleiderstoffe.

Gute Wasch- und Seewasserechtheit haben die Supranol- und Walkfarbstoffe der I. G. (Musterkarte I. G. 1167 (1936) und die Polarfarbstoffe von Geigy (Musterkarte 732; 888 (1934).

Den Übergang von den sauren zu den Beizenfarbstoffen mit Bezug auf Licht- und Walkechtheit bilden die chromhaltigen Palatinechtfarbstoffe der I. G. (Musterkarte 430 (1930) auf gemusterten Herrenstoffen; 569 (1931) auf loser Wolle; 632 (1931) auf Flanell; 762 (1933) auf Garn; 797 (1932) auf Kammzug; 1164 (1937) auf Garn; 1440 (1937) auf Stück) und Neolanfarbstoffe der Ciba. S. 106.

Um die Beizwirkung des komplex gebundenen Chroms frei zu machen, wurde anfänglich viel Schwefelsäure beim Färben gebraucht (Anacker, Warum brauchen Palatinechtfarbstoffe hohe Säuremengen zum Färben? T. **1936,** 332), nämlich bei 30facher Flotte 8, bei 60facher sogar 11% Schwefelsäure. Der Zusatz von Palatinechtsalz 0 in Lösung (Rundschreiben 771 der I. G.) oder Neolansalz II der Ciba erlaubt die Schwefelsäuremenge bis auf 5% zu verringern (T. **1933**, 133).

S. a. A. Landolt, Neolanfarbstoffe in der Wollfärberei Z. ges. Text. ind. **1931,** 287; Th. Eggert, Badeechte Färbungen mit Neolanen, T. **1933,** 136; W. Jaeck, Fortschritte in der Neolanfärberei, T. **1934,** 365. W. Ender und A. Müller, Beiträge zur Theorie der sauren Wollfärbung, T. **1937,** 633, 732, 809, 906, 991; **1938,** 65, 181, 272.

Gute Zusammenstellungen geben die Musterkarten: I. G. 1300 (1936) Die Säurefarbstoffe; 772 (1932) Schwefelechte Färbungen für Wolldecken; und Geigy 846 (1933) Saure Wollfarbstoffe; 823 (1931), 851 (1932) und 938 (1936) Moderne Farbtöne auf Wollstück.

Färbeverfahren:

I. Leicht gleichfärbende Farbstoffe. S. 107, Z. 3.

Man geht heute schon bei 60—70, ja 80° ein, besonders wenn das Färbegut vorher gut gereinigt worden war; wenn nicht, sichert man sich durch einen Zusatz von 0,2—0,5% Leonil S oder Igepon T.

Das Gleichfärbevermögen läßt sich prüfen durch Bestimmung der nach gewissen Zeitläuften aufgenommenen Menge Farbstoff (H. R. Hirst, M. f. T. **1929,** 358). Einfacher bedient man sich der Zusammenstellungen der Farbstoffabriken.

II. Schwer gleichfärbende Farbstoffe. S. 108, Z. 1.

Man beschickt hier das Färbebad mit 3—5% Essigsäure 30% und 10—20% Glaubersalz krist., geht bei 40—50% ein, treibt langsam zum Kochen und setzt, wenn erforderlich, langsam Säure nach.

So werden u. a. die Polarfarbstoffe (G) und die Tuchechtfarbstoffe (I) gefärbt; ferner viele schwarze Farbstoffe.

III. Sehr schweres Gleichfärben. S. 108, Z. 15.

(Apparatefärberei, schwer durchzufärbende Stückware).

Man beschickt das Bad mit 1—2% Essigsäure 30% und 5—8% Ammonacetat (am besten als fertig eingestellte Lösung 12° Bé = 49% der **I. G.,** wovon 10—15 Liter auf 100 kg Wolle gebraucht werden), ferner ½—1% Leonil S, geht handwarm ein, treibt in ½—¾ Stunden zum Kochen, kocht 1—1¼ Stunde und erschöpft mit 2—3% Essigsäure.

Nach III. werden gefärbt:

a) Indo- und Sulfon-cyanine für Marineblau, die aber nicht über 90° gefärbt werden. Bei kalkhaltigem Wasser und bei alkalihaltiger Ware setzt man dem Färbebad ¼—½% Kaliumbichromat zu. Für starke Dekatur gibt man in das ausgezogene Färbebad 3% Kupfervitriol und behandelt noch 20—30 Minuten ohne Dampfzufuhr.

b) Supranolfarbstoffe (S. 590). Die Färbungen werden mit 2—4% Intrasol oder 1—2% Leonil O-Lösung angekocht, um sie möglichst reibecht zu machen.

Karbonisierte Ware muß vor dem Färben gut entsäuert werden.

IV. Alkaliblau. S. 108, Z. 4 v. u.

Es muß wegen der Schwerlöslichkeit seiner freien Sulfosäure im schwach alkalischen Bad gefärbt werden. Man geht bei 60° ein, treibt langsam bis nahe zum Kochen; entwickelt wird bei 30—40°, wobei nach Porai-Koschitz (J. prakt. Chem. **1933,** 207) die farblose Karbinolform in die blaue chinoide übergeht.

V. Resorcinfarbstoffe. S. 109 und 111.

Sie färben sehr schwer gleich. Entweder geht man mit der Wolle handwarm in das mit 10% Essigsäure 30%, 10% Natriumazetat und Farbstoff beschickte Bad ein, treibt in ½ Stunde auf 80° und färbt in 1 Stunde aus oder man siedet mit 3—5% Alaun, 3—5% Weinstein und 3—5% Essigsäure 30% ½ Stunde an, setzt bei 50° den Farbstoff zu, treibt wieder zum Kochen und kocht noch ¼—½ Stunde.

Seide (S. 109, Z. 21) wird mit Palatinechtfarbstoffen (S. 700) im mit Essigsäure gebrochenen Bastseifenbad oder im mit Essigsäure schwach angesäuerten Peregal 0 — Bad (2—3 ccm Peregal 0 im Liter) gefärbt; helle Farben auch im neutralen Glaubersalz-Peregal 0 — bade; bei dunklen Färbungen, die mit Essigsäure nicht genug ausziehen, gibt man etwas Ameisensäure nach (Musterkarte der **I. G.** 362 (1930) und 965 (1934).

Änderungen in der Farbstoffzusammenstellung. S. 109.

Z. 10 v. u.: heute Echtgelb extra (I. G. & I.).

Z. 7 v. u.: heute nur noch als Orange II (I. G., G, I).

S. **110**. Z. 1: heute nur noch Azoflavin FFN (I. G.).

Z. 12: heute nur noch Tartrazin (I. G.).

Z. 16: statt Flavazin L lies Flavazin E 3 GL.

Z. 18: Guineaechtgelb nicht mehr.

S. **111**. Z. 6: nur noch Säurefuchsin (I), O (I. G.).

Z. 20: Alkaliviolett nicht mehr.

Z. 24 gehört nach S. 112 vor Z. 3 v. u.

S. **112**. Z. 5: Eosin A = Tetrabromfluorescein,

Z. 8: Eosin BNX (I. G.) = Dinitrodibromfluorescein,

Z. 11: Erythrosin J (I. G.) = Tetrajodfluorescein und

Z. 15: Rose bengale B konz. (I. G.) = Tetrajoddichlorfluorescein enthalten keine Sulfogruppen!

Z. 1 v. u.: Säurerosamin nicht mehr.

S. 113. Z. 6: Echtsäurephloxin nicht mehr.

Z. 8: Echtsäurefuchsin gehört zu den folgenden Azofarbstoffen.

Z. 10: Die Unterscheidung zwischen „Egalisierungs-" und „Unifarbstoffen darf heute als überholt gelten, da die schlecht gleich färbenden und durch keine sonstigen guten Eigenschaften ausgezeichneten Farbstoffe heute wohl sämtlich vom Markt verschwunden sind.

Z. 12: Azofuchsin (I. G.) heute Marken 6 B, G.

Z. 16: Chromotrop (I. G.) FB, F 4 B.

Z. 28: Lanafuchsin (I. G.) nur noch 6 B, Sorbinrot BB (I. G.).

Z. 29: Azosäurerot nicht mehr, Wollrot heute B.

Z. 32: Guineakarmin und Z. 34: Azosäurefuchsin nicht mehr.

S. **114**. Z. 5: Echtrot AV (I. G.); Rozellin nicht mehr.

Z. 11: Nur noch Brillantponceau 3 R, Viktoriascharlach 3 R, Ponceau 3 R (I. G.).

Z. 16: Nur noch Ponceau 2 R (I. R.).

Z. 19: Nur noch Kristallponceau 6 R extra (I. G.).

Z. 23: Brillantcrocein (I. G.) hat heute die Marken 3 BC, 9 B, MOO.

Z. 27: nicht mehr.

Z. 31: nur noch Wollrot B (I. G.).

Z. 36: nur noch Bordo extra (I. G.).

S. **115**, Z. 2: Hier schließen sich die neureren, viel lebhafteren Azofarbstoffe von ebenso guten Eigenschaften an: Polarbrillantrot B, 3 BN, 5 B (1932), 10 B (1935), G (1936) und GE (G).

Z. 10: Alizarindirektviolett heute Marken EBB und (EFF =) Anthralanviolett 6 B (I. G.).

Z. 14: Alkaliblau nur noch Marke 7 (I. G.).

Z. 23: Außer den Wasserblau-Marken nur noch Bavariablau AE und Reinblau I (I. G.).

Z. 9 v. u.: Die Marke Erioglaucin FL (G) ist gut fällbar für die Lackherstellung und zieht auch neutral; daher wichtig zum Decken der Wolle in der Halbwoll- und Wollstrafärberei; Pflanzenfasern bleiben weiß. Neptungrün (I. G.) heute Marke SBX.

Eriochlorin nicht mehr.

Z. 5 v. u.: Nachtgrün nicht mehr; Benzylgrün (I) Marke B.

S. 116. Z. 1: Neptunblau R.

Z. 8: nur noch Patentblau A (I. G.).

Z. 17: Die neuere Marke Eriozyanin B (G) ist ähnlich zusammengesetzt, aber lebhafter in der Farbe.

Z. 23: Neuere Marken Cyanolgrün 6 G (I. G.).

Hier schließen sich an:

12a. Brillantwollblau FFR extra, 12b. Wollblau N extra und 12c. Brillantindocyanin 6 B u. 7 BF (I. G.), die nach Verfahren II gefärbt, zu Lichtechtheitsnormen dienen (S. 540).

Z. 15 v. u.: Die Azinfarbstoffe Säurezyanin BD, BF (I. G.) färben gut gleich (Verf. I), dagegen müssen Indocyanin B, RRF (I. G.) nach Verf. IIIa und Polarblau G (G) nach Verf. II gefärbt werden.

Z. 7 v. u.: Die sauren Anthrachinonfarbstoffe sind heute durch folgende Marken vertreten:

Alizarinsaphirol, B, SE, SES (I. G.), Alizarinsaphirblau A, CB, CR, G (I); Anthralanblau G und B, 6 G (1934) (I. G.) (S. 540);

S. 117: Anthrachinonblau SR extra (I. G.); Alizarinzyanol BE (I. G.); Cyananthrol BGA; RX, RBX (I. G.) (S. 540); Alizarinastrol B (I. G.); Alizarinbrillantreinblau G, SE, R (1934) (I. G.) und die nach Verfahren II zu färbenden Alizarinreinblau B, FFG, FFB, G, NA (I. G.); Polarbrillantblau GAW (1935) und RAW (1937) (G); Alizarincyaningrün E, EF, G extra, GWA (1936) 3 G, 5 G und GT, (I. G.).

S. 118, Z. 4: nur noch Wollschwarz 4 B, Z. 10: Azosäureschwarz 3 BL extra, TL extra, Z. 16: Naphtylaminschwarz 4 B, Z. 24: Naphtolblauschwarz, S (I. G.).

Z. 19: Acidolschwarz nicht mehr.

Die angeführten schwarzen Farbstoffe, selbst die Azosäureschwarz, färben nicht so gut gleich, daß man Wolle nach dem in der Baumwollfärberei üblichen Verfahren damit abdunkeln könnte.

Über die heute etwas anders bewerteten Echtheitseigenschaften s. Ratgeber der Farbstoffabriken.

c) Substantive Farbstoffe. S. 118.

(Musterkarten der I. G. 298 (1930); 781 (1933).

I. Als Entwickler S. 122 sind veraltet: 2,6-naphtolsulfosaures Natrium, Äthyl-1-Naphtylamin, Naphtylaminäther N, 2,8,6-Aminonaphtolsulfosäure, 2, 3-Dioxynaphtalinsulfosäure, Nitrobenzidin und Karbazol.

Die I. G. hat neu bezeichnet:

m-Phenylendiamin als Entwickler CS, Nerogen = Entw. D, m-Toluylendiamin = Entw. H, Äthyl-2-Naphtylamin Entw. BS (salzsaures Salz), 1,3,5-Phenyl-methyl-pyrazolon = Entw. Z.

II. Nachbehandlung mit diazotiertem Paranitranilin S. 120, Z. 19 v. u. Hierfür geeignete Farbstoffe nennt die I. G.: Diaminnitrazol-, Para- und Paranil-, die Ciba: (Para-) Nitranil-, Geigy: Nitrophenyl- und Sandoz: Chloramin- und Parasulfonfarbstoffe. Benzonitrol, Azophorrot S. 121/122 sind nicht mehr im Handel.

III. Nachbehandlung mit Kupfervitriol S. 124, Z. 15. Eine besondere Gruppe bilden die Benzoechtkupferfarbstoffe (I. G.). Vor den übrigen mit Kupfervitriol nachzubehandelnden substantiven Farbstoffen haben sie den großen Vorzug, daß bei normaler Wäsche (40° C) die Kupferung nicht leidet und die hohe Licht- und Waschechtheit erhalten bleiben. S. a. Karl Ottenschläger Benzoechtkupferfarbstoffe (T. **1938,** 282).

Ein einfacher Nachweis von nachgekupferten Färbungen stammt von H. Rath (T. **1932**, 492): 10 ccm Wasserstoffsuperoxyd 30%ig + 2—3 Tropfen Wasserglas + 1 ccm starkes Ammoniak vorsichtig umschütteln und nach Aufhören der Gasentwicklung die Probe hineinlegen. Bei Gegenwart von Kupfer (z. B. nachgekupferter Echtblau B Base-Entwicklung) Aufschäumen, das bei Nichtkupferung (z. B. Variaminblau) unterbleibt.

IV. Nachbehandlung mit Formaldehyd S. 120, Z. 18.

Hierfür geeignete Farbstoffe werden von der I. G. mit den Vorsilben Benzoform-, Diaminaldehyd- und Plutoform-, von der Ciba mit Carbid- und von Geigy mit Formal- bezeichnet.

Man behandelt die gefärbte und gespülte Ware 30 Minuten bei 50—60° mit 1—2% Formaldehyd techn. und 1—2% Essigsäure 30%ig.

Die S. 126 angeführten Beispiele von Farbstoffen erhalten heute etwas andere Zahlen für die Licht- (L. E.) und Wasch- (W. E.)echtheit. Sie sind in der folgenden Übersicht zusammengestellt:

Nr.	Farbstoffbezeichnung		L. E.	W. E.
	I. Gelb und Kreß.			
6.	Toluylengelb G	(I. G.)	1	1
10.	Chrysophenin G	,,	4	1—2
15.	Chloramingleb GG	,,	4—5	1—2 (Siriuslichtgelb RR)
	,, M	,,	4—5	2
20.	Dianilgelb 3 G	,,	1	2—3
21.	Baumwollgelb R	,,	4	2
24.	Chlorantinlichtgelb 4 GLL (I)		6	2 (Siriusgelb GG)
25.	,, RL (I)		5	3 (Siriuslichtgelb R extra)
28.	Diaminechtgelb A	,,	3	3
29.	Stilbengelb GX	,,	3—4	3
18.	Baumwollorange G	,,	1	1—2
26.	Chlorantinlichtorange G	(I.)	2—3	2 (Siriusgelblicht lichtorange 5 G?)
13.	a. Strumpflichtorange GN (Mischung von 13 mit lichtechterem Orange)		4—5	2—3
2.	Kongoorange G	(I. G.)	2—3	1—2
3.	Toluylenorange G und R	,,	1	1—2
30.	Mikadoorange G	,,	4—5	2
5.	Diaminbraun M.	,,	3	2
7.	Toluylenbraun M.	,,	2	1—2
11.	Kongobraun G . . .	,,	2—3	2
13.	Diaminbronze G	,,	2—3	3
27.	Direktkatechin GR.	(I.)	1—2	1—2
14.	Primulin O (Chlorkalk)	(I. G.)	6	3 (wenn heiß geseift)
22.	Paragelb R	,,	2	3
23.	Paralichtbraun GR.	,,	3—4	3—4
	II. Rot und Veil.			
2.	Benzopurpurin 4 B	,,	1	2
3.	Diaminechtrot F	,,	3—4	2
8.	Benzoechtscharlach 4 BS . . .	,,	3—4	1—2
17.	Diaminrosa BD	,,	1	1
18.	Erika BN	,,	2	2
5.	Diaminviolett N	,,	3—4	1—2
9.	Brillantbenzoechtviolett RRL	,,	4	1—2 (Siriusviolett BB)
16.	Chlorantinlichtviolett 2 RLL .	(I)	7	3—4
10.	Primulin O (Entw. A)	(I. G.)	1	3 (wenn heiß geseift).
11.	Rosanthren BN und RN	(I.)	1	7—8 (5 g Seife + 2 g Soda im Liter $^1/_2$ St. 90.)

d) **Schwefelfarbstoffe.** S. 137.

Die Namen sind heute viel einfacher geworden. Immedial- heißen sämtliche Schwefelfarbstoffe der I. G. (mit Ausnahme von Indokarbon), Pyrogen- sämtliche der Ciba (mit Ausnahme von Thiophenylschwarz), Eklips- sämtliche von Geigy und Thional- sämtliche von Sandoz.

Für die Anwendung (S. 140) ist die richtige Bemessung der Zusätze wichtig.

Natriumsulfid (Schwefelnatrium) sei stets etwas im Überschuß zugegen, bei hellen Färbungen wenigstens 2 g krist. (= 1 g konz.) im Liter Bad; auch bei Apparaten mehr wegen der kürzeren Flotte.

Soda 1—5, für Schwarz bis 10% vom Gewicht der Ware.

Glaubersalz kalz. 5—40%. Zuviel erzeugt die gefürchtete Bronzeerscheinung auf der Ware. Bei schwierig durchzufärbender, ferner bei mercerisierter Ware und beim Färben auf Apparaten muß der Salzzusatz ermäßigt oder ganz fortgelassen werden, um gleichmäßige Färbung zu erzielen.

Dem gleichen Zweck dienen Hilfsmittel wie Monopolseife, Eulysin A, Laventin HW, Igepon T und Peregal O, die heute an Stelle von Türkischrotöl getreten sind. 1 g Nekal BX trocken oder Humektol C im Liter befördern das Durchfärben, besonders auf Apparaten. Am besten teigt man damit gleich die zu lösenden Farbstoffe an.

Als Gleichfärbemittel wird in den Färbereien Medialan A neben Dekol gut beurteilt. Man verwendet auf 1 Liter Färbebad 5 ccm Dekol und 1 g Medialan A.

Bronzieren (S. 141), wenn es doch einmal eingetreten sein sollte, wird durch ½ bis 1stündiges Kochen mit 1—2 ccm Laventin HW oder Eulysin A im Liter verbessert, wenn man nicht vorzieht auf ein Bad mit Natriumsulfid zum Abziehen zu stellen (W. Kosche, T. **1925,** 665; s. a. T. **1932,** 150).

Das Bronzieren tritt besonders leicht auf alten, zu dick gewordenen Bädern auf. Diese sollen zwischen zwei Farbpartien gespindelt werden, um sich mit dem Salzzusatz danach richten zu können. Eine Probe soll kalt 3—4, bei dunklen Färbungen 5—6 und bei Schwarz 7—8° Bé höchstens spindeln.

Nr.	Farbstoffbezeichnung		L. E.	W .E.
12.	Direkttiefschwarz EW & RW extra (Nitrazol)	(I. G.) ,,	2—3	3
18.	Benzochromschwarz B (Chrom-Kupfer)	,,	5	2—3
5.	Diaminschwarz BH (Entwickler H)	,,	2—3	3 (wenn heiß geseift)
19.	Diaminogen B (Entwickler A) . .	,,	4	3 (wenn heiß geseift)
20.	Diazoschwarz BHC 22315 (Entwickler A)	,,	2—3	3 (wenn heiß geseift)
	Diazoschwarz (Entwickler H).	,,	2—3	3 ,,
22.	Sambesischwarz D (Emtwickler H)	,,	3—4	3 ,,
	,, V (Entwickler H)	,,	4	3 ,,
	,, (Entwickler A)	,,	3—4	3 ,,

Die Zahlen sind den Ratgebern (Baumwolle) der I. G. 1933 und Ciba 1930 entnommen. In obiger Übersicht nicht wieder angeführte Namen sind veraltet. Neuere Farbstoffbeispiele sind aus den Ratgebern und Rundschreiben der Farbstoffabriken zu ersehen.

Zum bequemeren Vergleich ist auch für die Zahlen der Ciba der aufsteigende Maßstab gewählt worden (wie bei der I. G.). Es entspricht also 8 bzw. 5 der höchsten Echtheit.

Die Lichtechtheitstabelle der I. G. nach den Normen und Typen der Echtheitskommission 1935 ist insoweit berücksichtigt, als jeweils die Lichtechtheit der mittelstarken Färbung eingesetzt wurde.

Farbstoffe von besserer Lichtechtheit sind von den Farbstofffabriken zu besonderen Gruppen zusammengestellt worden, so die Sirius- und Siriuslichtfarbstoffe der I. G., (Farbtafel I) die Chlorantinlichtfarbstoffe der Ciba und die Diphenylechtfarbstoffe von Geigy. (Musterkarte der I. G. Nr. 1, 3, 12, 17, 572, 769, 1307, von Geigy Nr. 897 (1934) und 925 (1936).

Die meisten substantiven Farbstoffe sind Azofarbstoffe, daher gegen Reduktionsmittel mehr oder weniger unbeständig und mit Hydrosulfit oder Rongalit mehr oder weniger gut von der Faser abzuziehen.

Einige sind so empfindlich gegen reduzierende Wirkung, daß sie bereits beim kochenden Färben loser Baumwolle oder von Strümpfen durch darin enthaltenes Pektin (Bd. IV S. 36) zerstört („verkocht“) werden. In diesem Falle muß das Pektin vor dem Färben beseitigt werden, indem man z. B. mit 2% Soda + 1—2% Nekal BX trocken kocht, nach 1/4 Stunde durch Zulauf kalten Wassers auf 60—70° abkühlt und mit 0,5 ccm Wasserstoffsuperoxyd 30% auf 1 Liter Bad 1/4 Stunde bleicht; dann erst wird die Farbstofflösung zugesetzt.

Das Verkochen kann bei Beachtung folgender Punkte vermieden werden:

1. Gut abgekochte Baumwolle verwenden.
2. Ohne Soda färben.
3. Bei Verwendung von Soda nicht über 80° C färben.
4. Unter Zusatz von Oxydationsmitteln färben.

Auf Tafel I sind die neuesten Siriuslichtfarbstoffe; die Herstellung der Tafel sei der I. G. auch an dieser Stelle gedankt.

Tafel I.

		L. E.			W. E.	Farbzeichen	
1.	S.-gelb 5 G	4—6	**5**	5—6	1	1	l a
2.	S.-orange GG	6	**6—7**	6—7	2	3	l a
3.	S.-scharlach GG	5—6	**6**	6	2—3	5	n b
4.	S.-rot 5 B	5	**5—6**	6	2	8	n b
5.	S.-braun BRL	5	**5—6**	6	2	5	p h
6.	S.-violett FFR	5—6	**6**	6—7	1—2	12	n a
7.	S.-blau F 3 GL	6—7	**7**	7	2—3	14	l c
8.	S.-türkisblau G	6	**6—7**	7	1—2	16	i a
9.	S.-grün GGL	5	**5—6**	5—6	2	21	i c
10.	S.-grau VGL	5—6	**6**	6—7	2—3	14	i e

S.- abgekürzt für Siriuslicht-.
L. E. abgekürzt für Lichtechtheit.
W. E. abgekürzt für Waschechtheit b. 40° C.
Die Lichtechtheit ist durch 3 Zahlen festgelegt für helle, mittlere und dunkle Farbtiefe (Rundschr. 1592 (1938) der I. G.

Substantive Farbstoffe auf Leinen. S. 124.

Wie auf Baumwolle; nur sucht man das Aufziehen möglichst zu verlangsamen, damit die harte Faser möglichst durchgefärbt wird.

Man färbt mit 0,5—2% Soda kalz. und ebensoviel Monopolseife, geht bei 40° ein und steigert die Temperatur allmählich; bei dunklen Färbungen kann man kochend heiß eingehen, nach $^1/_4$stündigem Kochen den Dampf abstellen und 5—20% Glaubersalz kalz. in zwei Anteilen zusetzen.

S. a. Musterkarte 111 (1929) der **I. G.**

Substantive Farbstoffe auf Seide. S. 125, Z. 20.

Die Wasser- und Waschechtheit der Färbungen läßt sich außer durch Diazotieren und Entwickeln auch durch Nachbehandeln mit Nitrazol CF (S. 121) oder mit Formaldehyd (S. 595) verbessern.

Die gefärbte Seide wird gespült und kalt mit 3—6% Nitrazol CF, 1—2% Soda kalz. und 0,25—0,5% Natriumazetat je nach Tiefe der Färbung ½ Stunde behandelt, gespült, heiß geseift und geschönt.

Oder es wird auf frischem Bade kalt bis lauwarm mit 1—3% Formaldehyd (30%ig) ½ Stunde behandelt, gespült und geschönt.

Substantive Farbstoffe auf Kunstseide. S. 126.

Man verfährt grundsätzlich wie bei Baumwolle (S. 119). Nur ist zweierlei zu beachten:

Kupferkunstseide zieht den Farbstoff schnell und stark an, ähnlich wie mercerisierte Baumwolle; sie erfordert daher die gleichen Vorsichtsmaßregeln: Eingehen bei niederer Temperatur, Vorsicht beim Salzzusatz, schnelles Umziehen (Musterkarte 228 (1929) der I. G.).

Viskosekunstseide zieht zwar den Farbstoff langsamer an, ähnlich wie gewöhnliche Baumwolle, aber sehr verschieden stark, wenn sie verschiedenen Fabrikationsgängen entstammt. Manche Viskosekunstseiden, die von Hause zum Streifigwerden neigen, werden noch am besten gleichmäßig, wenn möglichst heiß und mit ausgewählten Farbstoffen (Musterkarte 334 (1930) der I. G.) gefärbt wird; auch wirkt ein schwach alkalisches Bad vor dem Färben vergleichmäßigend.

Im allgemeinen wird folgendermaßen verfahren:

1. Waschen mit 2—3 g Marseiller Seife und 0,5—1 g Laventin KB im Liter ½ Stunde bei 60—70°.

2. Färben in 30facher Flotte mit 0,5—1% Soda (bei hartem Wasser), 5—40% Glaubersalz krist. (je nach Tiefe der Färbung und je nach Kunstseidenart) und 0,5—1% Igepon T. Eingehen bei 30—40°, langsam auf 90—95° steigern, noch 1 Stunde färben.

3. Schönen z. B. mit 5 g Milchsäure im Liter. S. a. S. 708.

Zum Färben von Viskosekunstseiden, die zum Streifigwerden neigen, haben sich die Benzoviskose-Farbstoffe gut eingeführt.

d) Schwefelfarbstoffe. S. 137.

Die Namen sind heute viel einfacher geworden. Immedial- heißen sämtliche Schwefelfarbstoffe der I. G. (mit Ausnahme von Indokarbon), Pyrogen- sämtliche der Ciba (mit Ausnahme von Thiophenylschwarz), Eklips- sämtliche von Geigy und Thional- sämtliche von Sandoz.

Für die Anwendung (S. 140) ist die richtige Bemessung der Zusätze wichtig.

Natriumsulfid (Schwefelnatrium) sei stets etwas im Überschuß zugegen, bei hellen Färbungen wenigstens 2 g krist. (= 1 g konz.) im Liter Bad; auch bei Apparaten mehr wegen der kürzeren Flotte.

Soda 1—5, für Schwarz bis 10% vom Gewicht der Ware.

Glaubersalz kalz. 5—40%. Zuviel erzeugt die gefürchtete Bronzeerscheinung auf der Ware. Bei schwierig durchzufärbender, ferner bei mercerisierter Ware und beim Färben auf Apparaten muß der Salzzusatz ermäßigt oder ganz fortgelassen werden, um gleichmäßige Färbung zu erzielen.

Dem gleichen Zweck dienen Hilfsmittel wie Monopolseife, Eulysin A, Laventin HW, Igepon T und Peregal 0, die heute an Stelle von Türkischrotöl getreten sind. 1 g Nekal BX trocken oder Humektol C im Liter befördern das Durchfärben, besonders auf Apparaten. Am besten teigt man damit gleich die zu lösenden Farbstoffe an.

Als Gleichfärbemittel wird in den Färbereien Medialan A neben Dekol gut beurteilt. Man verwendet auf 1 Liter Färbebad 5 ccm Dekol und 1 g Medialan A.

Bronzieren (S. 141), wenn es doch einmal eingetreten sein sollte, wird durch ½ bis 1stündiges Kochen mit 1—2 ccm Laventin HW oder Eulysin A im Liter verbessert, wenn man nicht vorzieht auf ein Bad mit Natriumsulfid zum Abziehen zu stellen (W. Kosche, T. **1925,** 665; s. a. T. **1932,** 150).

Das Bronzieren tritt besonders leicht auf alten, zu dick gewordenen Bädern auf. Diese sollen zwischen zwei Farbpartien gespindelt werden, um sich mit dem Salzzusatz danach richten zu können. Eine Probe soll kalt 3—4, bei dunklen Färbungen 5—6 und bei Schwarz 7—8° Bé höchstens spindeln.

Schönen. S. 141, Z. 17 v. u.

Es bezwckt die Farbe satter und den Griff weicher zu machen, besonders bei Schwarz. Man verwendet z. B. 2% Öl oder Fett emulgiert mit 2% Seife bei 60° oder folgende Milch: 1 T. Nekal AEM in 4—5 T. Wasser von 70° einstreuen, lösen, 15—20 T. Mineralöl oder Olivenöl oder Erdnußöl oder 40 T. Olein einrühren (Merkblatt 52 bzw. 631 der I. G.) und noch 40 T. Wasser von 70° einrühren, nunmehr mit Wasser in jedem Verhältnis mischbar, oder noch einfacher Tallosan S mit der 6—8fachen Menge warmen Wassers angerührt.

Dämpfen S. 141. Z. 9 v. u.

Bei der S. 144 abgebildeten Vorrichtung erwärmt man zunächst mit indirektem Dampf auf 80—90° und schickt dann durch die zweite Leitung Dampf und Luft. Nach ½stündigem Dämpfen spülen.

Die Färbung soll vor der Entwicklung nicht ganz natriumsulfidfrei gespült sein, andernfalls müßte vorher ein Spülbad mit 5 g Natriumsulfid krist. im Liter gegeben werden.

Garne (S. 147) sollen vorher am Wringpfahl gleichmäßig ausgewunden und ausgeschlagen werden.

Nachbehandlung mit Metallsalzen. S. 142.

Kupfervitriol setzt sich mit dem Eisen von Apparaten um; es wird daher in diesem Fall durch Nickelsulfat ersetzt.

S. a. Musterkarten der I. G. 291 (1930) und 810 (1933): Schwefelfarbstoffe auf Baumwollgarn. 111 (1929) Färbungen auf Leinengarn.

Während die Wollfärberei (S. 152) den Schwefelfarbstoffen mit Recht verschlossen bleibt, scheinen sich die neuen Immedialleukofarbstoffe der **I. G.** in der Halbwollfärberei (R. Haynn, T. **1936,** 58) und in der Wollstragarnfärberei zu bewähren, s. S. 519.

Auf Seide läßt sich Immedialschwarz färben (Merkblatt 321 der **I. G.**).

Die Lichtechtheit der S. 154 verzeichneten Immedialfarbstoffe wird heute etwas höher bewertet, so — blau CR, direktblau 4 B extra, — indon JBN mit 5 und — grün BB extra mit 5—6; die Waschechtheit ist 4 bis 4—5.

e) **Küpenfarbstoffe.** S. 155.

R. Haller (Die Veränderungen der Färbungen am Licht und die Richtlinien für das Studium der Lichtwirkungen, T. **1924**, 541) hat zuerst am Beispiel des Anthraflavons die faserschädigende Wirkung von Küpenfarbstoffen gezeigt und (Die Veränderungen der Indigofärbungen am Licht, T. **1928,** 415) am Beispiel des Indigos bestätigt.

F. Sholefield und E. H. Goodyear (Die Wirkung des Lichtes auf mit gewissen Küpenfarbstoffen gefärbte Baumwolle, T. **1929**, 867) haben solche Schädigung für gewisse gelbe Küpenfarbstoffe nachgewiesen.

A. Landolt (Belichtung und Faserschädigung, T. **1929**, 533; **1930**, 937) hat gefunden, daß die Zerstörung, nachgewiesen durch die Methylenblauanfärbung der Oxyzellulose, nur eintrat bei alkalischer Reaktion, daß sich zugleich Wasserstoffsuperoxyd bildete, das aber nicht als Ursache der Zerstörung anzusprechen ist, und daß übersetztes substantives Blau schnell verschoß, besonders bei Gegenwart von Alkali.

R. Haller (Zur Kenntnis der sensibilisierenden Wirkung von Küpenfarbstoffen auf die Zerstörung von Zellulosefasern am Licht, T. **1936,** 45) hat folgende Richtlinien aufgestellt:

1. Faser- und Gewebeart sind von Bedeutung. Viskose und Kupferkunstseide sind empfindlicher als Baumwolle, dünne Gewebe empfindlicher als dicke.
2. Nur gelbe und kresse Farbstoffe wirken katalytisch, weil sie die kurzwelligen Strahlen schlucken.
3. Die chemische Konstitution gibt den Ausschlag für die katalytische Wirkung. Wirksam sind z. B. saure Gruppen im Gegensatz zu den basischen, Beta-Substitution im Gegensatz zur Alphasubstitution.
4. Wirksam ist ferner die feine Verteilung des Farbstoffes. Färbungen sind weniger widerstandsfähig als Drucke desselben Farbstoffes. Farbstoffkondensation durch heißes Seifen erhöht die Lichtechtheit und verringert die Faserzerstörung.
5. Die größte Faserschädigung wird bereits bei einer 1%igen Färbung erreicht.
6. Zugabe von direkten Thiazolfarbstoffen (Primulin) zu den Färbungen schädlicher Küpenfarbstoffe erhöht die Lichtechtheit, trotzdem aber gleichzeitig den Zelluloseabbau.

α) Hydronfarbstoffe. S. 156.

Übersicht über die Hydronfarbstoffe:

Farbstoff	Küpe
Hydronblau B, G, R, RB., RR Teig 30% oder Pulver ...... (B, BR und RR nur Pulver; R = Cibablau 2 RH (I) = Thiotinonblau 2 R (Geigy) = Sandonblau R (Sandoz).............	goldgelb
Hydronmarineblau C Teig 30%, CN Pulver	rotbraun
Hydronschwarzblau G Teig 30% oder Pulver	schwarzolive
Hydronschwarzblau GG Teig 30% oder Pulver	grünolive
Hydronolive GX Pulver....................................	blau

Die übrigen S. 158 angeführten Hydronfarbstoffe stimmen mit anderen Küpenfarbstoffen überein, so

Hydrongelb NF = Indanthrengelb GF (Dianthrachinonyläthylamin),
Hydronorange R = Algolorange RF (S. 212),
Hydrongrün G = Indanthrengrün GT,
Hydronolive GN = Indanthrenolive GN,
Hydronrosa FF = Helindonrosa R,
Hydron-Wollgelb G = Helindongelb CG,
Hydron-Wollbraun G = Helindonbraun CV,
Hydron-Wollrot BB = Helindonrot BB (Thioindigorot B).

Anwendung. S. 156. Gefärbt wird nach dem Hydrosulfitverfahren (wegen seiner klaren Lösungen für die Apparatefärberei) oder nach dem Natriumsulfid-Hydrosulfitverfahren (wegen seiner Billigkeit und besseren Durchfärbung — Kochen gestattet — für die Garn- und Stückfärberei).

I. Hydrosulfitverfahren.

	Flottenverhältnis 1 : 20				Nachsätze			
% Farbstoff Teig	5	10	15	20	3,5	6,5	9,5	13
Natronlauge 38° Bé ccm im L.	4	5	6	7,5	2	3	3,5	4
Hydrosulfit konz. Pulver im L.	2,5	4	5	6	1,5	2,5	3,5	4

Nach dem Färben wird Garn zwischen 2 Stöcken durchgezogen, sofort in ein lauwarmes Spülbad mit 0,5—1 g Hydrosulfit oder 1—2 g Natriumsulfid im Liter eingetaucht und 2—3mal kalt gespült.

II. Hydrosulfit-Natriumsulfidverfahren (S. 157).

	Flottenverhältnis 1 : 20				Nachsätze			
% Farbstoff Teig	5	10	15	20	3,5	6,5	9,5	13
Natriumsulfid krist. g im L.	4	7,5	11,5	15	3	4,5	6	7
Natronlauge 38° Bé ccm im L.	3,5	5	6	7,5	1,5	2	2,5	3
Hydrosulfit konz. Pulver g im L.	2	2,5	3,5	4	1,25	1,5	2	2,5

S. a. Musterkarte 1080 (1935) der I. G.; ferner S. 667.

β) Anthrachinonküpenfarbstoffe. S. 160.

Die Anthrachinonküpenfarbstoffe werden heute nach ihrer Echtheit in 2 Gruppen eingeteilt:

1. Farbstoffe von unübertroffenen Gesamtechtheitseigenschaften, anwendbar für licht-, wasch- und wetterechte Buntgewebe. Hierhin gehören die Indanthrenfarbstoffe der I. G., die Cibanon P-Farbstoffe der Ciba und die Tinonchlorfarbstoffe von Geigy (vergl. S. 541).

S. Musterkarte I. G. 470 (1931) und 1026 (1934): Richtlinien für die Kennzeichnung von Färbungen bzw. Drucken mit dem „J"-Etikett Ferner 279 (1929) licht- und wetterechte Färbungen für Markisenstoffe; 649 (1932) für Vorhang- und Dekorationsstoffe.

2. Farbstoffe von etwas geringerer Licht- und Wetterechtheit bei sonst gleichen Echtheitseigenschaften und gleichem färberischem Verhalten. Hierhin gehören die Algolfarbstoffe der I. G. (Musterkarte 15 (1929), die Cibanonfarbstoffe der Ciba und die Tinonfarbstoffe von Geigy (Musterkarte 790 (1931)).

Anwendung. S. 161.

Die drei Färbeverfahren werden heute von der I. G. als **IN** (**N**orm) **IW** (**w**arm) und **IK** (**k**alt) von der Ciba als C I, C II, C III bezeichnet. Ihre Unterschiede in den Zusätzen an ccm Natronlauge 38° Bé und g Glaubersalz kalz. oder Gewerbesalz auf 1 Liter und in der Temperatur und Färbedauer gibt die folgende Übersicht wieder:

	IN	IW	IK
Natronlauge .	10—16	4—8	3—6
Glaubersalz .		5—25	7,5—37,5
Temperatur .	50—60	45—50	20—25
Färbedauer .	20—45	30—60	30—60 Minuten

Die Natronlaugemenge erhöht sich auf das 1½fache bei Apparatefärberei mit dem Flottenverhältnis etwa 1 : 10 und bei Verfahren IN spezial.

Die Hydrosulfitmengen richten sich nach dem Farbstoffverbrauch und betragen bei

% Farbstoff Tg	1—2,5	2,5—5	5—10	10—20	20—
auf der Kufe	1—2	2 —2,5	2,5—3	3— 4	4—6 g
auf Apparaten	2—3	3 —4	4—5	5— 6	6—8 g

(Musterkarte 47 (1931) (Grundfarben) und 657 (1932) (Mischtöne); ferner 694 (1932) (Grautöne), 1071 (1935) (mercerisiertes Baumwollgarn) (I. G.).

A. Lauterbach (Beitrag zur Kontrolle der Hydrosulfitküpen, T. **1924,** 752) bestimmt in Färbeküpen

a) die Hydrosulfitmenge nach dem Methylenblau-Titanchloridverfahren von E. Knecht und E. Hibbert (Bd. I, S. 336). Er fand in der Salizylsäure einen geeigneten Katalysator für die glatte Rücktitration des überschüssigen Methylenblaus mit Titanchlorid, das seinerseits mit Mohrschem Salz gestellt wurde. 1 ccm 1%ige Methylenblau BX oder BX extra-Lösung = 0,00378 g $Na_2S_2O_4$. Die Farbe schlägt über Hellblau, Grün, Gelb nach Braun um. Die Bestimmung dauert 20 Minuten.

b) die Ätznatronmenge durch Zusatz von Bariumchlorid + Wasserstoffsuperoxyd, Filtern durch ein trockenes Filter und Titrieren eines bestimmten Teiles des Filtrates mit Salzsäure und Methylorange. Bariumchlorid beseitigt die Karbonate, Wasserstoffsuperoxyd oxydiert das Hydrosulfit zu Natriumbisulfat, wobei 2 NaOH neutralisiert werden, also 1 g $Na_2S_2O_4$ neutralisiert 0,46 g NaOH.

S. a. G. Durst und H. Roth T. **1925**, 837 und T. **1927,** 158.

J. Müller (Die Bestimmung des theoretischen Hydrosulfitverbrauchs von Küpenfarbstoffen, Z. f. angew. Ch. **1929**, 621; Reduktionsstufenbestimmung an Verbindungen, die sich durch Hydrosulfit in alkalische Hydroderivate überführen lassen, T. **1932,** 439) fällt die Hydroverbindung — in Wasserstoffatmosphäre — durch Kohlensäure aus, filtert und titriert das restliche Hydrosulfit nach Bernthsen mit Indigokarmin (Bd. I, 157).

Anthrachinon geht bei 50° in Anthrahydrochinon

$$H_4C_6\left\langle\begin{matrix}C\cdot OH\\ C\cdot OH\end{matrix}\right\rangle C_6H_4$$

bei 90° in Anthron

$$H_4C_6\left\langle\begin{matrix}CO\\ CH_2\end{matrix}\right\rangle C_6H_3$$

über.

Indanthrenblau RS nimmt bei 60° 2 H, bei 70° 4 H und bei 90° 8 H auf; Indanthrengelb dagegen immer nur 2 H. Die überreduzierten Stufen verhalten sich färberisch ganz abweichend von den normalen und kehren meist nur schwierig in den Zustand des ursprünglichen Farbstoffs zurück.

Ansetzen des Färbebades.

Hartes Wasser ist vorher durch Aufkochen mit Soda und Abschöpfen der Härtebildner zu enthärten. Die **I. G.** empfiehlt zur Vermeidung von Kalkschäden auf den Liter Bad 10 ccm einer Lösung aus 1 Liter Dekol, 160 g Soda, 30 g Nekal BX trocken und 1 Liter Wasser oder auch ½ g Igepon T zuzusetzen.

Zur Aufhebung der Wasserhärte eignen sich besonders Trilon A und B, sie geben mit den Härtebildnern lösliche Komplexsalze. Rundschreiben 1608/9 (1938) der **I. G.**

Bei Schwierigkeiten im Gleichfärben empfiehlt sie weitere Zusätze z. B. bei Indanthrenblaugrün FFB 1 ccm Peregal O, Heft 840 (1932), 1431 (1937), oder OK oder 20 g Dekol; ebenso bei I. brillantgrün 4 G und -brillantviolett 4 R, RR, 3 B. Bei I.khaki GG 2 g Leim + 2 g Monopolseife.

Das RA-Verfahren der Böhme Fettchemie G. m. b. H. Chemnitz, verzögert mittels Repellat das Aufziehen der Küpenfarbstoffe und hebt nach genügender Gleichfärbung durch Amendol die verzögernde Wirkung wieder auf.

Verküpungsdauer: Die Teig- und die in heißes Wasser einzurührenden Pulver fein-Marken verküpen sich in 10—15 Minuten. Die Pulvermarken mit etwas Igepon T, Nekallösung (50 g BX trocken im Liter) anzunetzen und mit Wasser zu dünnem Brei zu verrühren, brauchen 20—30 Minuten.

Einige Indanthrenfarbstoffe wie I. brillantrosa B, 3 B, R, -scharlach B und -rotviolett RH, RRN benötigen Stammküpenansatz wie Indigo und werden auch nach dem Färben und Abquetschen des Garnes verhängt (S. 613).

Das Klotzfärbe-Verfahren (No. 30a, S. 164) kann heute auf dem gewöhnlichen Jigger vorgenommen werden, indem nur die unteren Laufwalzen mit Wasser bedeckt werden. Der Zusatz von 1—2 g Soda kalz. und 20 g Dekol auf 1 Liter wird aber auf den gesamten Jiggerinhalt berechnet. Der Pulver-fein-Farbstoff wird in warmes Wasser eingestreut und durch ein Sieb eingerührt und die gut abgekochte, möglichst trockene Ware zweimal bei 80—90° hindurchgeschickt, dann nach dem Auffüllen mit Wasser, Zusetzen von Natronlauge und Hydrosulfit noch 8—10mal bei der vorgeschriebenen Temperatur.

S. a. Musterkarte I.-K. Nr. 10 (1932).

Dagegen muß das Prästabitöl-Klotzverfahren (Lizenz der I. G.) zum Durchfärben von dichtgeschlagenen Stoffen und gezwirnten Garnen auf der Klotzmaschine bzw. Garnpassiermaschine vorgenommen werden. Die **I. G.** liefert hierfür Pulver-fein-Marken (Typ 8059).

Als Beispiel sei die folgende Vorschrift der I. G. für Khaki auf 2 Stück Gabardine 140 cm breit bei 75% Abquetschung angeführt:

Mit wenig Kondenswasser werden angeschlämmt und durch ein Filtertuch gesiebt:

2700 g Indanthrengelb 3 RT Plv. f. konz. f. Fbg.
1350 Indanthrenbraun 3 GT Plv. f.
2813 g Indanthrenoliv 3 G Plv. f.,
2700 ccm Prästabitöl V hinzugefügt und mit heißem Kondenswasser auf 90 Liter eingestellt. Die Klotzlösung wird im Trog mit indirektem Dampf auf 70—80° erwärmt und die trockene Ware 3mal hindurchgeschickt unter Ergänzung der von der Ware aufgenommenen Flüssigkeit aus obigem Klotzansatz.

Entwickelt wird in 10 Durchläufen bei 50—55° mit
6 Liter Natronlauge 38° Bé,
2,5 kg Hydrosulfit konz. Plv.,
1,5 Liter Dekol,
5 Liter Klotzflüssigkeit,
30 kg Kochsalz,
auf 200 Liter eingestellt; anschließend wird gründlich kalt gespült.

Oxydiert wird mit 1% Perborat techn. beginnend mit 30° und beim 4—6ten Durchlauf 50° steigernd; außerdem empfiehlt sich nach dem 2ten Durchlauf ein Zusatz von 500 ccm Ameisensäure 85%ig. Anschließend warmes Spülen (2 Durchläufe). S. a.: F. Gund, Anwendung der Küpenfarbstoffe in unverküpten Zustand in der Färberei, T. 1937, 231.

Geseift wird mit 5 g Marseiller Seife und 3 g Soda kalz. im Liter kochend (6 Durchläufe). Anschließend 3mal spülen mit je 2 Durchläufen.

S. a. Musterkarte „Moderne Töne für Hemdenstoffe" **I. G.** 729/C.

Färben auf der Tauchküpe. S. 166.

Außer der angegebenen Vitriolküpe für Kupferreserve bedient man sich heute auch der Hydrosulfit-Dekol-Küpe.

In 934 ccm weichen Wassers von 60° werden
15 ccm Natronlauge 38° Bé eingetragen und
2,5—6 g Hydrosulfit konz. Plv. eingestreut,
5—25 g Farbstoff Teig und
20 ccm Dekol zugegeben und auf 1000 g eingestellt.

Über Indanthrenfarbstoffe auf Leinengarn S. 167, Z. 9 s. Musterkarte der I. G. 209 (1929), Schappeseide 437 (1931) und Kunstseidenstrang 33 (1928) und 714 (1932).

Die Seite 168 angeführten Beispiele von Farbstoffen sind nachstehend mit Angabe der besten Färbeweise (BF), Küpenfarbe, Licht- und Waschechtheit (L. E. und W. E.), Färbung mit konz. Schwefelsäure behandelt nach E. Herzog (H_2SO_4) zusammengestellt.

I. Gelb und Kreß.

Nr.	BF	Küpenfarbe	L. E.	W. E.	H_2SO_4	
2. Indanthrengelb G = Cibanongelb GN ..	IN	blau	6	4—5	grün	
5. I.-gelb GK	IK	bordo	6	5	gelb	
16. Cibanongelb 3 GK (P)	IK	gelbbraun	6	5	blau	
17. Cibanongelb R	IW	schwarzbraun	4—5	5	gelb	
3. I.-goldorange G	IN	karmoisinrot	6	5	kreß	
7. I.-orange RRK.......	IK	gelblichrot	6—7	4—5	gelb	
18. Cibanonorange R (P)	IW	schwarzbraun	7	5	kreß	
22. I.-braun GR, früher Helindonbraun AN..	IN+	gelb-rotbraun	7—8	4—5	grün	+ mit Salz gefärbt
13. I.-braun R	IW, IK	rotbraun	7	5	gelb	
19. Cibanonbraun B.....	IW	dunkelbraun	5—6	4		
20. Cibanonbraun V	IW	dunkelbraun	5—6	4		
21. Cibanonbraun RN...	IW	braun	5—6	5		
14. Algolbraun BT	IN	rötl. Grau	5—6	4—5	braun	

II. Rot und Veil.

Nr.	BF	Küpenfarbe	L. E.	W. E.	H_2SO_4	
10. I.-rot 5 GK, früher Algolrot 5 G	IK	veil	7—8	4	gelb	
9. I.-rot RK	IK	weinrot	8	4	gelb	
18. I.-korinth RK	IK	bordo	7—8	4—5	gelb	
5. Algolbordo RT, früher I.-bordo B extra	IW	gelbl. Rot	4	4—5	gelb	
16. I.-brillantviolett BBK	IK	rotbraun	7	4—5	veil	
17. I.-brillantviolett RK	IK	rotbraun	7	4—5	veil	
1. I.-brillantviolett RR	IN	klar blau	6—7	4—5	rotveil	
III. Blau.						
8. I.-dunkelblau BO ...	IN	dunkelveil	7	4—5	rotveil	
4. I.-blau GCD	IN	blau	7—8	5	grün, dann mißfarbig	
5. I.-blau 3 GN	IN	blau	8	4	grün, dann mißfarbig	
7. I.-blau 5 G	IN	grauoliv	7—8	3—4	grün, dann mißfarbig	
6. I.-blau RK	IK	rotbraun	8	5	blau	
	IN	blau	8	5	grün, dann	
1. I.-blau RSN					mißfarbig	
9. Cibanonblau G (P) ..	IN	blau	8	5	grün, dann mißfarbig	
10. Cibanonblau 3 G (P)	IN	blauveil	7—8	5	rotveil	
IV. Grün.						
1. I.-grün BB	IN	grün	8	5	grau	
I.-brillantgrün B ...	IN	klar blau	7—8	5	rotveil	
Cibanongrün B (P) ..	IN	blau	8	5	rotveil	(oxydiertes Cibanonblau 3 G)
V. Schwarz.						
2. I.-grau K	IK	rotbraun	7	4—5	grün	
5. I.-schwarz BB = Cibanon-schwarz BB ..	IN	dunkelveil	7—8	5	rotveil	Sondervorschrift s. unten

Sondervorschrift der I. G. für Indanthrenschwarz BB.

Für 100 kg Baumwollgarn in 2000 Liter Flotte werden 30 (23) kg Indanthrenschwarz BB dopp. Teig mit 65 (15) Liter Natronlauge 38° Bé und 14 (11) kg Hydrosulfit konz. Plv. nach Verfahren JN bei 60° verküpt (die eingeklammerten Zahlen beziehen sich auf laufendes Bad), 1—1¼ Stunde bei 60—80° gefärbt, abgequetscht und gründlich gespült, zuerst unter Zusatz von 0,1 g Hydrosulfit auf den Liter. Die erhaltene Grünfärbung wird zu Schwarz oxydiert entweder durch Natriumhypochloritlösung mit 1 g wirksamen Chlor im Liter oder durch 2,5% Natriumnitrit + 5% Schwefelsäure 66° Bé eine halbe Stunde. Nach dem Hypochlorit säuern, spülen, antichloren und kochend heiß seifen.

Um gut gleich zu färben, färbt man am besten auf gebogenen Eisenstäben unter der Flotte.

Ebenso wird die Marke BGA gefärbt.

Dagegen bedürfen die Indanthrendirektschwarz RB und R Teig keiner nachträglichen Oxydation.

Einige Indanthrenfarbstoffe wie Nr. I, 5, 7, 13; II, 10, 16, 17, 18, III, 6 und V, 2, besonders die Pulverware, werden besser nicht im Bade, sondern vorher für sich mit den erforderlichen Zusätzen konzentriert verküpt.

Indanthren-brillantviolett BBK, RK, RR, -olive R und -grau K schlagen beim feuchten Bügeln vorübergehend im Farbton um.

Auf Tafel II und III sind die neuesten Indanthrenfarbstoffmarken ausgefärbt. Für die Herstellung der Tafeln sei der I. G. auch an dieser Stelle gedankt. Tafel II zeigt 10 lebhafte (schwarzarme) Farben, Tafel III 4 stumpfe (schwarzreiche) und 1 Schwarz, nämlich (s. S. 611).

γ) **Künstlicher Indigo.** S. 177.

Künstlicher Indigo wird heute von der **I. G.** als Indigo MLB Teig 20%, Indigo rein BASF Teig 20% S, Indigo MLB Plv., Stückchen, MLB/OE Plv., Indigo rein BASF Plv. L, K, SL, ferner in reduzierter Form als Indigolösung BASF 20%, Indigo MLB Küpe I 20%, Küpe II 20%, MLB Küpe 60, 70, 80% Stückchen, Indigoküpe BASF 60, 70, 80% Körner, Indigoweiß BASF Teig 20% WG, Indigo MLB/W 50%, MLB/WJ 20% in den Handel gebracht.

Der Leimzusatz S. 194 kann für helle und mittlere Blau durch Leonil S ersetzt werden.

Lose Wolle S. 197 ist, wenn karbonisiert, vorher zu neutralisieren.

Bei schwer netzbarer und zu Luftflecken neigender Wolle empfiehlt sich ein Zusatz von 0,2 g Medialan A auf 1 Liter Färbeflotte.

Besser als auf offener färbt man auf der Einsatzkufe, Abb. 41; auch auf Apparaten („Umlaufküpen").

Kammzug in Bobinen (S. 198) wird in Apparaten mit 1- oder 2-seitigem Kreislauf gefärbt. Entsprechend der etwa 4mal so großen Menge Wolle verwendet man nur 1% Leim, 0,5—1,5% Ammoniak 25%ig und 1,5% Hydrosulfit konz. Pulver. Man läßt etwas länger ziehen als auf offener Küpe zwecks völliger Durchfärbung und sorgt für ruhige Flottenbewegung, um vorzeitige Oxydation zu vermeiden.

Farbstoffnachsätze führt man zwecks guter Durchmischung durch die Pumpe zu.

Tafel II.

		BF	Küpenfarbe	L. E.			W. E.	Farbzeichen
1.	I.-gelb 7 GK Plv. fein für Färbung	IK	rotbraun	5	5—6	**6**	4	1 p a
2.	I.-gelb 4 GK Plv. fein für Färbung	IK	rotbraun	6—7	6—7	**7**	4	1,8 l b
3.	I.-gelb 3 R Plv. fein für Färbung	IW	braunrot	6—7	7	**7—8**	5	3 p c
4.	I.-brillantorange RKS Plv. f.	IK	rotveil	7	7—8	**7—8**	4	5 n a
5.	I.-brillantscharlach RK Plv. f. f. Färbung	IK	rotbraun	6—7	7	**7—8**	4	7 p a
6.	I.-rot FBB Plv. f. f. Färbung	IW	stumpfes Braun	6	6—7	**7**	4—5	8 n c
7.	I.-marineblau BF Plv. f. f. Färbung	IN	blauveil	4—5	6	**7**	4	13 p d
8.	I.-blau BC Plv. f. f. Färbung	IN	blau	7	7—8	**7—8**	4—5	13,5 p c
9.	I.-türkisblau 3 GK Plv. f. f. Färbung	IK	rotbraun	6—7	7	**7—8**	4	16 n e
10.	I.-brillantgrün B Teig f. konz.	IN	klar blau	6—7	7	**7—8**	5	19,5 p c

Tafel III.

		BF	Küpenfarbe	L. E.			W. E.	Farbzeichen
11.	I.-oliv T Plv. fein für Färbung	IN	grau	7—8	8	**8**	5	1 p m
12.	I.-braun BR Plv. fein für Färbung	IW	gelbbraun	7—8	7—8	**8**	5	5,5 p i
13.	I.-grau M Plv. fein für Färbung	IN-spezial	blaugrün	6—7	7	**7—8**	4—5	13,8 n i
14.	I.-olivgrün GG fein für Färbung	IN	dunkelblau	7—8	7—8	**8**	5	23 p i
15.	I.-direktschwarz B	Sondervorschrift	rotveil			**8**	4—5	r

I. = abgekürzt für Indanthren.
B. F. = abgekürzt für beste Färbeweise (IN oder IW oder IK).
L. E. = abgekürzt für Lichtechtheit (die fettgedruckte Zahl für tiefste, die andere für hellere und mittlere Färbung).
W. E = abgekürzt für Waschechtheit bei 100° C.

Nach dem Färben verkühlt man mit kaltem Wasser auf 20—30°, setzt 2% Wasserstoffsuperoxyd 30% hinzu und oxydiert 10 Minuten bei 30°. Danach läßt man die Flotte laufen und spült. Zur Erhöhung der Dekaturechtheit kann man mit 2—5% Essig- oder 2—3% Schwefelsäure 66° Bé 10 Minuten bei 80° absäuern.

Es empfiehlt sich nur helle bis mittlere Blau nach dem der I. G. patentierten Wasserstoffsuperoxydverfahren zu färben. Dunkle färbt man besser auf stehenden Bädern. Die Bobinen müssen dann sofort nach dem Färben geschleudert und an der Luft oxydiert werden.

Die Ammonsalzküpe S. 211 wird heute von der **I. G.** in folgender Weise vorgeschrieben:

Bei 50° 1—3% Leim
1—4% Ammonsulfat und
1,5—2% Hydrosulfit konz. Pulver
12% Helindonschwarz 3 B oder T Küpe fest (vorher gelöst).

Bei zu starker alkalischer Reaktion Ammonsulfat nachsetzen.

Eingehen, ½ Stunde ziehen lassen, abquetchen, gut oxydieren lassen. Vor dem zweiten Zuge die Küpe mit Hydrosulfit und 1—3% Ammonsulfat aufbessern.

Beim Weiterarbeiten auf altem Bade 1% Hydrosulfit, 2% Ammonsulfat und 10—11% Farbstoff nachsetzen.

Das Säureausziehverfahren soll die Abquetschvorrichtung ersparen. Man färbt nach S. 193 und 209 20—30 Minuten unter der Flotte, stumpft dann aber das Alkali durch 1—4% Ammonsulfat ab und färbt noch 20—30 Minuten. Dann läßt man die ausgezogene warme Flotte ab und kaltes Wasser nach, wobei die Wolle immer unter der Flüssigkeit ist. Darauf packt man die Wolle aus und läßt sie zum Ausoxydieren einige Zeit stehen. Oder man oxydiert nach dem Verkühlen mit Wasser mittels Wasserstoffsuperoxyd (s. oben). Zum Schluß wird gespült.

δ) Indigoide Farbstoffe. S. 205.

Diese Farbstoffklasse ist in neuerer Zeit so umfangreich geworden, daß eine Unterteilung vom färberischen Standpunkt aus geboten erscheint.

I. Für Baumwolle. S. 206.

Die **I. G.** hat diejenigen Indigoiden, die sich besonders für Baumwolle eignen, unter die Gruppe der Indanthren- bzw. Algolfarbstoffe aufgenommen. Die folgende Übersicht gibt jetzige und frühere Bezeichnung, beste Färbeweise (BF), Küpenfarbe, Licht- und Waschechtheitsgrad (L. E. bzw. W. E.) an:

jetzt	früher	BF	Küpenfarbe	L. E.	W. E.	
Indanthrengelb RK	Helindongelb RN (S. 170)	IK	rotbraun	6	5	(k)
Indanthrengelb 3 RT	Helindongelb 3 RN (S. 170)	IW	bordo	7—8	5	(k)
Algolorange RF =	Helindonorange R (S. 212, 615)	Stk	blaßgelb, langsam kreß	4	5	(so)
Indanthrenbraun GR	Helindonbraun AN (S. 172)	IN	gelbbraun, schnell rotbraun	6	4—5	(sa)
Algolscharlach GG	Thioindigoscharlach GG (S. 216)	Stk	rotveil	5	3—4	
Algolscharlach GGR	Helindonechtscharlach R (S. 215)	,,	gelbbraun	4	4—5	
Algolscharlach RT = Tinonchlorrot G (Geigy)	Thioindigoscharlach G (S. 216)	,,	gelb	5	3	
Algolrot 5 B	Thioindigorot B (S. 213)	,,	goldgelb	5—6	3—4	(60)
Indanthrenbrillantrosa R		,,	gelb	5	4—5	(S. 607)
Indanthrenrotviolett RH	Helindonrot 3 B (S. 214)	,,	olivgrün	5	4—5	(S. 607)
Indanthrenviolett FFBN		IW	graublau	7	4	
Cibaviolett 3 B (I)		Stk	goldgelb	5	4—5	
Cibbordo B (S. 214)		,,	goldgelb	6	4—5	
Algolblau 3 GN	Helindonblau 3 GN (S. 218)	,,	gelbbraun, dann grün, dann blau	4	4	
Indanthrenbrillantgrün 4 G		IN	blau	6—7	5	(Pe)
Cibanongrün GC (I)		CI	dunkelveil	5	5	
Cibagrau G (I) (S. 218)		Stk	grüngelb	7	4	

Zeichenerklärung: Stk = Stammküpe, k = konzentriert zu verküpen, so = mit Soda — 15% des Farbstoffs — in der Stk, sa = mit Salz zu färben, 60 = Abseifen bei 60° genügt, Pe = 1 ccm Peregal 0 oder 20 g Dekol im Liter Farbbad bei schwierigem Gleichfärben, besonders heller Grün. C I s. S. 605.

II. Für Wolle. S. 208.

Die besonders für Wolle geeigneten Indigoiden teilt die **I. G.** in die HN- und HW-Gruppe. Beide Gruppen werden mit Stammküpe gefärbt, HN aber wie Indigo (S. 193) bei 50—55°, auch bis 65°, HW bei 60—65°.

1. Zur HN-gruppe gehören außer den S. 610 angeführten Indigomarken noch die S. 217 verzeichneten 5 Brom- und 5,5′ Dibromindigo = Indigo rein BASF Teig 20% R, Indigolösung BASF 20% R, Indigoküpe BASF 60% RR, Indigo MLB/R Teig 20% und Pulver, Indigo Ciba R und RR, ferner folgende Helindon-Farbstoffe:

(N = Teile Natronlauge 40%ig, H = Teile Hydrosulfit konz. Pulver auf 1 Teil Farbstoff, T = Temperatur der Stammküpe, F = Farbe der Stammküpe bei der Glasplattenprobe, L. E. = Lichtechtheit.)

	N	H	T	F	L. E.
H.-brillantgelb GF Pulver spez.	2,9	1,4	55	kirschrot, rasch gelb	6—7
H.-gelb CG Pulver spez. . . .	2,4	1,25	75	blaßgelb, langsam gelbbraun	5—6
H.-braun CV Pulver spez.	1,65	1,1	55	gelboliv, dann braun	7—8
H.-braun CR Pulver spez. . .	1,4	0,9	75	olivbraun, rasch braun	7
H.-khaki CR Pulver spez. . .	1,4	0,9	75	olivbraun	7
H.-scharlach GG Pulver . . .	1,6	1	55	blauveil, dann rot	6
H.-rot BB Pulver spez. . .	1,9	1,6	55	gelb, dann rot	8

Zum Bereiten der Stammküpe werden die Pulver vorher mit heißem Wasser angeteigt, manchmal auch mit Leonil SB (1 : 10) oder Monopolseife oder Alkohol, dann mit 30 Teilen Wasser (von der Verküpungstemperatur) und der Natronlauge verrührt und das Hydrosulfit eingestreut. Nach etwa 15 Minuten ist die Stammküpe fertig.

Vorteilhaft verwendet man die fertigen Küpenpulver und festen Küpen, die nur mit kochend heißem Wasser, dem je 5 Teile Leim und Hydrosulfit konz. Pulver auf 1 Teil Farbstoff zugesetzt sind, anzurühren sind. Nach kurzer Zeit kann die Lösung der vorgeschärften Färbeküpe zugesetzt werden. H.-grün B Küpe und H.-schwarz 3 B, T, R Küpe fest werden nur in dieser Form geliefert.

Das Wasser für die Stammküpe sei weich, für die Färbeküpe aber hart. Weiches Wasser muß mit Ammonsulfat zugerichtet werden, 2—4% bei 0° und 1—2% bei 10° Härte, bevor der Farbstoff zugesetzt wird. Dadurch wird die alkalische Reaktion gemildert so, daß der Farbstoff stärker aufzieht.

2. Zur HW-gruppe gehören:
Brillantindigo 4 B und
Indigo MLB/4 B (5, 7, 5′, 7′-Tetrabromindigo, S. 217),
ferner folgende Helindonfarbstoffe:

	N	H	T	F	L. E.
H.-orange R Pulver (S. 212, 613)	2,4	1	80—90	grüngelb, langsam kreß	5
H.-rosa R Pulver	4,8	1,4	65	blaßgelb, schnell rosa	8
H.-violett BBN Pulver (S. 215)	2,8	0,9	65	gelb, dann veil	8
H.-blau 3 G Pulver (S. 218, 613)	2,4	1	50	gelbbraun, schnell grün, dann blau	7—8

Die Färbeküpen für die HW-Gruppe müssen etwas alkalischer sein. Das Ausziehverfahren mit Ammonsulfat (S. 612) darf nicht angewendet werden, da die Bäder schlechter ausziehen und sogar ausgefällt werden könnten.

Auch hier ziehen die Farbstoffe in hartem Wasser kräftiger auf. Weichem Wasser setzt man Kalziumchlorid zu, bei 0° Härte 10%, bei 10° 5% Kalziumchlorid krist.

Helindonblau 3 G konz. Pulver wird am besten in weichem Wasser gefärbt.

Nach der Luftoxydation werden die Farbstoffe der HN-gruppe zur vollständigen Entwicklung mit 2—3% Schwefelsäure 66° Bé oder 3—5% Essigsäure 30% abgesäuert, indem bei 30—40° eingegangen, auf 80—100° getrieben und noch 5—10 Minuten behandelt wird.

S. Musterkarten der I. G. 63, 64 und 287 (1929), 452 (1930), 481 (1931) und 1523 (1938).

C. Für Baumwolle und Wolle.

Außer den gleichzeitig unter A. und B. angeführten Farbstoffen der I. G. eignen sich die nachstehenden Cibafarbstoffe gleich gut für beide Fasern. Für Wolle wird die Menge Natronlauge und Hydrosulfit im Stammküpenansatz ermäßigt (eingeklammerte Zahlen). Hierhin gehören:

	N		H		T		F	L. F.		W. E.
Cibagelb G (S. 212)	3,67	(2,94)	2	(1,5)	80	(70—80)	stumpfes rotveil	6	(6—7)	4—5
Cibabraun G (P)	4,4	(2,94)	2,5	(1,5)	80	(80)	rotkreß	6—7	(7)	5
Cibabraun 2 R (P)	4,4	(2,94)	2,5	(1,5)	80	(80)	rotkreß	6	(7)	5
Cibascharlach G extra (= Algolscharlach GG) .	3,67	(2,2)	2	(1,76)	40	(40)	blauveil (S. 216)	4	(6)	4
Cibarot G (S. 216)	3,67	(2,94)	2	(1,5)	70	(70—80)	rötlichblaß gelb	6	(7)	5
Cibarot R (S. 216)	3,67	(2,2)	2	(1,76)	40	(40)	blauveil	6	(6—7)	4—5
Cibarot 3 B (P)	4,4	(2,94)	2,5	(1,5)	80	(60—80)	rotgelb	6	(7—8)	5
Cibarosa BG (S. 214) . . .	3,67	(2,94)	2	(1,5)	60	(60)	rotgelb	6	(7)	5
Cibarosa B = Algolrot 5 B	3,67	(2,94)	1,2	(1,5)	60	(60)	stumpf gelbbraun	5	(7—8)	4
Cibaheliotrop B (S. 215) .	3,67	(2,94)	2	(1,5)	80	(70—80)	grüngelb	5—6	(7)	4—5
Cibaviolett 6 R (P) . . .	4,4	(2,94)	2,5	(1,5)	60—70	(70—80)	kreßbraun	6—7	(6—7)	4—5
Cibaviolett B (S. 215) . . .	3,67	(2,94)	2	(1,5)	80	(70—80)	stumpf goldgelb	6	(6—7)	4—5

a) Für Baumwolle (S. 206) wird die Färbeküpe auf 40—60° erwärmt und vorgeschärft und zwar für eine Färbung mit 1% Farbstoffpulver mit 1 ccm Natronlauge + 0,8 g Hydrosulfit, für 2% Farbstoff mit 0,5 ccm Natronlauge + 0,4 g Hydrosulfit und für über 2% Farbstoff mit 0,25 ccm Natronlauge + 0,2 g Hydrosulfit auf den Liter. Dann wird die Stammküpe durch ein Sieb zugegeben, mit der Ware eingegangen und nach ¼—½ Stunde 10—30 g Kochsalz auf den Liter Bad zugegeben.

Die Gelb und Rot werden bei 40° mit Salz, Cibarot 3 B bei 40—50 oder 60 ohne Salz, die Veil und Blau bei 60° ohne Salz, Cibaviolett 6 R bei 40—50 oder 25—30° mit Salz gefärbt.

b) Für Wolle (S. 208) wird im Allgemeinen das HW-Verfahren angewendet; das Färbebad kann aber durch Zusatz von 0,1—0,5 g Ammonsulfat auf den Liter nach ½—¾stündigem Färben nahezu erschöpft werden. Nach dem Färben abquetschen oder schleudern, ½—2 Stunden an der Luft oxydieren lassen, spülen, entwickeln mit 1—2 ccm Schwefelsäure, 66° Bé oder Ameisensäure auf den Liter bei 60° und wärmer, spülen.

Die Waschechtheit (W. E.) sämtlicher indigoider Küpenfarbstoffe auf Wolle mit Bezug auf Änderung der Farbe erreicht überall den höchsten Grad 5.

c) Für Seide (S. 212) werden heute an Stelle der Indigoiden auch Indigosole verwendet (S. 625).

ε) **Indigosolfarbstoffe.** S. 227.

Das S. 179 beschriebene Verfahren, mit Leuko-indigo-schwefelsäureester (Indigosol 0) zu färben, hat inzwischen für weitere Küpenfarbstoffe Anwendung gefunden. Auch hier hat die I. G. für einfache Bezeichnungsweise Sorge getragen, indem ein I, A oder H nach dem Farbstoffnamen anzeigt, daß der Indigosolfarbstoff sich von einem Indanthren-, Algol- oder Helindonküpenfarbstoff ableitet z. B. Indigosolgoldgelb IGK von Indanthrengoldgelb GK.

Die Indigosolfarbstoffe haben sich wegen ihrer einfachen Färbeweise immer mehr zum Färben von Baumwolle, Kunstseide, Zellwolle, Leinen, Seide und Wolle eingeführt. Ihre Gruppe ist im Laufe der letzten Jahre soweit ausgebaut worden, daß jetzt fast alle Farbtöne in hohen Echtheitseigenschaften mit ihnen hergestellt werden können. Die Indigosole färben gut durch und gleich und kommen für alle Arbeitsgebiete in Betracht.

Die Indigosole werden durch Einstreuen in heißes Wasser (60—70° C), das mit 0,5—1 g Nekal BX extra oder 0,5—1 g Igepon T im Liter versetzt ist, gelöst (nicht aufkochen). Ihre im Allgemeinen geringe Verwandtschaft zur Faser läßt sich in den meisten Fällen durch Elektrolytzusätze wesentlich steigern. Die Substantivität hängt von der Färbetemperatur ab, z. B. ziehen Indigosol-grün IB, -olivgrün IB und -braun IBR besser bei gegen 60° C, während die übrigen Farbstoffe dieser Gruppe am besten bei niederen Temperaturen ziehen.

A) Für Baumwolle.

Entwickelt wird in der Baumwoll- und Kunstseidenfärberei heute fast nur noch nach dem Nitritverfahren d. h. unter Spaltung der Ester durch Schwefelsäure und gleichzeitiger Oxydation durch salpetrige Säure. Die früher üblichen Entwicklungsverfahren mit Bichromat oder Eisenchlorid haben heute keine Bedeutung mehr. Im Allgemeinen lassen sich die Indigosole sehr leicht entwickeln. Das Nitrit kann sowohl dem Grundierungsbade, 2—5 g im Liter, als auch dem Entwicklungsbade, 0,2—0,5 g im Liter zugesetzt werden. Bei leicht entwickelbaren Indigosolfarbstoffen genügen zur Spaltung 10—15 ccm Schwefelsäure 66° Bé im Liter und 30—40° C. Bei entwicklungsträgen wie Indigosol-scharlach HB, -rosa IR extra, -brillantrosa I3B, -rotviolett IRH und -violett ABBF wird zur vollständigen und gleichmäßigen Oxydation die Schwefelsäuremenge auf 30—40 ccm im Liter und die Temperatur auf 60—70° C erhöht.

Manche Indigosole werden im unentwickelten Zustand durch Bestrahlung mit Sonnenlicht vorentwickelt, so daß die belichteten Stellen sich tiefer anfärben. Ein Zusatz von 0,25—1 g Rongalit 3 wirkt der vorzeitigen Spaltung entgegen. Am besten versieht man die Fenster der Färbereiräume mit einem Anstrich aus Ultramarinkalk.

Nach K. Stierwaldt (Neuere Erfahrungen mit Indigosolfarbstoffen, T. **1933,** 411; **1936,** 50) ist der Glaubersalzzusatz zum Farbbad von der Löslichkeit der Farbstoffe abhängig. Sehr gut löslich sind Indigosol O, OR, AZG, O4B, O6B, -scharlach IB, -violett AZB, -blau AGG und -druckschwarz IB; sie vertragen bei 20 g Farbstoff im Liter bis zu 75 g Glaubersalz. Halb so viel Glaubersalz empfiehlt sich bei den Marken Indigosol-gelb HCG, -orange HR, -scharlach HB, -rot HR, -brillantrosa I3B, -violett ABBF. Noch weniger löslich sind die Marken: Indigosolgoldgelb IRK, -braun IRRD, -rosa IR extra, -rotviolett IRH und Indigosol HB.

Ferner ist der Glaubersalzzusatz zu ermäßigen bei den Indigosolen mit ausgesprochener Verwandtschaft zur Faser, z. B. Indigosol-grün IB Teig. Nach der Verwandtschaft zur Faser ordnete Stierwaldt die Indigosole in folgender Reihe: I.-grün IBA, -goldgelb IRK, IGK,

Indigosol HB, 06B, 04B, -grün Ab, -grau IBL, -violett ABBF. Die übrigen haben so geringe Verwandtschaft, daß 20 Minuten Färbedauer ausreichen. Vergl. Übersicht S. 622 unter Fz.

Im Allgemeinen sinkt die Verwandtschaft zur Faser mit steigender Temperatur. Man ermäßigt daher das Aufziehvermögen bei den schwer gleichfärbenden Indigosolen durch Eingehen bei höherer Temperatur. Auch kann man das Aufziehen verlangsamen, indem man zunächst das Glaubersalz wegläßt, außerdem 0,5—2 ccm Natronlauge 38° Bé und (zur Verhinderung vorzeitiger Oxydation) 0,25—1 g Rongalit C auf den Liter Bad zusetzt.

W. Christ hat in einem Vortrage über die Anwendung der Indigosole folgende Maßregeln empfohlen, die beim ununterbrochenen Klotzen der Indigosole die Verwandtschaft zur Faser zurückdrängen sollen:

1. Steigerung der Temperatur bis auf 80—85° C.
2. Steigerung der Warengeschwindigkeit.
3. Möglichst kleiner Klotztrog, damit sich die Konzentration möglichst schnell einstellt, bei welcher gerade die Menge Farbstoff auf die Faser zieht, die durch den Nachsatz zugeführt wird.

Wie S. 618 erwähnt unterscheiden sich die Indigosole in leicht und in träge entwickelbare. Man hat zwei Mittel die Entwicklung, die ja in der Hauptsache in der Spaltung des Esters besteht, zu beschleunigen:

1. Steigerung der Temperatur,
2. Steigerung des Gehalts an Schwefelsäure.

Dagegen würde eine Steigerung des Nitritgehaltes wenig nützen; sie könnte sogar dadurch schaden, daß das zuviel zugesetzte Nitrit Schwefelsäure verbraucht und den Farbstoff durch Überoxydation zerstört.

Aus der Übersicht S. 622 ist zu ersehen, daß für die leicht entwickelbaren 20—25 ccm Schwefelsäure im Liter bei 50—60° genügen, während die trägen Indigosole 35—40 ccm Schwefelsäure und 90° C erfordern.

Bei der ununterbrochenen Entwicklung ist es ebenso wichtig wie schwierig, gleichen Säuregehalt im Bade inne zu halten und einer Anreicherung mit dem von der geklotzten Ware mitgebrachten Nitrit vorzubeugen. Man wählt daher auch hier einen möglichst kleinen Trog; sollte die Ware zu schnell durchlaufen, so schaltet man einen Luftlauf nach so, daß die Säure doch 8—10 Sekunden einwirkt.

Einen für die Indigosolentwicklung besonders geeigneten Trog hat K. Stierwaldt (T. **1936,** 50) angegeben. (Abb. 174). Das Chassis Ch bietet einen V-förmigen, dem Warenlauf angepaßten Hohlraum von nur 12 Liter Flotte. Die verdünnte Schwefelsäure wird durch Heizschlange s_2 im Behälter B erwärmt und fließt nach dem Mitstromprinzip mit der Ware; sie wird durch Zulaufventil z und Verteilerrohre v_1 und v_2 beiden Warenseiten zugeleitet. Zweckmäßig wird die Ware nach dem Verlassen des Troges nicht abgequetscht, damit sie möglichst viel Flotte mitnimmt und das Bad sich rasch erneuert. Damit das Bad gleich stark gehalten wird, läßt man vorteilhaft sogar mehr Schwefelsäure zufließen, als von der Ware mitgenommen wird. Die überschüssige Schwefelsäure läuft am Warenausgang bei ü über und wird abgeleitet. Dieser kleine Verlust an Schwefelsäure wird durch die

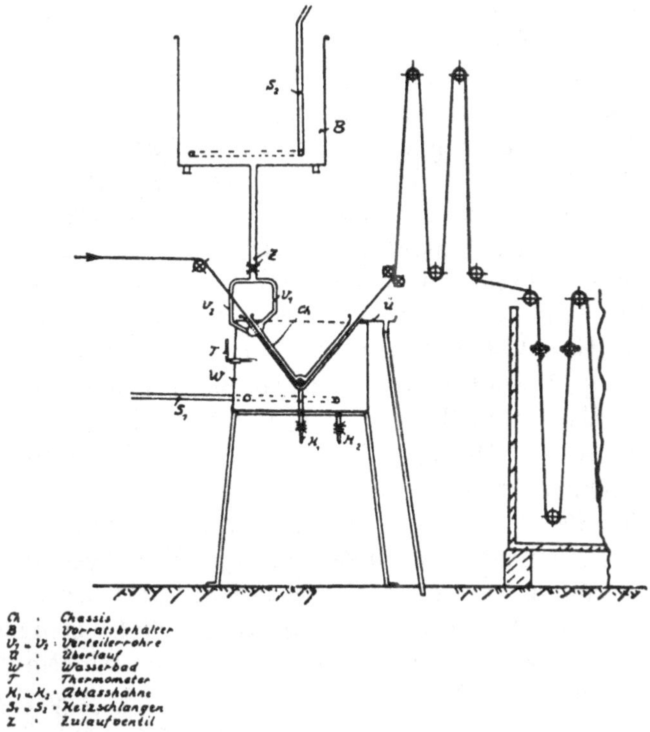

Abb. 174. Indigosol-Trog.

gesicherte Gleichmäßigkeit der Färbung und die stärkere Ausnutzung des Farbstoffes wieder eingebracht. (Selbstverständlich läßt sich der beschriebene Färbetrog auch für die Indigosolgrundierung benutzen).

Die Gleichhaltung des Entwicklungsbades wird erleichtert, wenn das Nitrit nicht dem Klotzbad, sondern dem Entwicklungsbad zugesetzt wird. Man verwendet 0,5—1 g Nitrit auf den Liter neben der erforderlichen Schwefelsäuremenge und ermäßigt die Temperatur auf 25—30° C.

Zwischentrocknung des Indigosolgrundes vor der Entwicklung empfiehlt sich ähnlich wie beim Naphthol AS-Grund (S. 243) nur bei den wenig substantiven Indigosolen. Am besten auf der Hotflue; auf Zylindertrockentrommeln nur bei wechselseitiger Führung, da sonst beide Seiten der Ware verschieden tief gefärbt ausfallen.

Verglichen mit der Pigmentklotz-Indanthrenfärbung (S. 607) ist die Indigosolklotzfärbung billiger bei hellen Färbungen. Der Farbstoffpreis fällt dann nicht ins Gewicht und die Kosten für chemische Hilfsmittel sind bei Indanthren etwa dreimal so hoch.

Wie bereits K. Stierwaldt (T. **1936,** 50) gezeigt hat, lassen sich Indigosole auch auf der Haspelkufe färben und anschließend im gleichen Bade entwickeln.

W. Dietrich (T. **1936,** 503) hat diese einbadige Färbeweise auch auf Baumwoll- und Kunstseidengarn auf der Färbemaschine von Gerber-Wansleben, Krefeld, übertragen, besonders in zarten (Pastell-) Farben. Die Schwefelsäure wird nach Beendigung des Färbens dem Bade zugesetzt, aber in beträchtlich geringerer Menge.

Für das Einbadverfahren eignen sich besonders die substantiven und leicht entwickelbaren Indigosole z. B. Indigosolbraun IBR und -olivegrün IB, die bei Salzzusatz fast vollständig ausziehen.

Zusatz von 0,3—0,6 g Setamol WS auf den Liter als Schutzkolloid wirkt günstig. Er wird bei mittleren Färbungen und bei weniger substantiven Indigosolen auf 1—1,5 g im Liter erhöht.

Auch Indigosolblau IBC kann einbadig gefärbt werden, wenn seine Substantivität durch einen Kunstgriff während des Färbens erhöht wird. Es ist ein Tetraester eines Anthrachinonküpenfarbstoffes. Durch Essigsäurezusatz können zwei Estergruppen abgespaltet werden unter Überführung in die rot bis veilen weniger löslichen und stark substantiven Di-Ester. Damit die Entesterung nicht bis zum nicht mehr substantiven Leukofarbstoff fortschreitet, wird mit 0,5 ccm 25% Ammoniak „gepuffert", bei 25° mit dem Färben begonnen, 2 ccm Essigsäure 30%ig auf den Liter zugesetzt und ganz allmählich auf 33° erwärmt. Nötigenfalls setzt man noch 1—1,5 ccm Essigsäure nach; auch ist etwaige Karbonathärte des Wassers oder Permutitalkalität des gereinigten Wassers vorher zu neutralisieren.

Das Einbadverfahren gilt zunächst für helle und mittlere Farben. Aber auch für tiefere Farben kommt es dann in Betracht, wenn sich Garne auf anderem Wege nur schwer durchfärben lassen. In diesem Falle färbt man mit Indigosolen vor und überfärbt mit Küpenfarbstoffen. Auf diese Weise wird das umständliche Pigmentklotzverfahren (S. 607) umgangen.

Das Ammoniak-Essigsäure-Verfahren eignet sich auch für die Apparatefärberei z. B. zum Durchfärben von flächsernen Kreuzspulen;

nur sieht man dann vom einbadigen Entwickeln ab und entwickelt besser auf einem besonderen Teller aus säurefestem Stoff (V4A, Steinzeug, Haveg).

Der Gefahr des Einatmens nitroser Gase bei der Entwicklung begegnet man am besten durch Jigger geschlossener Bauart. Auch kann man das Nitrit aus dem Farbbad herauslassen und mit 0,5—1 g Nitrit und der üblichen Schwefelsäuremenge im Liter in 15 Minuten kalt entwickeln; man erhält aber dann im allgemeinen nicht so tiefe Färbungen wie nach dem üblichen Verfahren. (S. Übersicht Indigosolrot JFBB).

	F	N	G	Ft	S	Et	Fz	L. E.	W. E.	T
I.-gelb HCG . . .	4	15	100	45—25	25	60	22	3—4	4	2
I.-goldgelb IGK .	1,5	12	50	50—30	25	60	55	5—6	4—5	2,8
I.-goldgelb IRK .	1,5	12	35	60—30	25	60	65	7	5	3
I.-braun IRRD . .	2,5	7,5	—	60—40	25	60	30	7	4—5	4,5
I.-braun IBR . . .	3	10	35	50—60	30	30	50	7—8	5	5
I.-brillantorange . IRK Teig	4,6	6	25	50—30	20	25—30	75	7—8	5	6 (Rundschr. Sol 71)
I.-orange HR . . .	2,5	10	50	50—30	30	70	25	4	5	6
I.-scharlach HB .	3,5	12	35	50—30	30	75	16	4—5	4—5	8
I.-scharlach IB . .	5	12	75	45—25	30	60	30	6	4—5	8
I.-rot IFBB	1,5	—	75	50—30	20	kalt	55	7	5	8 (Rundschr. Sol 65)
I.-rosa IR extra .	4,5	12	—	60—45	35	75	10	5	4—5	8,2
I.-rot HR	3,5	12	75	50—30	30	70	25	5	4	8,8
I.-brillantrosa I3B	4,5	12	35	60—40	35	75	15	5	5	8,9
I.-rotviolett IRH .	3	12	15	60—40	35	75	15	5—6	4—5	10
I.-violett ARR . .	3	12	75	40—20	30	60	30	6	4	11
I.-violett ABBF. .	2	12	35	50—30	35	75	45	6	4	12
I.-druckblau IB .	8	10	75	45—25	30	60	15	5—6	4	12,9
I.-grau IBL	2	10	100	50—30	30	60	40	5	4—5	13
Indigosol OR. . .	6	8	75	40—20	30	50	40	3—4	3—4	13,5
Indigosol O 4 B. .	2	12	35	50—30	35	75	70	4	4	13,5
Indigosolblau IBC	12	10	100	45—25	30	60	10	8	5	13,5 Teig
IndigosolblauAGG	8	12	75	50—30	30	60	15	5—6	4	13,7 (S. 540)
Indigosol O . . .	8	10	100	40—20	25	50	10	3	3—4	14
Indigosol O 6 B .	2	10	35	50—30	35	75	75	4	4	14
Indigosol AZG . .	2,5	12	60	50—30	30	60	45	4	4	14 (S. 540)
I.-grün IB(A) Teig	2,5	10	35	60—35	25	60	80	7—8	5	19
I.-grün AB	2,5	10	50	50—30	30	60	45	3	4	20
I.-olivgrün IB . .	1,5	6	25	50—60	20	60	65	8	5	21
I.-grün I 3 G . . .	3	10	35	50—30	20	kalt	66	7—8	5	22 (Rundschr. Sol 68)
I.-druckschwarz IB	10	12	100	50—30	30	70	45	4—5	4	

S. a. Musterkarte der I. G. 60 (1935).

Die vorstehende Übersicht über die heute von der **I. G.** herausgegebenen Indigosolfarbstoffe enthält die Farbstoffmengen F für tiefe Färbung auf dem Jigger, Flottenverhältnis 1 : 8 und die zugehörigen Mengen Natriumnitritt N und kalz. Glaubersalz G in g, Schwefelsäure S in ccm auf den Liter, die Färbetemperatur Ft und die Entwicklungstemperatur Et, den Farbstoffzusatz für laufende Bäder in Hundertsteln des Ansatzes Fz, die Licht- und Waschechtheit L. E. und W. E. und den Farbton im 24-teiligen Farbtonkreis T.

B. Für Wolle.

I. Das S. 180 angegebene Färbeverfahren für Indigosol O (und OR) ist inzwischen etwas abgeändert worden.

Das Färbebad wird mit dem durch Übergießen mit heißem Wasser (nicht Aufkochen!) gelösten Farbstoff, 10% Glaubersalz krist. (für hellere Färbungen), 1% Rongalit C und 3—8% Essigsäure 30% (für helle Färbungen — bis 5% Farbstoffverbrauch) oder 3—6% Ameisensäure 85% (für dunkle Färbungen) beschickt; bei 40° wird eingegangen, zum Kochen getrieben, ½ Stunde gekocht, mit 2% Schwefelsäure das Bad erschöpft, noch ¾ Stunden gekocht und durch Zulauf kalten Wassers auf 25° abgekühlt.

Das Entwicklungsbad wird mit 7 g Schwefelsäure 66° Bé auf den Liter (und für dunkle Blau zur Verbesserung der Reibeechtheit 2—4 g Indigosolseife SO) auf 1 Liter beschickt und die Ware 10 Minuten kalt laufen gelassen; dann werden folgende % Natriumnitrit in verdünnter Lösung zugesetzt:

für Farbstoff bis zu . .	1	4	10	20%
bei Indigosol 0% $NaNO_2$ . .	0,4	0,8	1,6	2,7
bei Indigosol OR % $NaNO_2$ . . .	0,3	0,7	1,4	2,4

und bei Indigosol O 1 Stunde bei 25°, bei Indigosol OR ¾ Stunden bei 50° unter langsamen Erwärmen behandelt.

Spülen, gegebenenfalls mit 2 g Soda kalz. im Liter abstumpfen, spülen.

II. Indigosolgrün IBA wird statt mit Säure mit Ammonsulfat gefärbt nach folgender Vorschrift:

Das Färbebad wird mit dem unter Zusatz von 0,3 g Hydrosulfit konz. Pulver und 0,25 g Soda auf 1 g Farbstoff kalt gelösten Farbstoff, 1% Hydrosulfit konz. Pulver und 10—20% Ammonsulfat, in ½ Stunde auf 90° erwärmt, 1 Stunde bei 90—95° behandelt und gespült.

Das Entwicklungsbad wird mit 10 g Schwefelsäure 66° Bé auf den Liter beschickt, die Ware 10 Minuten kalt laufen gelassen und folgende % Natriumnitrit in verdünnter Lösung zugesetzt:

für Farbstoff bis zu	1	2,5	5%
% Natriumnitrit	0,4	0,8	1,5

1 Stunde kalt behandeln und wie bei I fertig machen.

III. Die übrigen Indigosole, nämlich I.-goldgelb IGK, I.-braun IRRD, I.-scharlach IB, HB, I.-rosa IR extra, I.-brillantrosa, I 3 B, I.-rotviolett IRH, I.-violett ABBF, Indigosol O 4 B, O 6 B I.-blau AGG und -grün AB werden mit Ammonsulfat unter Nachsatz von Säure gefärbt und mit Kaliumbichromat entwickelt.

Das Färbebad wird mit dem durch Übergießen mit heißem Wasser gelösten Farbstoff und 5% Ammonsulfat beschickt, bei 40° eingegangen, in ½ Stunde zum Kochen getrieben, ½ Stunde gekocht, durch Zusatz von 1—10% Essigsäure 30% und ½—1stündiges Kochen das Bad erschöpft und gespült.

Das Entwicklungsbad wird mit 1—2% Ammonrhodanid (zur Vermeidung von Überoxydation und Trübung der Färbung) und 0,7—3,5% Kaliumbichromat beschickt und ¼ Stunde bei 30% laufen gelassen. Die Chromatmengen betragen in %

für Farbstoff bis zu .	1	2	5%
im allgemeinen . .	0,7	1—2	2—3
für I.-scharlach IB	0,7	0,7—1	1—3
für I.-goldgelb IGK, I.-rosa IR extra, I.-scharlach HB	1,1	1, 4—2,2	2,2—3
für I.-violett IRH, I.-brillantrosa I 3 B	1,3	1, 7—2,5	2,5—3,5

Dann werden 10 g Schwefelsäure 66° Bé auf den Liter zugesetzt, in ½ Stunde auf 85° erwärmt, ½ Stunde bei 85—90° behandelt und wie bei I fertig gemacht.

Nachstehend die Licht- und Waschechtheiten L. E. und W. E. der Indigosole auf Wolle:

	L. E.	W. E.
I.-goldgelb IGK.	7	4—5
I.-braun IRRD . .	8	5
I.-brillantrosa I 3 B .	7—8	5
I.-rosa IR extra	7	5
I.-scharlach IB . .	7—8	5
I.-scharlach HB	6—7	5
I.-rotviolett IRH .	8	5
I.-violett ABBF.	7	5
Indigosol O. .	8	5
Indigosol OR .	8	5
Indigosol O 4 B .	7—8	5
Indigosol O 6 B .	7	5
I.-blau AGG .	8	5
I.-grün AB	7	4—5
I.-grün IB Teig	8	5

C. Für Seide.

Besonders Waschseide aus unerschwerter Seide (Musterkarten der **I. G.** Sol. K. 8. (1928) und K. 52 (1933); nicht Ausstattungs-, Vorhang- und Möbelstoffe; auch nicht beschwerte Seide, höchstens in zarten Farben.

Man beschickt das Färbebad mit dem in höchstens 80° warmem Wasser vorteilhaft unter Zusatz von 1—2 g Nekal BX trocken oder 0,5 g—1 g Igepon T auf 1 Liter gelösten Farbstoff ,1% Rongalit C und 5% Essigsäure 30%ig, färbt ¼ Stunde kalt, setzt 3% Ameisensäure nach, färbt noch ¼ Stunde kalt, erwärmt langsam auf 80°, färbt noch ½ Stunde und spült.

Indigosolgrün IB wird mit 2% Hydrosulfit konz. Pulver und 10—40% Glaubersalz kalz. bei 70° gefärbt (vgl. S. 623).

Das Entwicklungsbad wird mit 1—2% Ammonrhodanid und den folgenden % Kaliumbichromat je nach Farbtiefe:

für Farbstoff bis zu	0,3	1	2	5	10%
% Kaliumbichromat	0,3 bis zu	0,6	1	2	2,5

beschickt, kurz bei 30° behandelt und 5—10 g Schwefelsäure 66° Bé auf den Liter zugesetzt, in ½ Stunde auf 80° erwärmt, noch ½ Stunde gefärbt, gespült, im letzten Spülbad mit Ammoniak entsäuert und mit 5 g Seife im Liter ½ Stunde nahezu kochend geseift.

Auf Haspelkufe und Bottich wird mit 5 g, auf dem Jigger mit 10 g Schwefelsäure im Liter Bad entwickelt.

D. Für Kupfer- und Viskosekunstseide.

Nur in hellen Farben, dunkle erfordern zu starke Bäder.

Das Färbebad wird ähnlich wie für Baumwolle (S. 618) hergerichtet. Auf 1 Liter Flotte

Farbstoff	0,5	1	3	5	10 g
Nekal BX trocken oder Igepon T	1	1	1	2	2 g
Natriumnitrit	3	4	5	6	8 g
Glaubersalz krist.	15	20	30	40	50 g

Wegen der Gefahr des Ausflockens ist weniger Salz zu nehmen bei Indigosolbraun IRRD < 5 g, I.-rosa IR extra < 30 g, I.-scharlach HB < 40 g und I.-rotviolett IRH < 15 g im Liter.

Indigosolgrün IB Teig wird unter Zusatz von 1—2 g Nekal BX trocken, 0,25—2 g Rongalit C oder Hydrosulfit konz. Pulver und 0,5 bis 2 g Soda kalz. im Liter gelöst (vgl. S. 623).

Gefärbt wird $^3/_4$ Stunde bei 45—50° in 30facher Flotte.

Auf das Abquetschen oder Schleudern folgt sofort das Entwicklungsbad mit 10—20 ccm Schwefelsäure 66° Bé im Liter 5 Minuten bei 40°. Danach schnell und gründlich spülen, zuletzt unter Beigabe von etwas Soda oder Ammoniak. Seifen $^1/_2$ Stunde bei 80—85° mit 3—5 g Marseiller Seife im Liter und Spülen.

f. Auf der Faser erzeugte Farbstoffe. S. 228.

α Azofarbstoffe. S. 229.

c) Naphtol AS. S. 239.

S. a. I. G. 133a: Naphtol AS-Anwendungsvorschriften, ferner Ratgeber Baumwolle, S. 455, Seide, Kunstseide, S. 40, 422.

I. Allgemeines.

Naphtol AS ist heute die Sammelbezeichnung für das frühere Griesheimer Rot und die verwandten Azofarbstoffe.

Zu den S. 240 erwähnten Naphtolen, Basen und Färbesalzen sind inzwischen noch folgende weitere Vertreter von der **I. G.** hinzugefügt worden:

7. Naphtol	AS-D	=	2,3-Oxynaphtoesäure-o-toluidid
8. ,,	AS-OL		,, -o-anisidid
9. ,,	AS-LT		
10. ,,	AS-BG		,, -2,5-dimethoxyanilid
11. ,,	AS-TR		,, -5-chlor-o-toluidid
12. ,,	AS-ITR		,, -5-chlor-2, 4-dimethoxyanilid
13. ,,	AS-E		,, -4-chlor-anilid
14. ,,	AS-BR		
15. ,,	AS-LB	=	Karbazol-2-oxy-3-karbonsäure-o-toluidid
16. ,,	AS-SG	=	Naphtokarbazol-2-oxy-3-karbonsäure-4-methoxy-anilid
17. ,,	AS-SR		,, -2,4 -xylidid
18. ,,	AS-GR		Anthrazen-2-oxy-3-karbonsäure-o-toluidid

Die Buchstaben hinter AS haben Bedeutung entweder für die zu erzielende Hauptfarbe z. B. AS-**G** = Gelb, AS-**LB** = Braun, AS-**S**G und AS-**S**R = Schwarz, AS-**GR** = Grün, oder für die zu erzielende Echtheit AS-**TR** = Türkischrot-Ton AS-**ITR** = Türkischrotton mit „I"-Etikett.

18. Echtscharlach TR Base	=	6-Chlor-2-toluidin
19. Echtrot RBE Base	=	4-Benzoylamino-6-amino-1, 3-xylol
20. ,, TR Base	=	5-Chlor-2-toluidin
,, salz TR 20%		
21. ,, ITR Base	=	4-Diäthylaminosulfo-2-anisidin
,, salz ITR 40%		
22. ,, salz AL	=	1-Aminoanthrachinon
23. ,, RC Base	=	4-Chlor-1, 2-anisidin
,, salz RC 20%		
24. Echtbordo GP Base	=	3-Nitro-1, 4-anisidin
,, salz GP 20%		
25. Echtkorinthsalz V konz.		

26. Echtkorinthsalz LB Base Echtkorinthsalz LB 20%	
27. Echtviolett B Base	1-Benzoylamino-4-amino-3-methoxy-6-methylbenzol
28. Echtblau BB Base Echtblausalz BB 40%	
29. Echtblau RR Base	1-Benzoylamino-4-amino-4-amino-3, 6-dimethoxybenzol
Echtblausalz RR 40%	
30. Variaminblau B Variaminblausalz B 50%	4'-Methoxy-4-aminodiphenylamin
31. Variaminblausalz RT	4-Amino-diphenylamin (Diazotat)
32. Echtschwarzsalz G	
33. Echtschwarzsalz K	

Von den S. 240 angeführten Basen ist noch die chemische Zusammensetzung folgender nachzutragen:

2. Echtorange GC Base	m-Chloranilin
3. Echtorange GR Base	= o-Nitranilin
5. Echtscharlach GG Base	= 2,5-Dichloranilin
8. Echtrot GG Base	p-Nitranilin
9. Echtrot KB Base	= 4-Chlor-2-toluidin
10. Echtrot 3 GL Base	= o-Chlor-p-nitranilin
15. Echtgranat GBC-Base	= o-Amino-azo-toluol
16. Echtblau B Base	Dianisidin
17. Echtschwarzsalz LB Base	= o-Anisyl-azo-1-naphtylamin

Von den 18 × 33 = 594 möglichen Azofarbstoffen scheiden viele für die praktische Verwendung aus, weil sie entweder in der Echtheit zurückstehen oder zu ähnlich in der Farbe ausfallen.

Es ist aber reizvoll die Abhängigkeit des Farbtons vom molekularen Aufbau zu beobachten:

So führt bei den Naphtholen der Ersatz des Naphtolrestes durch Oxykarbazol zu Braun (Nr. 15), durch Oxynaphtokarbazol zu Schwarz (Nr. 16, 17), durch Oxyanthrazen zu Grün (Nr. 18) (D. R. P. 535670, 539116 und 549983).

Bei den Basen verschiebt die Einführung von

Chlor	nach Gelb	(Nr. 1, 2, 5, 10)
Nitro	nach Rot	(Nr. 3, 4, 8)
Methyl	nach Rot	(Nr. 9, 20, 18, 12, 6)
Alkoxy	nach Rot-Veil	(Nr. 13, 23, 24)
Benzoylamino	nach Veil-Blau	(Nr. 27, 28, 29)

Auch hier scheint sich die Regel zu bestätigen, daß größeres Molekulargewicht den Farbton vertieft.

Echtheiten. S. 241.

Aus der Tatsache, daß der Farbstoff in wasserunlöslicher Form auf der Faser erzeugt wird, erklärt sich die zum Teil hervorragende Wasch-, Seif- und Sodakochechtheit.

Die Lichtechtheit ist gut bis sehr gut (in der Übersicht S. 241 sind die Grade 1—5 in 1—8 zu übersetzen).

Die Chlorechtheit ist meistens sehr gut.

Die Superoxydechtheit ist nur bei den Gelb und einigen Braun, Veil, Blau und Schwarz so, daß sie einer Peroxydbleiche widerstehen. Weniger stark greift die Chlor-Sauerstoffbleiche (Bd. IV) an.

Über die erwähnten Echtheiten, sowie Bügel- und Mercerisierechtheit fast aller 594 Farbstoffe hat die **I. G.** in ihrem Baumwollratgeber S. 558—569 wertvolle Tabellen veröffentlicht. S. a. Musterkarte 1052 (1934): Napthol AS-Färbungen und Drucke, die mit dem „I“-Etikett ausgezeichnet werden können.

Die Reibechtheit (vgl. S. 228) kann durch Beachtung folgender Vorschriften gesteigert werden:

1. Verringerung des nicht in, sondern auf der Faser niedergeschlagenen Farbstoffs durch möglichste Entfernung der mechanisch anhaftenden Grundierungsflotte (s. Entwässern S. 245).

2. Feine Zerteilung der Additionsverbindung Naphtol-Formaldehyd durch Zugabe eines Schutzkolloids. H. Gerstner (Über die färbereitechnische Wirkung oberflächenaktiver Substanzen auf die Naphtole der AS-Reihe, M. f. T. 1931, Fachheft III; Seide **1933,** 463) empfiehlt 3—5 ccm Acorit (Böhme Fettchemie-Gesellschaft auf den Liter. Die I. G. empfiehlt Laventin HW 3—5 ccm im Liter, Eunaphtol AS 8—10 ccm im Liter.

3. Verwendung möglichst substantiver Naphtole. Z. B. ziehen aus 10facher Flotte 70% AS—SW auf die Baumwolle gegen nur 20% AS.

4. Erhöhung der Substantivität durch Salzzusatz (S. 245).

5. Verwendung von Essigsäure als Alkalibindungsmittel an Stelle von Aluminiumsulfat (S. 254).

6. Starkes Seifen nach dem Färben (S. 263). W. Christ (Das Problem der Reibechtheit in der Naphtol-AS-Färberei, T. **1932,** 368) hat gezeigt, daß der nur anhaftende Farbstoff durch 8—10 g Seife im Liter in der Kochhitze kolloidal gelöst werden kann, besonders, wenn vorher zur Erhaltung feiner Zerteilung nicht heiß, sondern kalt gespült wurde. Neuerdings wird Igepal C in Verbindung mit Trilon A (je 1 g im Liter) an Stelle von Seife verwendet.

7. Feine Zerteilung des nicht aufgezogenen Anteils Farbstoff im Entwicklungsbad durch Zugabe von 1—2 ccm Diazopon A der **I. G.** auf den Liter. Dadurch wird die Entfernung durch das folgende Seifenbad unter 6 begünstigt.

8. Feine Zerteilung des nicht aufgezogenen Farbstoffs ferner durch neutrale oder schwach (Natriumbikarbonat) alkalische Entwicklung nach W. Christ (T. **1932,** 368). Vgl. Echtblausalz B. S. 255.

H. Jäger (Neutralentwicklung bei Naphtol AS-Färbungen T. **1933,** 401) hat vorgeschlagen, die Natronlauge durch Ammonchlorid abzustumpfen. Das aus dem Ammonchlorid gebildete Ammoniak vereinigt sich mit dem Formaldehyd zu Hexamethylentetramin

$$4\,NH_3 + 6\,CH_2O \rightarrow (CH_2)_6N_4 + 6\,H_2O$$

II. Grundierung. S. 242.

Art des Grundierens. S. 243.

Bündelgarn am wirtschaftlichsten im Pack mit herausnehmbaren Materialträger (zum Schleudern).

Lose Baumwolle und Kardenband auch im Pack, aber, wenn nicht ausgekocht, unter Zusatz von 1—2 g Nekal BX auf den Liter. Danach ½ Stunde schleudern zur besseren Reibechtheit und Verspinnbarkeit.

Auch Kreuzspulen im Pack, aber mit in die Hülsen eingesteckten Holzstäbchen, damit die Hülsen beim Schleudern nicht flach gedrückt und für das Entwickeln auf Spindeln geschoben werden können. Besser aber im Aufstecksystem (Thieß, Kranz) oder auf dem schleuderbaren Materialträger. (Zittauer- bzw. Obermaier Maschinenfabrik).

Salzzusätze. S. 245.

Der Salzzusatz macht die Färbung reibechter, indem besonders die Naphtole von geringerem Aufziehvermögen aus der Flotte auf die Faser getrieben werden, so daß die nach dem Schleudern oder Abquetschen noch mechanisch anhaftende Flotte weniger Naphtol enthält, das beim nachfolgenden Entwickeln im Bade auskuppeln würde.

Die Salzmenge muß genau bemessen sein.

Einige Naphtole wie AS-SG, -SR und -GR sind so substantiv, daß sie bereits ohne Salzzusatz restlos aufziehen.

Haltbarkeit der Bäder.

Auch für Lösungen von $>$ 10 g Naphtol AS-ITR im Liter empfiehlt sich der Zusatz von 2 g Leim im Liter.

Mercerisiertes Garn. S. 252.

Das Garn wird entweder vor dem Naphtolieren mit 1—2 g Nekal BX oder Laventin HW im Liter bei 50° genetzt und geschleudert oder trocken auf das mit Nekal BX versetzte Grundierungsbad gestellt.

Für den Ansatz genügt etwa die Hälfte des für gewöhnliches Garn erforderlichen Naphtols, für den Nachsatz entsprechend mehr, ungefähr das Doppelte der für gewöhnliches Garn erforderlichen Menge.

Herstellung der Grundierungsbäder. S. 247.

Bei dem beschriebenen Heißlöseverfahren ist genau darauf zu achten, daß kein Naphtolteilchen sich dem Ansteigen entzieht und alles in Naphtolat übergeht. Die Naphtolatbildung wird bei AS-TR, -SW, -BR, GR, SG und -SR durch schwaches Erwärmen der Paste gefördert.

Schneller erfolgt die Naphtolatbildung bei dem neuen Kaltöseverfahren in Folge der besseren Durchnetzung und feineren Zerteilung durch Spiritus + Natronlauge. Auf Zusatz von wenig weichem Wasser entsteht eine hochkonzentrierte schwarzgrüne bis schwarzbraune, nur beschränkt haltbare Lösung, die in das mit Schutzkolloid und Natronlauge vorgeschärfte Bad geschüttet wird. Dieses ist gebrauchsfertig und haltbar.

Lösungsvorschriften. S. 248.

Da die Vorschriften der **I. G.** genau inne gehalten werden müssen, folgen nachstehend die neuen Vorschriften für die als Beispiele angeführten 6 Naphtole:

A. Heißlösen.

1/2 (auch 7). Naphtol AS, AS-BS, AS-D.

1 kg Naphtol wird mit einem Schutzkolloid von guter Netzfähigkeit und
1,5 Liter Natronlauge 38° Bé angeteigt, die Paste etwas angewärmt und mit
15 Liter heißem Wasser, nötigenfalls unter Aufkochen, klar gelöst. Durch Zugabe von
15 Liter kaltem Wasser wird auf 50° abgekühlt,
1 Liter Formaldehyd 33%ig zugesetzt und nach 5 Minuten mit kaltem Wasser auf das erforderliche Volumen verdünnt.

3. Naphtol AS-BO.

wie vorhin, nur mit **2** Liter Natronlauge angeteigt.

4. Naphtol AS-RL.

1 kg Naphtol wird mit einem Schutzkolloid und
2,5 Liter Natronlauge 38° Bé angeteigt, die Paste etwas angewärmt und mit
20 Liter heißem Wasser, nötigenfalls unter Aufkochen, klar gelöst. Durch Zugabe von
10 Liter kaltem Wasser wird auf 75° abgekühlt,
0,5 Liter Formaldehyd 33%ig zugesetzt, nach 5 Minuten mit kaltem Wasser auf das erforderliche Volumen verdünnt und noch
0,5 Liter Formaldehyd zugesetzt.

5. Naphtol AS-SW.

1 kg Naphtol wie unter 3 angeteigt und mit
25 Liter heißem Wasser durch gutes Aufkochen klar gelöst. Durch Zugabe von
40 Liter kaltem Wasser, das mit
1 Liter Natronlauge 38° Bé versetzt ist, wird auf 40° abgekühlt,
0,5 Liter Formaldehyd 33%ig zugesetzt, nach 3 Minuten mit kaltem Wasser auf das erforderliche Volumen verdünnt und noch
0,5 Liter Formaldehyd zugegeben.

6. Naphtol AS-G.

1 kg Naphtol wird mit einem Schutzkolloid angeteigt und
2,5 Liter Natronlauge 38° Bé zugesetzt. Die Paste wird in

15 Liter heißem Wasser, nötigenfalls unter Aufkochen, gelöst, die Lösung auf das erforderliche Volumen eingestellt und bei Wannen- und Apparatfärbungen mit 30 g Glaubersalz auf den Liter Flotte versetzt.

B. Kaltlösen.

1 (auch 7, 8, 13). Naphtol AS, AS-D, -OL, -E.
1 kg Naphtol wird mit
1 Liter vergälltem Spiritus angeteigt, der Paste
0,5 Liter Natronlauge 38° Bé zugegeben, mit
1,5 Liter kaltem Wasser nach kurzem Rühren klar gelöst,
0,5 Liter Formaldehyd 33%ig zugesetzt, nach 10 Minuten die Lösung langsam in das Bad eingerührt, das mit einem Schutzkolloid und 10 (für schwache Färbungen 5) ccm Natronlauge 38° Bé auf den Liter beschickt ist.

2. Naphtol AS-BS.
wie 1, aber mit 1,5 Liter Sprit angeteigt und die Lösung sofort in das Bad eingerührt.

3. Naphtol AS-BS.
1 kg Naphtol wird mit
1,75 Liter Sprit angeteigt, der Paste
0,6 Liter Natronlauge 38° Bé zugegeben, mit
1,3 Liter kaltem Wasser nach kurzem Rühren klar gelöst.
Weiter wie unter 1.

4. Naphtol AS-RL.
wie 1., aber mit **2** Liter kaltem Wasser gelöst und die Lösung erst nach **30** Minuten in das Bad eingerührt.

5. Naphtol AS-SW.
1 kg Naphtol wird mit
1,2 Liter Sprit angeteigt, der Paste
0,4 Liter Natronlauge 38° Bé zugegeben und mit
1 Liter kaltem Wasser nach kurzem Rühren klar gelöst.
Weiter wie unter 1.

6. Naphtol AS-G.
1 kg Naphtol wird mit
1 Liter Sprit angeteigt, mit
0,7 Liter Natronlauge 38° Bé versetzt und in
2 Liter kaltem Wasser nach kurzem Rühren klar gelöst. Die Lösung wird in das Bad eingerührt, das mit einem Schutzkolloid und 3 ccm Natronlauge 38° Bé (für schwache Färbungen 5 ccm) auf den Liter Flotte beschickt ist.

Nachsatz für die Grundierungsbäder. S. 250.

Bei Stückfärbungen auf dem Foulard (S. 252) macht sich trotz des kurzen Durchlaufs doch auch das Aufziehen des Naphtols bemerkbar. Man hält daher die Nachsatzlösung etwas stärker als die Ansatzlösung. Will man das Aufziehen möglichst beschränken, so erhitze man auf 90—100°, was gut geht, weil infolge der Zwischentrocknung der Ware kein Formaldehyd zugesetzt zu werden braucht.

Die Tabellen 1 S. 250a, 2 S. 258a und 3 S. 259a werden vorteilhaft durch den Naphtol AS-Diskus der **I. G.** (Rundschreiben 690 (1931) ersetzt. Auf diesem können abgelesen werden

A. Grundierung (S. 250a).

a) Die Anzahl Gramm Naphtolnachsatz für 1 Kilo grundierte Baumwolle.

b) Die Anzahl Gramm Naphtolansatz, die bei anderem Flottenverhältnis und dem nach a) ermittelten Naphtolnachsatz die gleiche Farbstärke ergibt.

c) Das Verhältnis der Menge Natronlauge 38° Bé und Formaldehyd 33%ig zum Naphtolansatz und -nachsatz.

B. Entwicklung.

a) Die Anzahl g Base bzw. Färbesalz im Ansatzbad für schwache, mittlere und starke Färbungen bei 5, 7,5, 10, 15 und 20facher Flotte (S. 258a).

b) Das Verhältnis des Basen- bzw. Färbesalznachsatzes zum Naphtolnachsatz (S. 259a).

Koch- und bleichechte Naphtol AS-Färbungen auf Seide (Musterkarte 190 (1929) und 986 (1934) der **I. G.**). S. 253, Z. 3.

Zum Schutz der Seide betrage die gesamte Laugenmenge nicht mehr als 5—6 ccm Natronlauge 38° Bé im Liter Grundierungsbad; außerdem setzt man 2—5 g Protektol I Plv. doppelt und als Schutzkolloid 6 bis 9 ccm Eunaphtol AS (Rundschreiben 954 (1933) der I. G.) zu. Die Laugenmenge betrage aber bei schwachen Färbungen nicht weniger als 1 (bei Naphtol AS-BR 3) ccm 38° Bé im Liter.

Die genetzte und geschleuderte Seide wird in 30facher Flotte bei 20—25° 15—20 Minuten grundiert, aufgeschlagen und nach Zusatz von 5 g Kochsalz für helle, 10 g für dunkle Färbungen auf den Liter (bei Naphtol AS-G je die doppelte Menge) noch 15—20 Minuten behandelt.

Die grundierte, geschleuderte und gleichmäßig aufgestockte Seide wird in 30facher Flotte während ½ Stunde entwickelt. Die salzsaure Diazolösung wird nicht mit Kalk- oder Aluminiumsalzen, sondern mit Natriumacetat (bei Echtrot GL-Base Natriumformiat) abgestumpft und mit 0,75—3 ccm Essig- bzw. Ameisensäure 50% auf 1 g Base angesäuert (S. 634). Zusatz von 10 g Kochsalz auf den Liter erschöpft das Bad soweit, daß die Entwicklungsbäder ebenso wie die Naptholbäder jedesmal frisch angesetzt werden.

Nach dem Entwickeln wird auf der Waschmaschine alle Diazolösung entfernt, mit 3 ccm Salzsäure 20° Bé im Liter abgesäuert, gespült, zweimal 20 Minuten nahezu kochend geseift mit 5 g (bei hartem Wasser 0,5—1 g Igepon T + 3 g) Marseiller Seife im Liter, warm und kalt gespült und mit Ameisen-, Essig- oder Weinsäure geschönt.

Naphtol AS-Färbungen auf Kunstseide. S. 253, Z. 3.

Die Naphtole ziehen auf Kunstseide viel stärker als auf Baumwolle; die Ansatzbäder können daher schwächer (bei den wenig substantiven ½ bis ⅓ so stark) bereitet werden. 20—30fache Flotte auf der Wanne oder der Kunstseidenfärbemaschine. Man grundiert 15—20 Minuten bei 30° (bei den substantiveren Naphtolen zur Vergleichmäßigung bei 40°). Die Alkalimenge betrage auch bei schwachen Färbungen nicht < 1 ccm Natronlauge 38° Bé; Monopolbrillantöl sollen mindestens 2 ccm auf den Liter zugesetzt werden.

Entwickelt und nachbehandelt wird wie bei Baumwolle, jedoch darf nur ein Teil der Färbungen bei 90° (mit 0,8 g Igepon T und 5 g Marseiller Seife im Liter) geseift werden. Einige werden bei dieser Temperatur blind und vertragen nur 50—60° C.

Naphtol AS wird auch für Azetatkunstseide angewendet, besonders zur Herstellung von überfärbeechten Effekten. S. T. **1937,** 644—647.

III. Entwicklung. S. 253.

Auf Packapparaten grundiertes Strähngarn wird auf Packapparaten nicht gleichmäßig und muß daher auf der Passiermaschine oder Wanne entwickelt werden.

Bereitung der Färbebäder.

Während des Diazotierens muß die Lösung freie Salzsäure (Blaufärbung von Kongopapier) und überschüssiges Nitrit (Bläuung von Kaliumjodidstärkepapier) enthalten.

Daß die Diazotierung der Base vollständig zu Ende geführt ist, stellt man folgendermaßen fest:

Basen, die in verdünnter Salzsäure sich nicht lösen und die daher mit Nitrit gemischt in Salzsäure eingetragen werden — z. B. Echtorange GR S. 265 — müssen eine nahezu vollständige Lösung ergeben.

Basen, die sich in verdünnter Salzsäure lösen und daher in dieser Lösung mit Nitrit versetzt werden — z. B. Echtgelb GC S. 264 —, müssen beim Abstumpfen der Diazolösung mit Natriumazetat oder basischem Aluminiumsulfat bis zur kongoneutralen Reaktion klar bleiben. Man prüft eine kleine Menge; trübt sich diese beim Abstumpfen, so ist der Hauptmenge vermutlich noch etwas Salzsäure und Nitrit zuzufügen.

Neutralisation der Diazolösungen.

Statt mit Kreide wird besser mit basisch-schwefelsaurer Tonerde neutralisiert, damit die Bäder frei von Kalksalzen bleiben, die mit Aluminiumsulfat später Kalziumsulfat ausscheiden würden.

Da das Abstumpfen die Haltbarkeit der Diazolösungen stark herabmindert, soll es erst kurz vor der Entwicklung erfolgen. Zusatz von 1--2 ccm Diazopon auf 1 Liter schützt gegen Ausflockung (S. 629).

Alkalibindemittel. S. 254.

Sollte die Essigsäure die Kupplung bei kupplungsträgen Diazobasen zu sehr verzögern, so setzt man zur Abstumpfung 6—10 g Natriumazetat auf 1 Liter zu.

Kochsalz in den Färbebädern. S. 255.

Der Kochsalzzusatz unterbleibt wegen der Gefahr der Ausfällung bei den Diazolösungen von

1. Echtschwarz LB Base, Echtschwarzsalz K und Echtrotsalz AL.
2. Echtgranat GC und GBC Base bei Terrinen- und Passiermaschinenfärbung; sonst (bei Wannenfärbung) 10—20 g.
3. Bei Zwischentrocknung vor dem Entwickeln.

Bei Verwendung von Diazopon nicht $<$ 20 g im Liter.

Arbeitsweise. S. 255.

Kettbäume werden am besten auf dem Umbäumapparat entwickelt, da die Kette hier offen und in voller Breite durch den Trog mit Diazolösung geht und daher schön gleichmäßig wird.

Stückware, auf dem Foulard entwickelt, geht bei langsam kuppelnden Basen erst durch essigsaure Diazolösung; dann nach kurzem Luftgang durch ein Sodabad. Dieses Soda-Entwicklungsverfahren eignet sich besonders für Variaminblau B und Variaminblausalz RT. Die Essigsäure hält die Kupplung zurück, die aber dann im Sodabad kräftig einsetzt. S. a. Musterkarte 778 (1933) und 1052 (1934) der I. G.

Die Entwicklung von Gelb aus Naphtol AS-G auf Bündelgarn ergibt in den stark sauren Bädern leicht Streifen; man gehe deshalb stockweise ein und ziehe den eingebrachten Stock sofort 2—3mal um.

Stärke der Färbebäder. S. 258.

Wegen teilweiser kleiner Abweichungen in den Zahlen der Tabellen 2 und 3 und wegen der Ergänzung der später hinzugekommenen Basen empfiehlt es sich die neuen Tabellen im Baumwollratgeber der **I. G.** zu benutzen.

Dort sind auch die 3 Beispiele für An- und Nachsatzberechnung für Terrine, Wanne und Foulard (S. 259) durch 2 weitere für Jigger und Kettbaum vermehrt.

IV. Färbesalze. S. 261.

Die Übersicht für die Mengen Echtblausalz B und Natriumbikarbonat S. 262 gehört nach S. 263 an das Ende des Abschnittes.

V. Nachbehandlung. S. 264.

Nach R. Haller (Beiträge zur Kenntnis der Färbevorgänge, T. **1925,** 669), E. Kayser (Einfluß der Nachbehandlung auf die Lichtechtheit der Naphtol AS-Kombinationen, T. **1926,** 437) und A. Ruperti (Beiträge zur Kenntnis der Einwirkung feuchter Hitze auf Eisfärbungen mit besonderer Berücksichtigung der Naphtol AS-Farben, T. **1927,** 942) wandern die Farbstoffteilchen beim heißen Seifen und ballen sich zusammen; dadurch entsteht erst die richtige Farbe; zugleich wird dem Licht weniger Angriffsfläche geboten.

Einige von der I. G. benannte Naphtol AS-Zusammenstellungen vertragen aber kochendes Seifen nicht; die Färbungen werden zu sehr geschwächt.

Beim Nachbehandeln in kreisender Flotte (Kettbäume, Kreuzspulen usw.) erhöht man die Stärke der Seifenbäder bis auf 8 g im Liter, bei Flotten 1 : 10 sogar 12 g im Liter. Vgl. S. 629. Hartes Wasser wird vorher je nach der Härte des Wassers mit 0,5—1 g Igepon T oder 1—1,5 g Trilon A versetzt.

VI. Diazotierungsvorschriften. S. 264.

In den neueren Diazotierungsvorschriften der I. G. (Ratgeber S. 515) ist die schwefelsaure Tonerde meist durch Essigsäure als Alkalibindemittel ersetzt (S. 254). Auch sonst finden sich Verbesserungen; deshalb bedient man sich besser der neueren Vorschriften.

2. Oxydationsfarbstoffe. S. 276.

I. Anilinschwarz. S. 276.

Das Färben von Anilinschwarz ist ein Musterbeispiel für die jahrelange Ausübung eines technischen Verfahrens ohne die zugehörige theoretische Durchbildung. Jahrelang begnügte man sich mit der einfachen Tatsache der Oxydation von Anilin. Heute stellt sich das Bild auf Grund der Forschungen von R. Willstätter (B. **1909,** 2147, 4118; **1910,** 2588, 2976; **1911,** 2162), A. G. Green (B. **1911,** 2570, **1913,** 33) und E. Grandmougin (Chem. Ztg. **1913,** 844) etwa folgendermaßen dar:

Bei der Oxydation des Anilins werden mindestens 8 Anilinmolekeln indaminartig verknüpft:

$C_6H_5 \cdot NH \cdot C_6H_4 \cdot NH \cdot C_6H_4 \cdot NH \cdot C_6H_4 \cdot NH \cdot C_6H_4 \cdot NH \cdot C_6H_4 \cdot$
$\cdot NH \cdot C_6H_4 \cdot NH \cdot C_6H_4 \cdot NH_2$.

Diese Leukobase des Anilinschwarz $C_{48}N_{42}N_8$ kann durch Wegoxydieren von jedesmal 2 Wasserstoffatomen 4 Chinonstufen bilden:

$C_{48}H_{40}N_8$,

$C_{48}H_{38}N_8$ Emeraldin, Base blau, Salze grün,

$C_{48}H_{36}N_8$ Nigranilin, Base schwarzblau, Salze schwarzgrün,

$C_{48}H_{34}N_8$ Pernigranilin, Base blauschwarz, Salze grünschwarz.

Die zweite und vierte Stufe entstehen bei der Oxydation des Anilins auf der Faser; die dritte bei der Reduktion des Pernigranilins. Die Reduktion kann aber auch bis zur zweiten Stufe schreiten und dann vergrünt das Schwarz bei Gegenwart von Säure.

Das technische Anilinoxydationsschwarz, das nach S. 290, Z. 20 durch Oxydation in der Wärme bei Gegenwart von überschüssigem Anilinsalz entsteht, ist ein mehr oder weniger unvergrünliches Azinschwarz, wobei die Azinbildung unter Eintritt einer weiteren Anilinmolekel 1—3mal stattfinden kann.

Schließlich können Imidgruppen (NH) durch Sauerstoff (O) ersetzt werden, wodurch die Basizität und die Gefahr des Vergrünens weiter verringert wird.

Aus alledem ergibt sich, daß Anilinschwarz kein einheitlich zusammengesetzter Farbstoff ist und daß kaum eine Färberei dasselbe Schwarz herstellt wie die andere.

Die theoretische Überlegung ergibt weiter, daß bei der Oxydation Salzsäure frei wird, die die Pflanzenfaser schwächt (mindestens 10%). Das läßt sich aber nicht vermeiden, weil nur Anilinsalz oxydiert werden kann, nicht die freie Base.

Ein neues Verfahren zur Erzeugung von Anilinschwarzfärbungen beschreibt H. Hansen Z. f. ges. Textilind. **1936,** 520. Durch den Zusatz von Dekol wird der ungenügenden Reibechtheit des Einbadverfahrens (S. 277, 279) abgeholfen. Nach D. R. P. 631981 der **I. G.** wird die Baumwolle in 20facher Flotte getränkt mit 10—20 g Anilinsalz, 3—5 ccm Schwefelsäure 66° Bé, 5 ccm Salzsäure 22° Bé und 6—10 g Kaliumbichromat im Liter, ½ Stunde kalt behandelt, nach Zugabe von 6—10 ccm Dekol je Liter weiter ½—1 Stunde kalt behandelt, innerhalb ½ Stunde auf 60—70° erwärmt, ½ Stunde bei 60—70° behandelt, abgequetscht und ½ Stunde bei 60—70° mit 0,5 g Igepon T, 1,5 ccm Schwefelsäure 66° Bé, 2 g Kaliumbichromat und 2 ccm Dekol im Liter behandelt, gespült und aviviert mit 5—10 ccm Ramasit K.

Das für die Faser ganz ungefährliche Schwarz kann auch auf Kunstseide erzeugt werden.

Das Übersetzen mit Anilinschwarz (S. 282, 277, 148) geschieht (nach dem Färben mit 6—8% Direkttiefschwarz E extra oder RW extra oder Schwefelschwarz) mit 2,5 g Anilinsalz, 1,5—2 ccm Schwefelsäure 66° Bé, 3—5 ccm Salzsäure 22° Bé und 2—4 g Kaliumbichromat im Liter ½ Stunde kalt, nach Zugabe von 2—5 ccm Dekol 1—1 ½ Stunde kalt, in ½ Stunde auf 60—70° erwärmen und ½ Stunde bei 60—70° behandeln.

S. a. Valentin Ptschelin, Über die Sole des Emeraldinins (Koll. Zeitschr. **1937,** Bd. 78, 1, 88—97; Ref. T. **1937,** 326).

Oxydationsschwarz. S. 277, 283.

A. Linke und W. Schramek (Untersuchung der Vorgänge bei der Oxydation von Anilin zur Erzeugung von Anilinhängeschwarz, T. **1928,** 328) haben gezeigt, daß während des Trocknens in Folge der hydrolytischen Spaltung des Anilinsalzes sich Anilinbase mit dem Wasserdampf verflüchtigt unter gleichzeitiger Anreicherung der Faser mit Salzsäure bis zu einem Gleichgewichtszustand. Wollte man die damit verbundene Faserschwächung verhüten, müßte man die hydrolytische Spaltung aufhalten, damit aber zugleich den Vorgang der Oxydation, der nur bei Gegenwart von starken Säuren sich vollzieht.

Auch Haller und Lorenz (Oxyzellulosebildung beim Anilinschwarzprozeß, Bulletin d. intern. Föderation chem. und kol. Vereine, Basel **1933**; Wollen- und Leinen, **1935,** 299) schreiben die Faserschwächung der Bildung von Hydro-, nicht von Oxy-zellulose zu.

Zum Abfangen der Mineralsäure empfiehlt die Felix Sager & Dr. Gossler G. m. b. H., Heidelberg, Kollamin, eine wäßrige Lösung von 50% Ammonrhodanid, die außerdem 10% Paraphenylendiamin zur Vertiefung des Schwarz enthält.

III. Ursole, Pelzfärberei. S. 301.

Dem eigentlichen Färben geht das Zurichten voraus. Das vom Tier abgezogene Fell fängt in feuchtem Zustand sofort an zu faulen, getrocknet wird es hornig und hart. Durch das Zurichten soll ihm dauernde Dehnbarkeit und Weichheit verliehen werden. Der Vorgang ähnelt daher dem Gerben bei der Lederbereitung, insbesondere der Weiß- und Sämischgerbung.

Schaffelle werden zunächst mit Seife, neuerdings mit 2 g Pelzwaschmittel TA (I. G.) im Liter Wasser bei 38° gewaschen und entfleischt. Dann wird gegerbt. Die Schrotbeize, ein Bad von Gersten- oder Haferschrot und Kochsalz, das durch Gährung allmählich Milchsäure entwickelt, nimmt etwa 14 Tage in Anspruch; sie ist daher heute meist durch die „Schnellbeize“, Kochsalzlösung 12° Bé + 5 — 20 ccm Schwefelsäure auf 1 Liter ersetzt. Mit dieser werden die Felle bestrichen und 2—3 Tage liegen gelassen. Das Salz und die Schwefelsäure verhindern die Fäulnis, die Schwefelsäure bewirkt außerdem das Schwellen der Haut. Das Schwellen wird durch Salz aufgehoben. Anschließend werden die Felle getrocknet bzw. kräftig ausgeschleudert und mit einer wäßrigen Tranemulsion (auch fabrikmäßig hergestellten Fettungsmitteln wie Stokolicker, Lipsol usw.), der zur Bindung überschüssiger Schwefelsäure Ammoniak zugesetzt wird, gefettet. Darauf wird getrocknet und in der Läutertrommel zunächst feucht, dann trocken mit Hartholzsägespänen geläutert.

Für Kaninchenfelle kommt die Kochsalz-Schwefelsäure-Zurichtung (Leipziger Zurichtung), die Alaun- und Chromgerbung in Frage, für Lammfelle meist die Alaun- und Chromgerbung. Wildwaren werden häufig nach Art der Sämischgerbung mit Tran gewalkt.

S. a. K. W. Aus der Praxis der Rauchwarenzurichtung, D. Färb. Ztg. **1934,** 493.

Beim Färben unterscheidet man das Tunken oder Durchfärben, bei dem Haare und Leder gefärbt werden, und das Streichen oder Blenden, bei dem der Farbstoff nur auf die Haarspitzen aufgetragen wird.

Auch bei dem dem Färben meistens noch vorausgehenden Töten, S. 302, unterscheidet man Tunktötung — 2 Stunden einlegen in eine Lösung von 5 g Soda kalz. und 1 g Leonil S (oder 1 g Pelzwaschmittel) im Liter Wasser von 28°, spülen, schleudern — und Streichtötung mit Ätznatron-, Kalk- oder Ammoniaklösungen.

Die älteren Färbeverfahren lehnen sich eng an die damalige Gespinstfärberei an:

Schwarzfärben mit einer Tinte aus Blauholz, Eisenvitriol oder holzsaurem Eisen und Kupfervitriol.

Grau- und Blaufärben mit Gallus- oder Sumachextrakt und Eisenvitriol auf Eisenbeize (vergl. S. 69).

„Sealfarbe“ durch mehrmaligen Aufstrich von Anilinschwarz mit nachfolgendem Kaliumbichromatbad und einem Rötungsbad aus Rotholz, Blauholz.

Schließlich das Bleisulfidverfahren (D. R. P. 6095), weiße Spitzen auf dunklem Grund: Abwechselnde Bäder von Bleiazetat und Ammonsulfid und Behandeln der Spitzen mit Salzsäure (weißes Bleichlorid) oder Wasserstoffsuperoxyd (weißes Bleisulfat). (F. König, Das Zurichten und Färben der Pelze, Z. angew. Ch. **1914,** 529).

Die neueren Verfahren mit Ursolen leiten sich von dem ersten Patent von E. Erdmann im Jahre 1888 her. Sie bestechen durch ihre Einfachheit, haben aber bei ihrer Einführung mit erheblichen Schwierigkeiten zu kämpfen gehabt, die jedoch heute infolge der erhöhten Reinheit der Farbstoffe keine besondere Rolle mehr spielen.

Schwierigkeiten bestanden und bestehen z. T. auch heute noch in der durch Ursole hervorgerufenen Hautreizung. Nach Erdmann, Z. angew. Chem. **1905,** 1377, sind die schließlich gebildeten Chinoniminfarbstoffe unschädlich, aber die bei der Oxydation entstehenden Zwischenverbindungen, namentlich das Chinondiimin, reizen die Schleimhäute und können zu Atem- und Magenbeschwerden, auch zu Hautausschlägen führen.

Man hat Abhilfe durch Herstellung reinerer Farbstoffe, Verbesserung der Arbeitsverfahren, möglichste Vermeidung von Staubbildung geschaffen; Hautausschläge werden mit Resorzinspiritus behandelt und die Hände mit 1—2%iger Formaldehydlösung gewaschen.

Ursolfarbstoffe und ihre Färbungen sublimieren. Dieser Übelstand hängt mit der für die Färbung gewählten Beize und der mehr oder weniger großen Sorgfalt beim Färben zusammen. Einwandfrei hergestellte Färbungen sind genügend bis gut sublimierecht.

Durch die Ursolfärbung werden Stoffe ausgelaugt, die das Leder geschmeidig machen. Werden die Felle nach dem Färben in geeigneter Weise eingestrichen z. B. mit

20 g Chromosal B
50 g Kochsalz
75 g Chromopol

im Liter Wasser und in üblicher Weise fertig gemacht, so wird das Leder wieder geschmeidig.

Im Anfang der Ursolfärberei bereitete die Erzielung eines einwandfreien Schwarz einige Schwierigkeiten. Heute läßt sich mit den Ursolen und den neuen Pelzfarbstoffen, den Ursatinen, und unter Mitverwendung des neuen Ursolgrundierblau BL ein ebenso ausgezeichnetes Schwarz herstellen wie mit Blauholz.

Auch in Braun und Grau haben die Ursolfarbstoffe die Pflanzenfarbstoffe verdrängt.

Durch die Behandlung der gefärbten und ungefärbten Felle mit Eulan NKF extra der **I. G.** (5% vom Trockengewicht der Felle in 30facher Flotte bei 35° C, 4—16 Stunden, kurz spülen, schleudern, fertig machen) erhalten sie einen dauernden Mottenschutz.

Einzelheiten s. die Pelzmusterkarten der **I. G.** z. B. Nr. 723 (1933) sowie den „Ratgeber für die Veredlung von Pelzwerk" der **I. G.;** Z. f. ges. Text. Ind. **1935,** 399 und **1937,** 299; Kurt Nestler, Rauchwarenveredlung, Verlag Ziemßen.

g) Beizenfarbstoffe. S. 303.

α) In der Baumwollfärberei behauptet nur noch Alizarin für Rot das Feld. Alizarinrot erhält von einer Mindestfarbstärke ab das „I“-Zeichen (S. 541). Die übrigen Beizenfarbstoffe sind meist durch die echteren, lebhafteren und einfacher zu färbenden Küpenfarbstoffe (S. 604) ersetzt.

Die Alizarinrotmarken S. 304 Z. 8 sind von der **I. G.** von bläulich nach gelblich geordnet: $B_1 — B_5$, $R_1 — R_5$ und $G_1 — G_5$. Alizarin B_1 für bläuliches Rot ist 1,2-Dioxyanthrachinon, Alizarine für gelbliches Rot sind Anthrapurpurin = 1,2,7-Trioxy- und Flavopurpurin = 1,2,6-Trioxyanthrachinon. Purpurin = 1,2,4-Trioxyanthrachinon ist zu teuer. Ob die Tönung bläulich oder gelblich ist, zeigt ohne Weiteres die Auflösung in Natronlauge.

Altrot S. 304.

Es wird noch viel auf Garn für Markisenstoffe, Buntbleichartikel und Inlet gefärbt. Seine unübertroffene Echtheit gründet sich einmal auf das sorgfältige Ölen vor und das kräftige Reinigen nach dem Färben.

Die Reaktionen und Wirkungsweise des Zinnsalzes beim Rosieren S. 306, Z. 22 erklärt Walter Hees T. **1937,** 525 durch die Hydrolyse der entstandenen Zinnseife zu fettsaurem Zinnhydroxydul + Natriumstannit $NaHSnO_2$. Dieses reduziert nach der Gleichung

$$2\ NaHSnO_2 + H_2O \rightarrow SnO(ONa)_2 + SnO \cdot H_2O + 2\ H$$

besonders schnell beim Kochen die mißfarbenen Bestandteile des Türkischrotlackes, entfärbt sie und führt sie in eine lösliche, leicht entfernbare Form über.

Die Verfahren II, S. 306, IV, S. 312, V, S. 313, I, S. 317 und IV, S. 319 werden nicht mehr angewandt.

Das Verfahren II, S. 317 wird neuerdings abgekürzt. Die geölte Ware wird bei 60° in der Hotflue oder Trockenkammer getrocknet und nicht mehr gedämpft; ebenso wird nach dem Beizen bei 45—50° getrocknet; dem Färbebad werden 2% Leim zugesetzt, um das Rot reibechter zu machen (aber auch gelber); nach dem Färben wird gewaschen, getrocknet und — ohne zu ölen — gedämpft; geseift werden bläuliche Rot kochend, gelbliche bei 75°.

Die Chrombeizverfahren 2—4 S. 321—322 werden nicht mehr angewandt.

Beim Rosieren unter Druck kann die Reduktion bis zur Ausscheidung metallischen Zinns gehen, wobei die Baumwollfaser angegriffen wird. Die reduzierende Wirkung der Rosierflotte kann durch einen Zusatz von Indanthrengelb G nachgewiesen werden, welches hierbei in seine blaue Leukoverbindung übergeführt wird.

β) Wolle. S. 326.

(Musterkarte Geigy 939 (1937), I. G. 740 (1933).)

Die Reihenfolge der Beiz- und Färbeverfahren ist nach ihrer heutigen Bedeutung umzukehren. Das Färben auf Vorbeize (Zweibadverfahren S. 326) ist durch das Entwicklungsverfahren (S. 331) sowie auch durch das Färben mit Küpenfarbstoffen verdrängt worden. (M. K. 139 (1929) und 815 (1933) lose Wolle, 326 (1930), 1075 (1937) Kammgarn der I. G.; 878 (1934) Kammzug von Geigy).

1. Chromkalientwicklung. S. 331.

Zusatz von 1,5—3% Protektol II N erhält die Wolle geschmeidig und spinnfähig.

Zusatz von 0,3—1% Igepon T befördert das Gleichfärben.

Gut gleichfärbende Farbstoffe können gleich mit 2—4% Schwefelsäure angefärbt werden.

In der Apparatefärberei empfiehlt es sich, keine Säure nachzusetzen, sondern von vornherein die ganze Säure (2—5% Essigsäure 30%) und 10% Ammonsulfat zuzugeben.

Blanke Kupfergefäße sind möglichst zu vermeiden. Muß doch darauf gearbeitet werden, so gibt man vor den übrigen Zusätzen 0,5% Ammonrhodanid vom Gewicht der Wolle in das Färbebad, rührt auf und erst nach ¼ Stunde die übrigen Zusätze.

Bei eisenhaltigem Wasser sind solche Farbstoffe zu wählen, die widerstandsfähig gegen Eisen sind (Collé, T. **1937,** 520).

2. Chromfluoridentwicklung. S. 331, Z. 2 v. u.

Sie dient wegen der geringeren Wasch- und Walkechtheit nur noch in der Stückfärberei z. B. für Marineblau.

Man färbt wie unter A. S. 331 — also nicht mit 3—5% Schwefelsäure — und setzt zum besseren Durchfärben 1% Leonil S oder ½% Igepon T zu.

3. Beizen und Färben gleichzeitig in einem Bade. S. 330.

Musterkarte Nr. 448 (1930) der **I. G.** „Die Metachromfarbstoffe" und 1075 (1937) „Die Chromfarbstoffe".

Der Metachrombeize entspricht die Eriochromalbeize von Geigy.

Zum besseren Gleichfärben empfiehlt die **I. G.** ½% Leonil S und zur Schonung der Faser 1,5—3% Protektol II N zuzusetzen.

Für das Färben auf Apparaten wird das trockene Gut mit ½—1 g Leonil SB auf 1 Liter Flotte ½ Stunde bei 40° vorgenetzt; Kreuzspulen können bei 45° mit ½ g Igepon T + 1 — 2 g Ammoniak 25%ig auf 1 Liter Bad gewaschen werden.

Stückware läßt man auf dem mit 10% Glaubersalz krist., der kochend heiß gelösten Metachrombeize und nötigenfalls ½% Leonil S und 1,5—3% Protektol II N beschickten Bade bei 60° 10 Minuten laufen, dann nach Farbstoffzugabe weitere 10 Minuten und treibt in ½—1 Stunde zum Kochen. Man kocht noch 1—1 ½ Stunden.

Beim Chromatverfahren S. 331 Z. 1 der Ciba und der I. G. wird statt Metachrombeize 1—3% Chromkali (die Hälfte vom Farbstoffgewicht, für tiefe Färbungen möglichst nicht über 2 ½% vom Gewicht der Ware) dem mit 15—30% Glaubersalz krist. und 3—4% Essigsäure 40% beschickten Bade zugesetzt, bei 50—60° eingegangen, langsam zum Kochen getrieben, ¾ Stunden gekocht, 1—2% Ameisensäure 90% nachgesetzt und noch ¾ Stunden gekocht.

4. Färben auf Vorbeize. S. 328.

S. a. Band I S. 210.

Bei der Chromkali-Milchsäurebeize zieht das Chrom so vollständig auf die Faser, daß weniger empfindliche Waren gleich auf demselben Bade hinterher gefärbt werden können.

Man beschickt das Bad mit 1 ½% Chromkali, 3% Milchsäure und 1% Schwefelsäure, geht bei 40° ein, treibt in ½ Stunde zum Kochen und kocht noch ¾—1 Stunde. Dann wird auf 40—50° abgekühlt, mit Ammoniak neutralisiert, Farbstoff zugegeben, langsam zum Kochen getrieben, ½ Stunde gekocht und durch Zugabe von 3—5% Essigsäure erschöpft.

Tonerdebeize. Z. 6 v. u.

Zur besseren Befestigung des Farblackes setzt man dem Farbbad 2% Tannin zu (Band I, S. 130, Z. 1).

Nachbehandeln mit Beize. S. 330, Z. 6.

Dies macht sich bei denjenigen Chromentwicklungsfarbstoffen nötig, die, auf Chromsud gefärbt, nur einen ungenügenden Chromlack bilden; man verwendet 0,25—0,5 % Chromkali.

γ) Seide. S. 333.

Musterkarte 922 (1936) von Geigy.

Die S. 335 beschriebenen Einbadverfahren werden nicht mehr angewandt, dafür die Chromkalientwicklung (vergl. S. 642).

Man färbt wie beim Zweibadverfahren unter Zusatz von 2—5% Essigsäure oder 0,5—2% Schwefel- oder Ameisensäure, geht bei 30 bis 40° ein, steigert langsam auf 70—80°, nach einer halben Stunde auf 90°, nach ¼ Stunde — wenn der Farbstoff ausgezogen ist, nötigenfalls nach Zusatz von etwas Essigsäure — gibt man die Hälfte vom Farbstoffgewicht, aber nicht über 1,5% Chromkali zu und entwickelt ¼ Stunde bei 80° und ¼ Stunde nahezu kochend.

Zum Schluß wird heiß geseift, gespült und geschönt.

Bei Chromfluoridentwicklung nimmt man die gleiche Menge wie Farbstoff, aber nicht über 4%.

Änderungen in der Farbstoffzusammenstellung. S. 335.

Nicht mehr im Handel:

I. 1.; 2. die Marken Beizengelb G, GR, Salizingelb, Walkgelb; 3.; 4. die Marken Alizaringelb GG, Beizengelb 2 GT, Anthrazengelb GG; 5.; 8. die Marken Alizaringelb R, Beizengelb, Anthrazengelb, Terrakotta; 10.; 11. die Marke Säurealizarinbraun; 13.

II. 1. s. S. 641. An die Stelle der S-Marken S. 337 ist Alizarinrot W Pulv. getreten. 4. heute an Stelle der Marke W/Teig die Marke Pulv.

III. 8. die Marken Chromblau, Azochromblau, Azorubin; 9. die Marken WB und WG; 10. alle Marken außer S; 11. alle Marken außer RR, WRR; 12. die Marke Anthrolblau, die Anthrazenblaumarken außer WR; 13.

IV. 1. heute nur noch Marke S Pulv.; 2.

V. 1. Nur noch Diamantschwarz F; nicht mehr 2., 5., 6. die Marke Palatinchromschwarz S; 7. nur noch Marke F; 9. nur noch Marke Salizinschwarz UL; 11. nur noch Marke WX extra S.

Bei dem Chromentwicklungsschwarz soll nicht über 40° C eingegangen werden. Lediglich bei Säurealizarinschwarz R, RW, RGW, RG, RP, 3 B extra geht man bei 60—70° C ein und gibt erst kurz vorher 4—5% Schwefelsäure 96% ins Bad. Die Chromkalimenge beträgt in der Regel ⅓ des Farbstoffes.

3. Die Diamantschwarz PBB, PV und PVT sollen nach dem Schwefelsäurezusatz nur 20 Minuten kochen, dann bei abgestelltem Dampf ½ Stunde nachziehen.

Neuere lichtechte Azofarbstoffe der Eriochromgruppe von Geigy sind nachzutragen bei

II. 2. -rot 3 G, 6 G und 3 B; 5. -violett V und 5 B;

III. 4. -azurol G;

V. -grau 3 BL, AB2L und als hervorragende Abendfarbe ausgezeichnete Marke 3 GL.

Neuere lichtechte Chromentwicklungsfarbstoffe der I. G. wie Säurealizarin-flavin R, GGL und -rot G, 3BG, Diamantrot 3 B Säurealizarinbordo B und Alizarinlichtgrau BBLW werden gern auf Kammzug gefärbt, der mit Helindonrot BB Küpenpulver nach dem HN-Verfahren (wie Indigo) vorgefärbt wurde.

Färberei. S. 342.

A. Pflanzliche Fasern.

a) Allgemeines.

Über das Färben der seltener vorkommenden Fasern wie Flachs, Hanf usw. gibt der Ratgeber der **I. G.** 1200 (1925) erschöpfende Auskunft.

Vorbehandlung der Baumwolle. S. 342.

An die Stelle des früher allgemein üblichen Abkochens und nötigenfalls Bleichens ist heute eine unterschiedliche Behandlung getreten, die sich nach dem Verarbeitungszustand des Farbgutes und nach dem einzuschlagenden Färbeverfahren richtet. Man kann danach unterscheiden:

I. Gar keine Vorbehandlung erfordern lose Baumwolle oder Kardenband, die auf Apparaten mit substantiven oder Schwefelfarbstoffen dunkel angefärbt werden sollen. Es genügt dem Farbbad ein Netzmittel wie Nekal BX trocken (Heft 70 (1929) der **I. G.**), Humectol CX (Bd. I, 345), bei Immedialfarbstoffen besonders die dem Bronzieren entgegenwirkenden Eulysin A (Bd. I, 360 und Merkblatt 182 (1928) der **I. G.**) oder Igepon T (Bd. I, 346 und Heft 629 (1931) der **I. G.**) zuzusetzen.

II. Netzen.

1. mit anschließendem Färben auf dem Netzbad bei Kreuzspulen, Kettbäumen auf Färbeapparaten und leichteren Stückwaren auf Färbemaschinen;

2. auf stehendem Netzbad bei Strähngarn.

III. Abkochen offen oder Beuchen unter Druck von 1—1 ½ Atü mit Soda (kalz. 3—5%, 2—3 g im Liter) unter Zusatz von Netzmitteln.

1. bei loser Baumwolle und Kardenband, die für helle Farben anschließend gebleicht werden sollen (auf Übergußapparaten).

2. bei Strähngarn, das bei niederer Temperatur gefärbt werden soll (Bd. IV S. 62). Damit keine Luft zu der mit der heißen Lauge getränkten Baumwolle treten kann, darf der Kessel erst geschlossen werden, wenn die Lauge angefangen hat zu sieden; auch läßt man nach Beendigung des Kochens die Lauge unten ablaufen und schickt sofort heißes und dann kaltes Wasser hinterher. Zum Schluß wird leicht gesäuert und gespült.

3. bei leichter Stückware (auf dem Jigger 1—2 Stunden).

IV. Entschlichten und Beuchen bei stark geschlichteter Stückware. Das Entschlichten durch Gärung steht heute im Vordergrunde (Bd. IV S. 85) mit

1. Diastafor, etwa 0,2% nicht über 70°, mehrere Male hindurchnehmen, aufgerollt etwa 6 Stunden liegen lassen, spülen.

2. Biolase N extra Plv. (Rundschr. Kalle 1177/27), 0,5% in kaltem Wasser gelöst und zur 50—55° warmen (3—4fachen) Flotte gegeben. Nach 3—4maligem Hindurchnehmen auf dem Jigger 1—2 Stunden liegen lassen und warm spülen.

Biolase verträgt auch höhere Temperaturen z. B. 80—90°, bei 50—55° wirkt sie am besten. Günstig ist ferner die vorherige Quellung der Stärke durch kurze Behandlung der Ware in heißem Wasser.

3. Viveral E konz. (Rundschr. Kalle 937/30) 0,15—0,3% nicht über 50—55°.

V. Chemische Reinigung mit z. B. Tetrachlorkohlenstoff (Asordin der **I. G.**) in Benzinwaschmaschinen

1. bei Geweben, die mit Paraffin, Ceresin, Montanwachs, Hartfetten und dergl. geschlichtet sind,

2. bei Trikotwaren, die durch Öl beschmutzt sind.

VI. Bleichen:

1. ohne vorhergehende Kochung (Kaltbleiche Bd. IV S. 51) bei Garnen, denen das natürliche Wachs und der darauf beruhende weiche Griff erhalten bleiben soll, aber nicht bei hellen Küpenfärbungen. Man pumpt Chlorlauge 1° Bé unter Zusatz von 0,2—0,5 g Nekal BX trocken im Liter 3—4 Stunden durch das Garn hindurch, danach Wasser 20 Minuten, und säuert mit Salzsäure ¾° Bé ab.

2. Chlor-Sauerstoffbleiche (Bd. IV S. 166) bei Buntgeweben. a) Chlorlauge mit 2% wirksamen Chlor + 2% Ätznatron + 1% Soda 1—1½ Stunden bei 30—40°, kurz spülen mit Zusatz von 0,25% Natriumbisulfit.

b) 1% Natriumsuperoxyd + 1,5% Wasserglas 2½—3 Stunden bei 40—80°, Absäuern, Spülen.

3. mit vorhergehender Kochung (Bd. IV S. 52, 62, 66) bei loser Baumwolle, Kardenband, Garn und Gewebe.

An Stelle von Chlorkalk wird vorteilhaft Kalziumhypochlorit mit 70% wirksamen Chlor (Bd. I, S. 221, „Perchloron" der **I. G.**) angewandt (3 g im Liter = 2 g wirksames Chlor im Liter) oder auch Natriumhypochlorit.

Nach dem Bleichen wird gespült, mit Schwefelsäure ½° Bé abgesäuert, gespült, antichlort mit 1—2 g Bisulfit 38° Bé im Liter ¼—½

Stunde kalt, im gleichen Bade mit Schwefelsäure abgesäuert und gespült.

4. mit nachfolgender Blankitbehandlung (Bd. IV, S. 46) bei hohen Ansprüchen an das Weiß bzw. die Reinheit der nachfolgenden Färbung, aber nicht bei Buntgeweben. Das Weiß wird wohl hauptsächlich durch die Reduktion des auf der Faser befindlichen Eisenoxyds und seine Ablösung verbessert; zugleich wird das Chlor zerstört (antichlort).

1 g Blankit I + 1 g Soda kalz. im Liter $\frac{1}{4}$—$\frac{1}{2}$ Stunde, bei 40^0 eingehen, allmählich auf 95^0 erwärmen; vorteilhaft setzt man noch 1 g Marseiller Seife auf den Liter zu.

VII. Reservieren („Immun“-garn).

Durch Veresterung der Baumwollzellulose, vorgenommen von der I. G. Farbenindustrie A. G., Werk Mainkur, verliert die Baumwolle ihre Anfärbbarkeit durch die meisten substantiven, Immedial- und Küpenfarbstoffe. Auch gefärbte Garne können reserviert werden, wenn sie mit reservierfesten Farbstoffen gefärbt sind (I. G. 1093, 1935); sie werden dann z. B. zu bunten Rändern in Rohstrümpfen verwirkt (S. 512).

b) Färbevorrichtungen. S. 344.

Die einfachste Vorrichtung trägt in den verschiedenen Gegenden Deutschlands verschiedene Bezeichnungen: im Rheinland Barke, in Sachsen Wanne, auch Bottich, in Thüringen und Schlesien Kufe (vergl. Abb. 7, 8, 9, 25, 41 und 181). Sie dient zur Aufnahme des Farbbades (Farbflotte). Das Farbgut wird eingebracht und von Hand oder mittels Färbemaschinen in der Flotte bewegt. Diese Art des Färbens ist da angebracht, wo es gilt, Schwierigkeiten beim Gleichfärben zu überwinden.

Das umgekehrte Verfahren wird bei den Färbeapparaten eingeschlagen: Das Farbgut ruht und die Flotte wird hindurchgetrieben. Dadurch wird das Farbgut geschont. Halbgespinste wie Kardenband und Vorgarne können nur auf Apparaten gefärbt werden. Das Gleichfärben ist naturgemäß bei der Apparatefärberei erschwert, weshalb nur solche Farbstoffe und Verfahren angewandt werden können, bei denen ungleiches Anfärben kaum zu befürchten ist.

S. a. P. Weyrich, Das Färben und Bleichen der Textilfasern in Apparaten, Berlin 1937.

Die früher zu den Färbevorrichtungen benutzten Werkstoffe haben alle den einen oder andren Mangel, der durch die Unbeständigkeit gegenüber den Einwirkungen der Farbbäder hervorgerufen wird.

Der älteste Werkstoff für Färbevorrichtungen, das Kupfer, hat den Vorteil, leicht sauber gehalten zu werden und war daher in der Woll- und Seidenfärberei gern gesehen. Bald erkannte man aber seine Beizwirkung auf dafür empfängliche Farbstoffe und die damit einhergehende Trübung der reinen Farben. So wirkt es auf viele saure und substantive Farbstoffe. Für Schwefelstoffe ist es ganz ungeeignet, weil es von Natriumsulfid stark angegriffen wird. Bei substantiven Färbungen setzt man besser keine Soda zu. Über den schützenden Zusatz von Ammonrhodanid s. Bd. I, 233.

Eisen, besonders Gußeisen, hat den Vorteil, den alkalischen Bädern der Baumwollfärberei gut zu widerstehen. Dagegen ist es ganz unbeständig gegen Säuren, selbst die schwachen Gerbsäuren, ferner gegen Kupfervitriol.

Blei hat sich zwar für Wasser- und Dampfleitungen bewährt, für Färbevorrichtungen kommt es nicht in Frage, weil schon Spuren, die durch sauren oder alkalischen Angriff in Lösung gehen, die gefürchteten Bleiflecken in Folge Einwirkung von Schwefelwasserstoff hervorrufen können.

Holz ist billig, färbt sich aber mit den substantiven Baumwollfarbstoffen zu stark mit an. Man kann daher immer nur dieselben Farben auf hölzernen Vorrichtungen färben, wenn man nicht ihre Lebensdauer durch öfters Ausbleichen verkürzen will.

Xylolith (Steinholz) der Deutschen Xylolith-Platten-Fabrik, Freital-Dresden, ein erhärtetes Gemenge aus MgO, $MgCl_2$ und Füllstoffen, insbesondere Holz, gibt einen festen, elastischen, staubfreien Fußboden.

Zu den neueren Werkstoffen gehören:

Haveg (Säureschutzgesellschaft Berlin-Altglienicke), ein Gemisch aus Bakelit (Bd. I, 272) und Asbest, Sp. Gew. 1,6, beständig gegen Temperaturen bis 130°, gegen Säuren und Alkalien, neuerdings sogar Laugen, unbeständig gegen Salpeter- und Chromsäure; formbar, preßbar; etwaige Sprünge oder Risse können mit Havegit leicht verkittet werden.

Steinzeug, ganz unempfindlich gegen alle Färbeflotten, als „Pyroton" der Deutschen Ton- und Steinzeugwerke A. G., Krauschwitz bei Muskau O. L., auch gegen schroffe Temperaturwechsel beständig, bester Werkstoff für Pumpen und Rohrleitungen an Bleichapparaten, aber wegen der schwierigen Formgebung nur für einfache Apparate verwendet.

Porzellan, ebenso unempfindlich, wird auch nur als Platten in Zementwände (Alba-Porzellankufen G. m. b. H., Chemnitz) oder in Gummi (Keramchemie, Siershahn, Westerwald) verlegt.

Hartgummi gibt einen gut schützenden Überzug über eiserne Wannen und Kessel.

Keratex (Chlorkautschuk) der Keramchemie-Berggarten, Siershahn (Westerwald) bildet einen festen Anstrich gegen Rost, Säuren, Alkalien, Salze, Benzin, Alkohol, Formaldehyd, Mineralöle usw. trocken bis 100°, naß bis 60°.

Keragel (bitumen) derselben Firma ist ein Anstrich gegen Abwässer und Schwaden mit nur Spuren Säure oder Lauge trocken bis 180°, naß bis 60°. Keratol ist ein Kunstharz-Anstrich, Keraplast ein Anstrich für Färbekufen.

Säurekitt „Höchst" (I. G.) dient für säurefeste, Asplit (I. G.) für sodabeständige Verfugungen.

Monel, Nickelin, V 2 A, V 4 A s. S. 684.

Die Pumpe, S. 344, Z. 7 v. u. kann als der wichtigste von den drei Bestandteilen eines Färbeapparates bezeichnet werden. Sie ist gewissermaßen das Herz des Getriebes, von dessen zuverlässiger Arbeit das Gelingen der zu färbenden Ware abhängt.

Die Maschinenfabrik Eduard Esser, Görlitz, macht darüber in ihrem Betriebsblatt Nr. 2 folgende wertvolle Angaben:

Für Färbeapparate eignen sich nur Pumpen mit Drehbewegung. Wir unterscheiden drei Arten:

Räderpumpen fördern durch Ineinandergreifen zweier grob gezahnter, in ein Gehäuse eingeschlossener Räder; sie leisten zu wenig und nutzen sich schnell ab.

Rotationspumpen fördern in der Regel durch gegenläufige Drehbewegung zweier halbmondförmiger Drehkörper in einem eiförmigen Gehäuse, die bei jeder Umdrehung eine gewisse Flüssigkeitsmenge abgreifen und von hinten nach vorn schieben; die großen Reibungsflächen nutzen sich schnell ab.

Kreisel- (Rotations-, Turbinen)pumpen fördern durch Schleuderkraft; sie haben nur wenig reibende Flächen und nutzen sich nur wenig ab.

Aber auch diese geeignetste Pumpe verlangt gute Pflege als da ist Füllen der Stopfbüchse mit bester Packung; Schmierung der Wellenlager und Losscheiben; öfteres Durchstoßen der Schmierlöcher an den Losscheiben; Einbau von Kugellagern in die Losscheiben;

bei Abnahme der Leistung Auseinandernehmen der Pumpe und Entfernen der im Laufrad festgesetzten, den Querschnitt verengernden Fasern; Abwaschen etwaiger Harzschicht (aus den Holzbottichen) mit Benzin;

bei Rückgang der Leistung bei Kochtemperatur kurzes Öffnen der Lufthähne am höchsten Punkt des Pumpengehäuses zum Ablassen der angesammelten Luft;

Ersatz schadhafter Flanschendichtungen an den mit dem Bottich verbindenden Rohrteilen durch gute Klingeritplatten (mit Hanf-, Baumwoll-, Asbest-Fasern innig verbundene Kautschukmasse);

Nachschleifen undichter Hähne oder Ventile;

Anbringen nicht entfernbarer Bezeichnungen an den Hähnen, um die Wege der Flotte klar erkennen zu lassen.

Kreiselpumpen für Färbeapparate bauen auch:

Aschersleben er Maschinenbau A. G., Aschersleben, Fr. Göppel, Bochum, H. A. Hülsenberg, Freiberg in Sa., G. Schiele, Frankfurt am M.-Bockenheim, Benno Schilde, Hersfeld, H.-N. u. a.

1. Lose Baumwolle. S. 344.

Für das Färben loser Baumwolle dienen heute die Modelle BA (Abb. 175) und USAO (Abb. 176) von Obermaier & Co., Neustadt a.d.H.

Abb. 175. Färbeapparat Modell BA.

Abb. 176. Färbeapparat „USAO".

Die „radiale" Flottenrichtung der Obermaierschen Apparate ermöglicht es im Gegensatz zu der „parallelen" (z. B. in Abb. 122) das Gut in den runden Materialträgern, ohne umzupacken, hintereinander zu färben, zu spülen und zu schleudern.

Apparate mit Überguß wie in Abb. 118 eignen sich nicht für Baumwolle, da diese in Folge ihrer geringen Dehnbarkeit im nassen Zustand einen festen, schwer zu durchdringenden Block bildet.

Aus demselben Grunde sind offene Färbeapparate überhaupt im Nachteil, weil sie nicht gestatten, die Flotte durch genügend kräftigen Druck durch das Gut zu pumpen.

Geschlossene Färbeapparate haben ferner den Vorteil geringerer Wärmeverluste und Nebelbildung sowie durch Fernhaltung der Luft

Abb. 177. Färbeapparat, Modell SA.

geringerer Verluste an Natriumsulfid und Hydrosulfit bei Schwefel- und Küpenfärbungen.

Abb. 177 zeigt den Universal-Apparat „SA“ (aus dem sich „USAO“ entwickelt hat) der Firma Obermaier, Neustadt a. d. Haardt, im Bilde, Abb. 178 im Durchschnitt mit (im Gegensatz zu „BA“) schleuderbarem Packzylinder. Der Apparat besteht aus

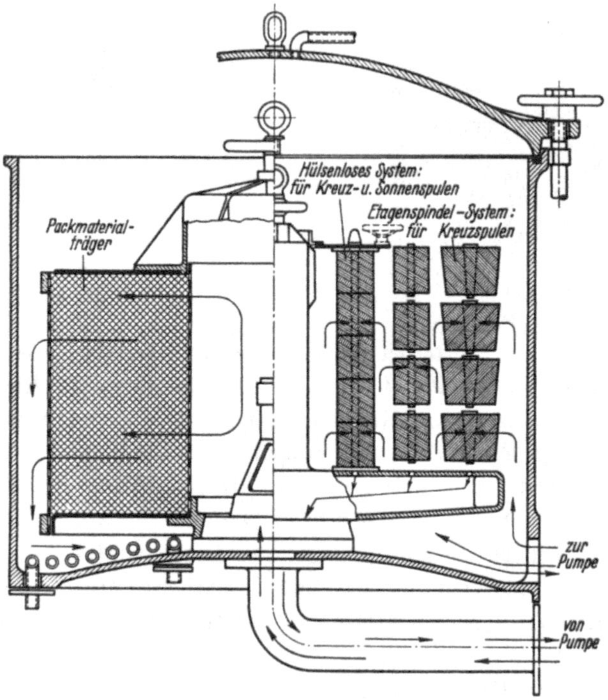

Abb. 178. Färbeapparat, Modell SA, Durchschnitt.

1. einem schmiede- oder gußeisernen Behälter für das Färbebad mit Heizschlangen am Boden,

2. entweder a) dem darin befindlichen Warenbehälter, dem sog. Zylinder mit durchlochten Mänteln für Packsystem (Abb. 178, linke Hälfte)

oder b) dem Igel (Abb. 58) zur Aufnahme von Kopsen und Kreuzspulen im Aufstecksystem

oder c) einer Platte mit senkrechten Spindeln zum Aufstecken der Kreuz- oder Sonnenspulen (Abb. 178 rechte Hälfte),

3. einer Pumpe für den Flottenkreislauf.

Er kann offen sein wie auf der linken Hälfte dargestellt (Modell „USAO“, Abb. 175) oder geschlossen wie auf der rechten Hälfte von Abb. 178 angedeutet (Modell „USAG“, Abb. 179), für höhere Ansprüche.

Einen großen Fortschritt bedeutet die auf der Leipziger Frühjahrsmesse 1938 gezeigte neue elektro-automatische Umsteuerung der Firma Obermaier („Obermaier Automatik", Abb. 180.)

Die Anzeigeinstrumente für Druck und Temperatur sind an dem Schaltkasten seitlich vom Bottich angebracht. Gleich darunter befinden sich der Druckknopfschalter für die Pumpe und die Schalter für die automatische Umsteuerung. Eine rote Signallampe zeigt an, daß die Pumpe in Betrieb ist.

Die Stellung des Umsteuerorgans wird durch eine Einstellscheibe mit Sinnbildern angezeigt; sie ist auf den ersten Blick ersichtlich; eine Beschriftung braucht nicht erst gelesen zu werden.

Schon lange verwenden Obermaier eine Zeitschaltuhr für das selbsttätige Umstellen beim Färben von innen nach außen oder umgekehrt.

Abb. 179. Färbeapparat „Modell USAG".

Abb. 180. Obermaier „Automatik".

Alle Teile sind gekapselt und gegen Verschmutzung geschützt.

Der einfache Apparrat entspricht dem heutigen Streben im Maschinenbau, alle Bedienungselemente an einer Stelle zu vereinigen, wodurch unnütze Wege bei der Bedienung erspart werden.

Lose Baumwolle und Kardenband, ferner Ketten in Strähnform und Baumwollgarn in Strähnform kann im Pack mit substantiven (Musterkarte 1307 (1936)), Schwefel-, Indanthren- (Musterkarte 553 (1931) der **I. G.**) und basischen Farbstoffen gefärbt werden.

2. Kardenband. S. 347.

Zu den beiden angegebenen Verfahren: 1. im Pack, wobei jeder Wickel zusammengepreßt, mit Schnüren unterbunden und so über die darunter liegenden geschichtet wird, daß die Fugen verdeckt werden, 2. in Spulen, heute auch in Apparaten von Obermaier, kommt neuerdings das Färben von Kardenband nach dem Aufbäumverfahren von B. Thies, Coesfeld, in Aufnahme. Bis zu 36 Kardenbänder werden mittels der Kardenband-Aufbäummaschine von W. Schlafhorst & Co., M.-Gladbach (Abb. 181), unter Berieselung mit kaltem Wasser auf einen durchlochten Kettbaum gewickelt (für 80—100 kg Kardenband) und in den Kettbaumfärbeapparat von B. Thies gestellt. Die Flotte wird

Abb. 181. Patent-Kardenband-Bäummaschine.

zunächst durch Vakuum durch das Gut gesaugt zwecks gründlicher Entlüftung und darauf mittels Pumpe mit wechselnder Richtung hindurchgeschickt. Küpenfärbungen gelangen dann auf das Absaugegestell und von da in den Spülapparat, der das Spülwasser hindurchsaugt und in den Flottenbehälter befördert, wo es abfließen kann. Küpenfärbungen werden darauf in einem Entwässerungsapparat gedämpft und durch Entlüften bis auf 50% entwässert. Nach Mitteilungen der Versuchsfärberei der **I. G.** (T. **1932,** 150) lassen sich indanthrenblau gefärbte Kardenbänder, denen beim Entwickeln Igepon T zugesetzt wurde, später auf der Strecke besser verziehen.

3. Garn. S. 347.

I. Strähngarn.

Die einfachste Vorrichtung für Strähngarnfärberei veranschaulicht Abb. 182. Die Kufe (Barke, Bottich, Wanne) ist meist aus Holz, häufig aus Kupfer, in neuerer Zeit aus Ton, innen mit Porzellankacheln ausgelegt, oder aus Haveg (Bakelit) oder V 4 A. Liegt auf dem Boden eine Dampfschlange, so schützt ein durchlochter „blinder" oder „falscher" Boden vor Berührung mit ihr (Abb. 183). Je 2 „Handvoll" Strähne werden auf die Stöcke gehängt, „aufgesteckt". Ist die ganze „Partie" in die „Flotte", d. h. das Farbbad eingebracht, so wird von zwei Arbeitern umgezogen, indem jeder eine Handvoll mit der Hand wendet, oder beide Handvoll werden von ihnen mit Hilfe des „Stechers“, eines zugespitzten Stockes, der zwischen die Strähne geschoben wird, gleichzeitig gehoben und gewendet (Abb. 184). Ist die ganze Partie umgezogen, so wird „versetzt“ oder „durchgesetzt“, d. h. die beiden Arbeiter fassen immer je 2 Stöcke gleichzeitig, schwen-

Abb. 182. Farbwanne für Strähngarn.

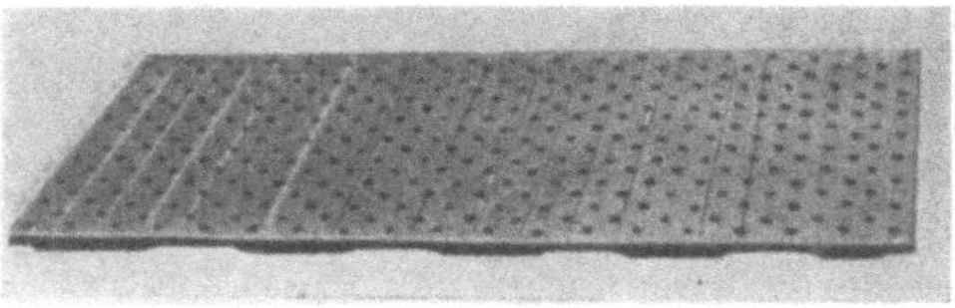

Abb. 183. Siebboden.

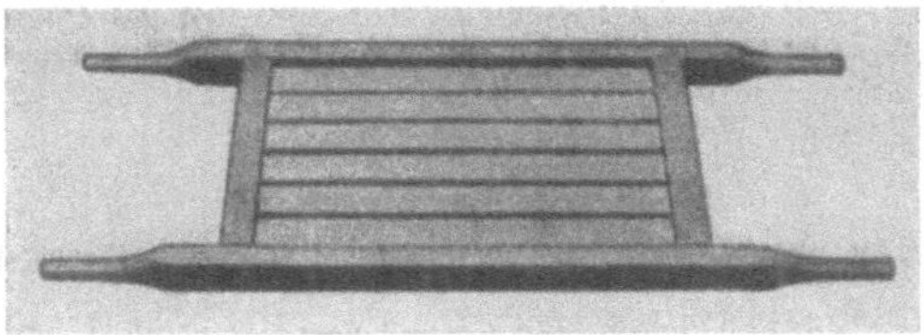

Abb. 185. Trage.

Abb. 184. Stecher.

ken sie und setzen sie etwa 1 m weiter wieder nieder. Nach dem Färben wird auf die „Trage“, Abb. 185 zum Abtropfen geworfen.

Die Wannen für das Färben von Baumwollsträhngarn sind in der Regel 60—70 cm breit und 70—80 cm hoch (S. 348, Abb. 44). Die Länge richtet sich nach der Größe der zu färbenden Partie. Eine „Hunderter“-Wanne, d. h. für 100 Pfd. engl. = 45 kg muß bei dem üblichen Flottenverhältnis 1 : 20 rund 1000 Liter fassen, mithin etwa 2 Meter lang sein.

Die Bodenventile sind aus Messing und werden durch Gummistopfen mit Abzugshaken aus V 4 A-Stahl verschlossen. Die Abflußrohre sollen 5—6 cm Durchmesser haben.

Der Strähngarnfärbemaschine der Niederlahnsteiner Maschinenfabrik nach D. R. P. 396030 (S. 350) ähnelt die der Bemberg-Maschinenbau A. G. nach D. R. P. 291999. Der Wendemechanismus bewegt sich mit Hilfe einer Laufkatze über den Bottich hin. Solche Maschinen eignen sich besonders für die Herstellung von Stapelfarben wie Türkischrot und Anilinschwarz.

Zum Färben kleinerer Partien eignet sich besser die Strähngarnfärbemaschine von Gerber und von Wilhelm Taschner, Krefeld (Abb. 186 und Bd. II, S. 280). Ihre Vorläuferin war die Garnwasch-

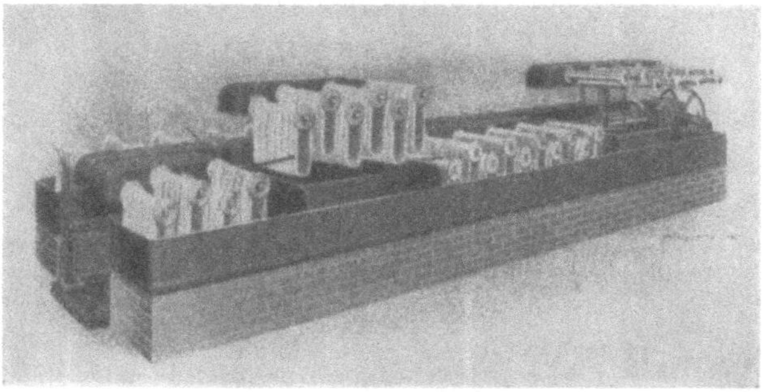

Abb. 186. Strähngarnfärbemaschine.

maschine (Abb. 6, S. 77). Bei der Färbemaschine können aber die Garntragwalzen gruppenweise hydraulisch gehoben werden (zum Beschicken) und gesenkt werden (zum Eingriff in die drehenden Zahnräder). Sie sitzen exzentrisch auf ihren Achsen. Das darunter befindliche Becken kann durch Schotten geteilt werden.

Das Färben der verschiedenen Farbstoffgruppen auf Baumwollsträhngarn ist bei diesen beschrieben. Bei mercerisierten Garnen ist der schnelleren Farbstoffaufnahme Rechnung zu tragen. Bei substantiven und Schwefelfarbstoffen verringert man Salzzusatz und Temperatur und setzt, besonders bei hellen Farben Netzmittel wie Seife, IgeponT, Humectol CX, Peregal OL oder LOK zu. Bei Schwefelfarbstoffen erhöht man die Natriumsulfidmenge.

Küpenfarbstoffe für helle Farben nach dem IN-Verfahren werden mit nur der 2—3fachen Menge Natronlauge 38° Bé und der 1—2fachen Menge Hydrosulfit konz Plv. des Farbstoff-Pulvergewichts bei 60° verküpt und die Stammküpe nach und nach dem mit 1 g Igepon T, 2—4 ccm Natronlauge und 2—3 g Hydrosulfit im Liter beschickten 30° warmen Färbebad zugegeben. Zusätze von Dekol oder Peregal verbessern das Durchfärben. Für schwer durchzufärbende Stickgarne empfiehlt sich die Anwendung des Pigment (Prästabitöl)-Klotzverfahrens (S. 607) oder Indigosolfärbung (S. 618).

In jedem Falle müssen mercerisierte Garne vor dem Färben gleichmäßig trocken sein.

Apparate. S. 352. Z. 7 v. u.

Das Hängesystem (Abb. 132, S. 450) eignet sich für Baumwollsträhne weniger gut, weil diese schwerer sind als Wollsträhne. Die Flotte vermag sie daher nicht von den oberen Aufhängestäben abzuheben. Man muß daher entweder die Flotte stärker strömen lassen durch Ersatz der Propeller durch Pumpen oder man hält die Garnträger in Bewegung. B. Müller, vorm. Müller & Krieg, Friedeberg, Qu. bewirken dies

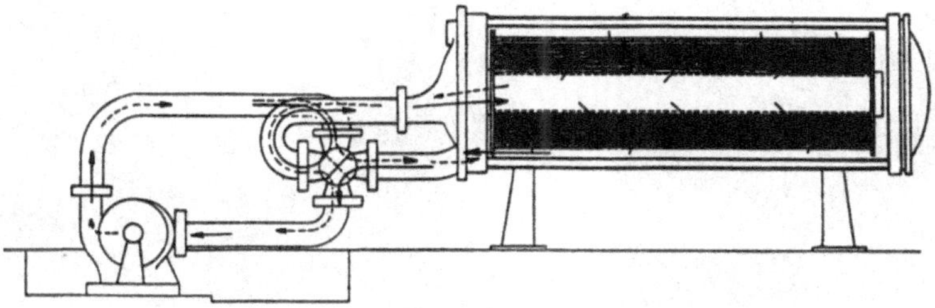

Abb. 187. Liegender Kettbaumfärbeapparat.

durch mechanisches Heben und schnelles Fallenlassen der Garnträger um eine kleine Strecke, wobei der Strähn der Bewegung nicht so schnell folgen kann und sich abhebt. Küpenfarbstoffe können überhaupt nicht nach dem Hängesystem gefärbt werden wegen der ungleichmäßigen Oxydation.

II. Gezettelte Ketten auf dem Kettbaum. S. 354.

Diese Art der Baumwollgarnfärberei (Abb. 187) arbeitet nicht nur am wirtschaftlichsten im Vergleich zur Kreuzspulen- oder gar Kopsfärberei, sie gibt auch die größte Gewähr für gleichmäßigen Ausfall der Färbung.

Der Färbebaum nimmt viel mehr Garn auf und bietet zur Anschmutzung eine kleinere Oberfläche. Zur Entfernung des Schmutzes brauchen nur 2—3 Garnlagen abgewickelt und dem Abfall überantwortet zu werden.

Der durch Schleudern z. B. auf der pendelnden Kettbaumschleuder „PKS“ von Obermaier (Abb. 188) oder Vakuum entwässerte Färbebaum kann ohne Trocknung der Schlichtmaschine vorgelegt werden.

Wenn der Färbebaum gleichmäßig umwickelt wurde (500—1000 Fäden) färbt er sich auch gleichmäßig. Gewickelt werden soll 1. von feststehenden konischen Spulen, nicht von rollenden, die den Faden je nach dem Betrag des Ablaufes ungleich spannen, 2. unter Einschaltung einer Fadenbremse, am besten einer allen Fäden gemeinsamen Bremswalze. Solche Zettelmaschinen für Färbebäume bauen W. Schlafhorst & Co., M.-Gladbach (Abb. 189).

Die Färbeapparate mit stehenden Färbebäumen verdrängen diejenigen mit liegenden, weil sie den Anschluß von Hilfsapparaten und dadurch einen laufenden Betrieb gestatten.

Abb. 188. Kettbaumschleuder „PKS".

Abb. 189. Schnellzettelmaschine von W. Schlafhorst, Gladbach.

III. Kops oder Kreuzspulen. S. 356.

Der Kop ist ein nur 50—100 g schwerer beiderseits konisch zulaufender Garnkörper mit glatter Wickelung. Wenn die Spinnerei sämtliche Kopse einer Partie nicht gleichmäßig, sondern bald härter, bald weicher gewickelt hat, so gibt sich dies durch dunklere Färbung der weicheren, leichter durchlässigen Kopse und hellere Färbung der härteren Kopse zu erkennen. Ein zweiter Übelstand ist die viele Handarbeit für die kleinen Garnkörper. Aus diesem Grunde spulen die Färbereien heute die Kopse auf die bis zu 1 kg schweren Kreuzspulen mit gekreuzter und daher lockerer Wickelung um, wobei gleichzeitig Fehlstellen im Garn erkannt und rechtzeitig ausgemerzt werden.

1. Im Pack. S. 357.

Substantive und Schwefelfarbstoffe für Stapelfarben, vor allem aber die wenig substantiven Naphtol AS Grundierungen werden noch gern auf eingepackte Kreuzspulen gebracht. Man hat dabei wenig Arbeitsauf wand, kurze Flotte und die Möglichkeit gleich im Apparat zu schleudern.

Stärker aufziehende Farbstoffe können nicht im Pack gefärbt werden, weil der größte Teil sich bereits an der Eintrittsstelle der Flotte auf der Faser befestigt und das übrige Gut nur noch von einer schnell schwächer werdenden Farbflotte durchströmt wird.

Die Spulen werden am besten senkrecht in den Behälter eingesetzt und die obere Schicht so über die untere, daß die Fugen bedeckt werden. Wenn die Papphülsen, auf die das Garn gespult ist, zu weit herausragen, können sie mit dem kleinen Hilfsapparat der Zittauer Maschinenfabrik herausgezogen und dafür ein Faden eingezogen werden; nach dem Färben wird eine neue etwas schwächere Papphülse eingeschoben.

2. Aufgesteckt. S. 358.

a) Das Aufstecken und Abnehmen der Kopse von den Spindeln muß sehr vorsichtig, am besten von weiblicher Hand, geschehen. Die Spitze des Kopses soll das oberste Loch der Spindel nur gerade überdecken und nicht weiter hinaufreichen. Der Fuß muß gut dicht aufsitzen. An der Spitze umgebogene oder sonstwie beschädigte Kopse sind aus der Partie auszustoßen. Der Kop soll nicht gerade aufgeschoben werden, wobei er leicht Widerstand findet und sich verzieht, sondern mit leichter Drehung, damit der Kopskanal nicht beschädigt wird.

Der mit Kopsen beschickte Materialträger muß nach dem Einsetzen in den Färbebottich gut abdichten.

Genetzt wird zunächst mit von außen nach innen durchtretender Flotte; umgekehrt besteht die Gefahr, daß die noch leichten Kopse von den Spindeln wieder herunter gedrückt werden. Am besten saugt man im Anfang die Netzflüssigkeit durch Vakuum an, um die Luft schnell herauszuholen.

Gefärbt wird zunächst von innen nach außen, dann mit wechselnder Flottenrichtung. Bei offenen Apparaten immer von innen nach außen. Darauf wird abgesaugt.

Kreuzspulen werden nach dem Aufstecksystem (Abb. 178 rechte Hälfte) gefärbt, wenn es sich um Farbstoffe von starkem Aufziehvermögen, z.B. Küpenfarbstoffe, handelt. Zur gleichmäßigen Durchfärbung müssen auch die Kreuzspulen mit gleichmäßiger Spannung gewickelt sein (W. Reiners, Der Verlauf der mittleren Garnzugkraft beim Abzug von Spinnkötzern auf Kreuzspulmaschinen, T. **1936,** 197, und Ein neuartiger Garnzugmesser, T. **1935,** 707; ferner W. Zänker, Die Fehler beim Färben von Kreuzspulen und die Möglichkeit ihrer Verhütung, D. Färberztg. **1926,** 915).

Die Spindeln werden heute von Ernst Pabst, Aue, nicht mehr mit runden Löchern versehen, die sich leicht verstopfen, sondern mit länglichen. Auch liefert die Firma anstatt der Spindeln, an denen die

Papierhülsen leicht ankleben, Spindelstücke mit Rand als Fuß-, Mittel- und Verschlußstücke zum Abdichten der Hülsenränder.

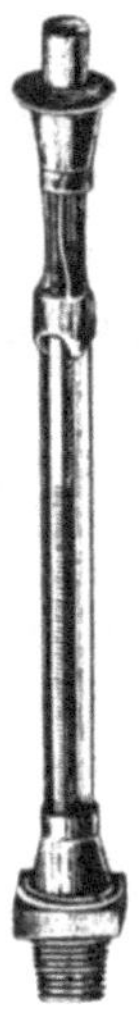

Abb. 190. Dreikantspindel von Geidner, Kempten.

Die Dreikantspindel von W. Geidner, Kempten (Abb. 190), und die Emkaspindel von B. Müller, Friedeberg, eine Stahlbandspirale, verfolgen das gleiche Ziel, verlangen aber härteren Hülsenwerkstoff wie Edelstahl oder gehärtete Pappe (E. Adolf A. G., Reutlingen und Pam & Co., Habelschwerdt).

Ohne Spindeln kommt H. Krantz, Aachen, aus (D.R.P. 290526, S. 690).

Außer dem in Abb. 57 S. 359 dargestellten offenen Apparat baut die Zittauer Maschinenfabrik auch einen geschlossenen, bei dem der Färbeigel gleich mit dem Deckel verbunden ist; ferner Obermaier das Modell KAMG u. a.

Um die Kreuzspulen gleich im Färbeapparat schleudern zu können, sind 2 Wege beschritten worden:

Die Zittauer Maschinenfabrik verhindert das Abfliegen der Spulen von den Spindeln durch einen Anpreßteller („Patent Emka").

Obermaier & Co. befestigt die Spindeln auf der Innenseite des Färbezylinders in seinem Sonderapparat „ASA", Abb. 191/192.

Abb. 191. Sonderapparat „ASA" und Obermaier.

4. Webware. S. 364.

I. Im Strang.

Die Kufe S. 364, Z. 7 v. u. dient für leichte, dünne Gewebe wie Batist, Frotté und Voile, besonders aber für Trikot. Das Flottenverhältnis beträgt das 1 ½—2fache der Strähngarnfärberei; daher weichen die Vorschriften kaum voneinander ab. Die Kufe ist gewöhnlich 140 cm tief, oben 150 cm, unten 100 cm lang und 300 cm breit, so daß 8—10 Stücke zu 15—18 kg nebeneinander laufen können. Die großen Flotten

Abb. 192.

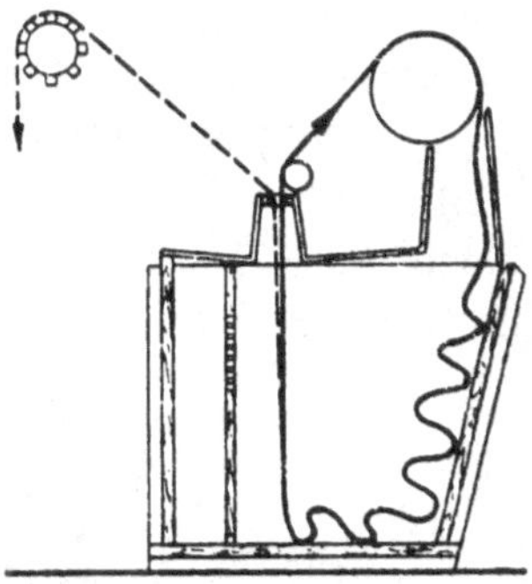

Abb. 193. Geschlossene Haspelkufe, System F. A. Bernhardt, Zittau.

werden möglichst laufend gebraucht; das Spülen und etwaige Nachbehandeln geschieht dann auf einer zweiten Kufe. An Stelle des Haspels befindet sich oft ein Paar hölzerner Walzen; die untere wird angetrieben, die obere ist während des Färbens abgehoben und wird erst zum Abquetschen niedergelassen. Gefärbt werden substantive, Schwefel-, Anthrachinonküpen- und Indigosolfarbstoffe; die Indigosole vorzugsweise nach dem Nitritverfahren, indem nach dem Färben bis auf 80—90% vom Trockengewicht der Ware abgeschleudert und anschließend 5—10 Minuten entwickelt wird. Man verwendet vorzugsweise leicht entwickelbare und gut aufziehende Indigosole wie Indigosol-goldgelb IGK, IRK, I.-braun IBR, IRRD, I.-scharlach IB, I.-rot IFBB, I.-blau IBC, Indigosol HB, I.-grün IB, I.-olivgrün IB und I.-grau ILB. Auf der Haspelkufe arbeitet man am günstigsten nach dem Einbadverfahren S. 621.

Bei heißem Färben empfiehlt sich die Verwendung der geschlossenen Kufe z. B. nach F. A. Bernhardt, Zittauer Maschinenfabrik, Abb. 193, s. a. Abb. 221.

II. In der Breite. S. 365.

1. Jigger. S. 365.

Für einen gleichmäßigen Ausfall in der Farbe empfiehlt sich auch am Jigger der Ersatz der Handarbeit durch selbsttätige Umsteuerung

z. B. bei dem Breitfärbeautomat, System BFA der Maschinenfabrik Rüti, vorm. Caspar Honegger, Rüti-Zürich (H. Nabholz, Neuerungen an Färbejiggern mit selbsttätiger Umsteuerung, T. **1932,** 266). Die Stoffgeschwindigkeit bleibt gleich und kann groß sein, weil die Umschaltung selbsttätig bei still gestellten Wickelwalzen, also ohne Zerrung oder Stoß erfolgt. Die Spannung bleibt gleich und kann auf dem Mindestbetrag gehalten werden, der noch keine Falten entstehen läßt. Die Ausbreiter verändern ihre Lage selbsttätig so, daß immer nur ein kleiner Abstand von der Warendocke bleibt und keine neue Falten entstehen können. Nach Ablauf der gewünschten Anzahl Durchgänge („Enden") oder Hin- und Hergänge („Touren") wird selbsttätig abgestellt.

Auch die S. 365—370 beschriebenen Jigger von C. G. Haubold, Chemnitz und Zittauer Maschinenfabrik, Zittau, sind so verbessert

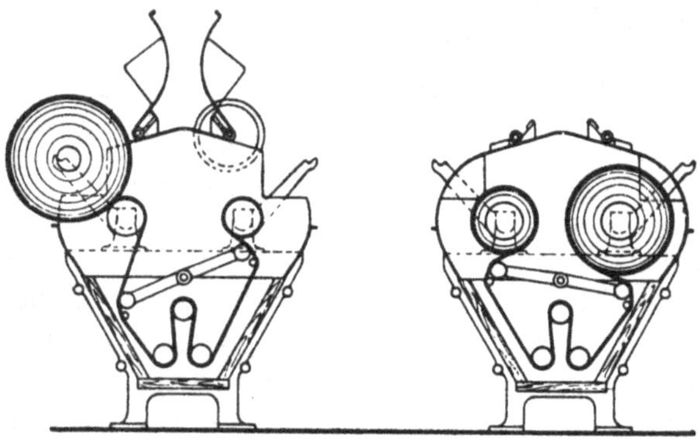

Abb. 194/195. Jigger, geschlossene Bauart Zittauer Maschinenfabrik.

worden, daß auch leichtere Gewebe sich faltenfrei und leistengleich aufwickeln lassen und keine Streifen oder bronzige Leisten entstehen. Außer der selbsttätigen Umschaltung seien noch erwähnt: Zählung der Durchläufe, Ausgleich der Geschwindigkeit, spannungsfreier Warenlauf, selbsttätiges Bremsen, Riffel- oder Pendelbreithalter (Abb. 194/5), Schwenkquetsche mit Federdruck, Farbbadregler zur Einhaltung gleichbleibender Temperatur, Abdeckung des Troges, um Dampf zu sparen, elektrischer Einzelantrieb usw.

Substantive Farbstoffe werden mit 0,5—2 g Soda kalz. (wenn nicht neutrales Färben vorgeschrieben ist) und 3—20 g Glaubersalz kalz. im Liter gefärbt. Man gibt zuerst die Soda, kocht auf, setzt die Hälfte des Farbstoffes zu, läßt die Ware einmal durchlaufen, gibt die zweite Hälfte des Farbstoffes zu, läßt zum zweitenmal durchlaufen, gibt die Hälfte des Salzes zu, läßt zum drittenmal durchlaufen und gibt die zweite Hälfte des Salzes zu. 4—8 Durchläufe genügen.

Helle Farben nur bei 50—60°, ohne Salz, mit 1—2 g Igepon T oder 0,5 g Humektol CX im Liter und mehrmaligem Farbstoffzusatz.

Soll diazotiert und entwickelt werden, so geschieht dies am besten auf 3 anschließenden Jiggern, dem Spül-, dem Diazotierungs- und dem Entwicklungsjigger. Direktes Sonnenlicht ist fern zu halten! Man läßt einmal durch den Spüljigger laufen, dem etwas Salzsäure zugesetzt wurde, zweimal durch 1,5—3% Nitrit auf dem Diazotierungsjigger, noch zweimal nach Zusatz von 5—7,5% Salzsäure 20° Bé, spült und läßt noch 2—4 mal durch den Entwicklungsjigger laufen.

Soll mit Nitrazol gekuppelt werden, so genügen 2 Durchläufe, bei schwer durchzufärbenden Waren zunächst durch Nitrazol CF allein, worauf Soda und Natriumazetat nachgesetzt werden und noch 2 Durchläufe folgen (S. 121).

Für die Nachbehandlung mit Kupfervitriol usw. genügen 2—3 Durchläufe.

Küpenfarbstoffe werden im allgemeinen auf dem gewöhnlichen Jigger gefärbt (S. 164, Z. 3). Nur schwer durchzufärbende Ware kommt auf den Unterflottenjigger (Abb. 68). Die Ware muß gut entschlichtet und abgekocht sein. Die Zusätze an Natronlauge und Hydrosulfit erhöhen sich entsprechend dem kürzeren Flottenverhältnis wie bei Apparatefärberei (S. 605).

Z. B. färbt man nach Verfahren IN 50 kg Ware in 400 Liter Flotte in 8—10 Durchläufen bei 50—60° mit

Natronlauge 38° Bé	6500	7500	9000 ccm
Hydrosulfit konz. Plv. . . .	600	1500	2000 g
Indanthrenblau RSN Pulv.	300	900	1800 g

Dem Wasser setzt man je nach Härte 1—2 g Soda kalz. oder Trilon A, B auf 1 Liter zu.

Hydrosulfit gibt man nach dem 4. und 7. Durchlauf auf gewöhnlichem Jigger je $\frac{1}{4}$ der ursprünglichen Menge nach.

Die breit abgequetschte Ware läuft sofort in den Spüljigger, dem 100—150 g Hydrosulfit konz. Plv. zugesetzt werden, von da in einen weiteren Jigger mit kaltem oder warmem Wasser, nach 2 Durchläufen in das 40—60° warme Oxydationsbad mit 2—3 g Perborat und 3—5 ccm Ameisensäure im Liter, nach 4—6 Durchläufen auf den Spüljigger, nach 2 Durchläufen auf ein kochendes Seifenbad mit 2—3 g Marseiller Seife im Liter, nach 4 Durchläufen auf den Spüljigger und zum Trocknen.

Kochendes Färben auf dem gewöhnlichen Jigger kommt bei hellen Färbungen auf dicht geschlagenen schweren Stoffen in Frage, bei denen man nicht das Prästabitöl-Klotzverfahren (S. 607) oder den Unterflottenjigger anwenden will. Eine ganze Reihe von Küpenfarbstoffen lassen sich kochend färben, besonders Indanthrengelb G oder GF, -orange RRT und -violett FFBN für Braun, Khaki und Olive.

Man geht mit der vorher ausgekochten und getrockneten Ware in das kochend heiße Bad und hält dabei $^1/_2$—$^3/_4$ Stunden. Der Farbstoff wird in $^1/_3$ der zum Färben erforderlichen Flottenmenge mit $^2/_3$ der erforderlichen Natronlauge und Dekolmenge und der Hälfte des Hydrosulfits bei 50—60° gelöst und in das mit den restlichen Mengen Natronlauge, Hydrosulfit und Dekol beschickte Färbebad gegeben. Die Mengen Dekol betragen 20 ccm im Liter, Hydrosulfit 2—3 g bei hellen, 3—5 g bei mittleren und 5—8 g bei dunklen Färbungen und noch $^1/_4$ der Ansatzmengen nach dem 4. und nach dem 7. Durchlauf.

Der Foulardjigger der Zittauer Maschinenfabrik, Zittau, gestattet durch sein unter der Flotte arbeitendes Quetschwerk, bestehend aus 3 Quetschwalzen und einer Leitwalze eine wesentliche Verkürzung der Behandlungszeit. Beim letzten Durchlauf kann die Ware nur abgequetscht werden, nachdem der Flottenspiegel entsprechend gesenkt worden ist.

Bei entsprechend kurzer Flotte kann die Maschine auch wie ein Foulard mit nur einem Durchlauf arbeiten; sie bietet dann den Vorteil der Ausquetschung und Entlüftung, bevor die Ware in die Flotte eintritt, und der Abquetschung gleich nach dem Austritt aus der Flotte, wodurch Schaumflecke vermieden werden.

2. Klotzmaschine (Foulard). S. 370, Z. 11 v. u.

Sie ist einem Jigger mit kleinem Trog und nur einmaligem Durchlauf zu vergleichen und dient meist nur für hellere Farben, für die aber in Anbetracht der kurzen Einwirkungsdauer ziemlich starke Flotten angesetzt werden müsssen. Diese fließen aus einem höher stehenden, mit Heizrohr versehenen Gefäß in dem Maße zu, daß die von der trocken eingeführten Ware nach dem Abquetschen herausgenommenen Mengen ersetzt werden. Der Zulauf muß gleichmäßig über die ganze Breite des Troges verteilt werden.

Substantive Farbstoffe werden 0,1—1,5 g im Liter verwendet; meist kein Salz, dafür nötigenfalls 2,5—15 g Natriumphosphat; ferner als Netzmittel 2—2,5 g Igepon T oder Nekal BX trocken, schließlich oft gleich als Verdickungsmittel 2—3 g Amylose AN. Temperatur 60—80°. Trocknen ohne zu spülen.

Schwefelfarbstoffe werden 0,5—30 g im Liter verwendet, dazu die nötige Menge Natriumsulfid; kein Salz, aber 1—2 g Laventin HW oder Eulysin A. Temperatur 90—100°. Nach dem Abquetschen Spülen.

Indanthren- und Algolfarbstoffe werden 1—10 g im Liter verwendet; kein Salz, als Netzmittel z. B. 5 ccm Monopolbrillantöl, zum Vergleichmäßigen 50 g Tragant 1 : 10 und 10 g Anthrachinon 1 : 10 oder 60 g Leimlösung 5%, die nötigen Mengen Natronlauge und Hydrosulfit. Vgl. S. 164 und 607.

Zum Färben von Indanthren auf dem Foulard erweist sich der Vor- und Rückwärtslauf z. B. bei den Maschinen der Zittauer Maschinenfabrik als vorteilhaft. A. Grünert, Was muß der Färber von den neuesten Färbemaschinen wissen? (Stückfärberei auf Baumwolle), Wollen- und Leinenind. **1934,** 50). Durch einen einzigen Handgriff läßt sich der Warenlauf umschalten (Abb. 196).

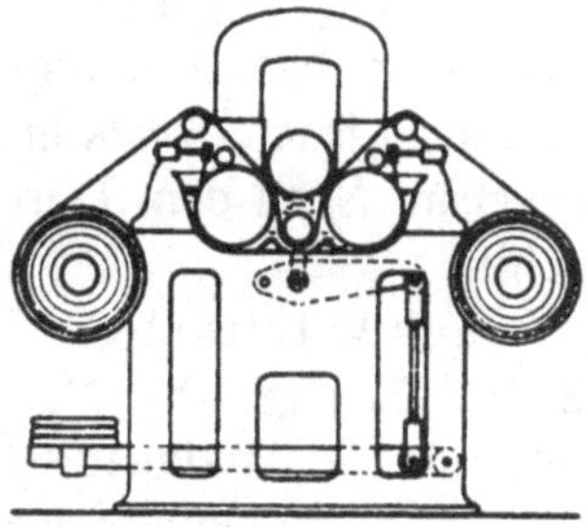

Abb. 196. Drei-Walzen-Foulard für Vor- und Rückwärtsgang, Zittauer Maschinenfabrik.

Indigosolfarbstoffe eignen sich wegen ihrer guten Löslichkeit besonders gut für das Färben auf dem Foulard und werden hier in der kurzen Flotte besser ausgenutzt. Man verwendet z. B. für Rosa 2 g Indigosolscharlach I B im Liter, 1 g Nekal BX trocken und 10 g Natriumnitrit. Die vorgebleichte, jedenfalls entschlichtete Ware wird vorher mit 2—3 g Soda und 1—2 g Nekal BX trocken gekocht und, ohne zu spülen, getrocknet, mit 15—20 Meter Geschwindigkeit in der Minute durch die 60° warme Flotte geschickt, sofort mit 25 ccm Schwefelsäure 66° Bé im Liter bei 60° auf dem Jigger entwickelt, gespült, neutralisiert und geseift. Beim durchgehenden Arbeiten empfiehlt sich die Entwicklung im V-Trog mit anschließender Waschmaschine S. 134b.

3. Kontinufärbemaschinen, S. 371, Z. 12 v. u. oder Rollenkufen sind die eigentlichen Maschinen des Großbetriebs; sie erzeugen Stapelfarben wie Rot, Braun, Blau und Schwarz auf Stückware. Ihre Arbeitsweise ähnelt etwas derjenigen der Jigger, mehr aber noch derjenigen der Klotzmaschinen. Die Ware läuft durch eine starke Farbstofflösung wie bei der Klotzmaschine, ihr Weg ist aber durch eine Reihe von Leitwalzen und durch die Größe der Farbkufe so verlängert, daß sie Zeit hat sich genügend tief anzufärben. Die Färbekufen sind etwa 1,1 m breit, 1,2 m tief und 3,5 m lang und haben am Ende eine kräftige Abquetschvorrichtung. Wenn nötig, läuft die Ware noch durch eine zweite solche Kufe und wird anschließend auf zwei 1 m langen Spülkufen mit Spitzrrohren kalt oder, wenn nötig, heiß gespült. Im einzelnen richtet sich die Bauart der Rollenkufen nach der Art der Farbstoffe und der Gewebe.

Substantive Farbstoffe sind am einfachsten zu färben. Für Schwarz z. B. gibt die **I. G.** in ihrem Ratgeber S. 405 folgende Vorschrift:

4 Kufen zu je 1000 Liter Inhalt. Auf Kufe 1 Abkochen mit 1,5 kg Soda. Während des Durchlaufs 0,5% vom Warengewicht nachsetzen.

Zweimal täglich erneuern. Kufe 2—4 mit Lösungen von je 15 kg Direkttiefschwarz EW extra konz. und 1 kg Soda beschicken.

Während des Durchlaufs 3—3,25% Farbstoff vom Gewicht der Ware nachgeben. Für eine Tagesleistung von 100 Stück zu 12 kg werden 40 kg Farbstoff und 6 kg Soda kalz. in 600 Liter Wasser gelöst und nach jedem Stück in jede der Kufen 2—4 2 Liter von dieser Lösung gegeben. Nach dem Durchlauf wird zum Abkühlen abgetafelt und gespült.

Schwefelfarbstoffe werden nach der Vorschrift von Cassella S. 152, Z. 3 gefärbt. Man beschickt z. B. die beiden ersten Kufen mit folgender Ansatzflotte: Je Liter

25 g Immedialschwarz NNG konz.
25 g Natriumsulfid krist.
5 g Soda kalz.
1 g Eulysin A
25 g Glaubersalz kalz.

Nach der Luftoxydation und dem Durchlauf durch die beiden Spülkufen wird auf der Breitwaschmaschine fertig gespült, mit 10 g Natriumazetat im Liter nachbehandelt und getrocknet.

Anthrachinonküpenfarbstoffe werden auf der Hydrosulfit-Glukoseküpe Bd. VI, S. 79 gefärbt.

Hydronfarbstoffe eignen sich gut für die Kontinufärberei. Für ein Dunkelblau gibt die **I. G.** im Ratgeber S. 412 folgende Vorschrift:

3 Kufen ohne Luftlauf. Kufe 1 beschicken mit

9,5 g Hydronblau R Plv.
1,2 g Hydronschwarzblau GG Plv.
7,5 ccm Natronlauge 38° Bé
5 g Hydrosulfit konz. Plv. je Liter.

Flottenverhältnis 1 : 40. Färbedauer 5 Minuten. Die entschlichtete, ausgekochte und getrocknete Ware läuft 4 Minuten durch das 70° heiße Färbebad, wird abgequetscht, in den beiden folgenden Kufen kalt und heiß gespült und getrocknet bzw. ausgerüstet. Flottennachsatz für je 10 kg Ware 6—8 Liter Ansatzflotte.

Indigo wird auf der Hydrosulfitküpe nach S. 188 gefärbt, am besten mit Indigo MLB Küpe II 20% oder Indigolösung BASF 20% (S. 610).

Eisrot und Naphtholrot werden nach S. 238 und 258 entwickelt.

III. Stückfärberei auf Apparaten. S. 371.

Die guten Erfahrungen, die man mit dem Färben von Flocke, Kammzug, Kreuzspule usw. in Apparaten gemacht hatte, ließen den Gedanken nicht ruhen, auch Gewebe von der Farbflotte durchkreisen zu lassen. Es lag nahe, die Gewebe nach Art der Kettbäume auf einen durchlochten Zylinder aufzuwickeln und in einen geschlossenen Färbebehälter hineinzustellen. Schwierigkeiten bereitete nur die Abdichtung der beiden Stirnseiten. Diese geschieht nach W. Fehrmann (Färben von Geweben im Stück auf Apparaten mit kreisender Flotte, T. **1928**, 681) durch je eine Kappenscheibe, die durch den Flottendruck von außen nach innen mit bis zu 3 at angepreßt wird.

5. Wirkware. S. 371.

Strümpfe. S. 371, Z. 4 v. u.

Vor dem Färben werden die zu einer Partie gehörigen Strümpfe gezeichnet. Die unterscheidenden Fäden können eingenäht werden an Spitze, Vorder-, Mittel- und Hintersohle, Vorderferse, Ferse, Oberferse, Vorderlänge (gegenüber der Naht), Hinterlänge (an der Naht), Unter-, Mittelrand, Rand; schließlich kann durch Wenden unterschieden werden.

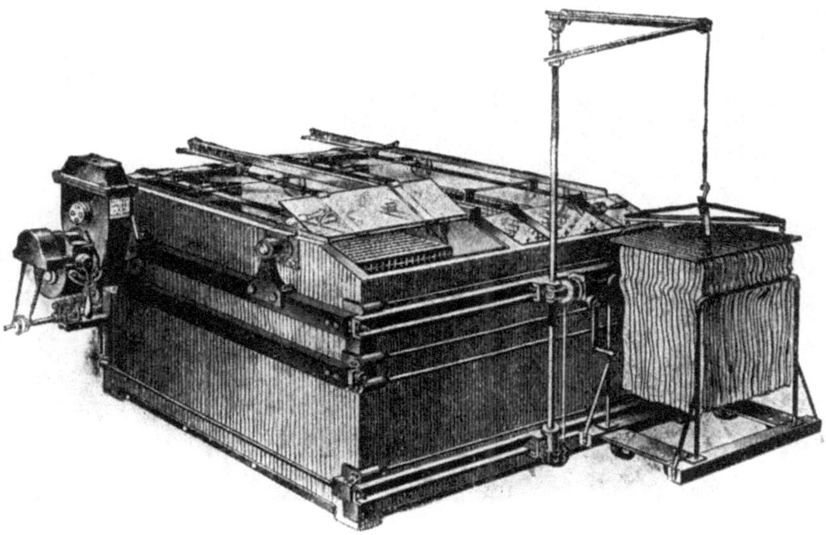

Abb. 197. Strumpffärbemaschine von R. Weise, Siegmar-Schönau.

Das Färben geschieht

I. auf der Kufe (Abb. 44, S. 348).

lose und mittels Stöcken bewegt

2. an Stöcken hängend mittels Fäden, die an der Spitze angefädelt wurden (für feinere Strümpfe). Die ganz unter die Flotte tauchenden Strümpfe können mit den Stöcken ähnlich wie Strähngarn bewegt („geschüttelt“) werden.

II. auf Färbemaschinen

1. geschlossenen z. B. der Trommelfärbemaschine von W. Langner, Breslau, nach Art der üblichen Trommelwaschmaschinen.

Ein Siebzylinder taucht zur Hälfte in die Farbflotte ein und läßt sich um seine Längenachse drehen; sein Inneres ist abgeteilt zur Aufnahme der Strümpfe (Angele, Moderne Apparate-Strumpffärberei T. **1929**, 870).

2. offenen z. B. der von Rudolf Then, Chemnitz. Die Strümpfe werden auf Stöcke gehängt und diese zwischen 2 drehbaren Scheiben befestigt, die zur Hälfte in das Bad eintauchen (T. **1935,** 194). S. a. K. Grün, Eine neuartige Strumpffärbemaschine T. **1931,** 42 (K. Burkhardt, Frankenberg i. Sa.).

Die Strumpffärbemaschine von Richard Weise, Siegmar-Schönau, Abb. 197, färbt die Strümpfe frei hängend; infolgedessen werden die Nähte und Verstärkungen gut durchgefärbt und die Färbung wird schnell gleichmäßig.

Abb. 198. Auffädeln der Strümpfe.

Abb. 199. Farbstab.

Durch je 1 Dutzend Strümpfe wird ein Aufhängefaden gezogen (Abb. 198) und die Strümpfe dann an einem Farbstab aus V4A-Stahl mit 24 bzw. 48 Zungen (Abb. 199) aufgereiht.

Die Maschine Abb. 197 besteht aus 2 Zellen, die durch herausnehmbare Schotte getrennt sind. Mithin können Posten bis 120 Dutzend in einer Farbe oder zweimal bis 60 Dutzend in zwei Farben gefärbt werden.

III. auf Färbeapparaten.

In Betracht kommt nur das Packsystem z. B. nach Abb. 135 S. 453. Die Strümpfe müssen glatt eingelegt werden, damit keine „Brüche“ d. h. Falten entstehen. Besonders Stapelfarben wie Schwarz lassen sich gut auf Apparaten färben, besonders auf dem „Dosta" von Obermaier, der dem „Dohup" für Hutstumpen S. 695 entspricht.

Substantive Farbstoffe werden angewandt

1. in direkter Färbung für hellere und mittlere Farben. Die Strümpfe werden trocken auf ein kochend heißes Farbbad gestellt, dem zum schnelleren Durchfärben der Nähte 1—2 g Igepon T, Humcetol CX oder 3—5 g Marseiller Seife, wenn nötig, auch ¼—½ g Soda kalz. auf 1 Liter zugesetzt wurden.

2. mit Nachbehandlung durch Diazotierung oder mit Formaldehyd für dunkle Farben und Schwarz.

Die Farbstoffe werden ausgewählt, die leicht durch- und gut gleichfärben, ferner gut wasch- und bügelecht sind. Bei „Griff"strümpfen wird auch auf Säureechtheit gesehen. Ferner soll etwaige „reservierte" Baumwolle am Rand nicht mitgefärbt werden. Hier sind die Angaben der Farbstoffabriken allein maßgebend. S. a. Musterkarte 1093 (1935) der I. G.

Schwefelfarbstoffe werden meist für Schwarz angewendet. Die Strümpfe werden trocken auf das kochend heiße, in der üblichen Weise angesetzte Färbebad gebracht, nach nahezu 1 Stunde leicht abgedrückt und sofort gespült mit 1—2 g Natriumsulfid im Liter, danach in frischem Wasser, bis es klar abläuft. Zum Schluß wird im Seifenbad mit Öl oder Fett geschönt.

Substantiv gefärbte Griffstrümpfe müssen wegen ihres Säuregehaltes sorgfältig vor Berührung mit Metall, insbesondere Zink gehütet werden, da sonst leicht ärgerliche Flecken entstehen.

Mit Schwefelfarbstoffen gefärbte Strümpfe, die für lange Lagerung bestimmt sind, sollten immer zum Schluß ein Bad mit Natriumazatat (S. 667) erhalten, damit sie nicht morsch werden.

Gefärbte Strümpfe sollen nur in Pappkästen gelegt werden, die mit formaldehydfreiem Leim geleimt wurden, da viele Farbstoffe durch Formaldehyd verändert werden (T. **1921,** 213).

S. a. L. Thern, Färben von Strümpfen T. **1935,** 194.

c) Einrichtungen zum Spülen, Schlichten und Trocknen. S. 373.

Es soll nicht zu heiß und zu schnell getrocknet werden (M. Löscher, Betrachtungen über das Trocknen, T. **1928,** 981; H. Brüggemann, T. **1929,** 362; P. Beckers, Die textilen Trockenanlagen, Z. f. ges. Textilind. **1936,** 624). Besonders lose Faser wird durch zu heißes Trocknen hart und spröde und infolgedessen unverspinnbar. Man baue daher die Trockenanlage lieber etwas zu groß; die dadurch ermöglichte langsamere Trocknung bei gelinderer Wärme schafft wertvollere Faser. Aus

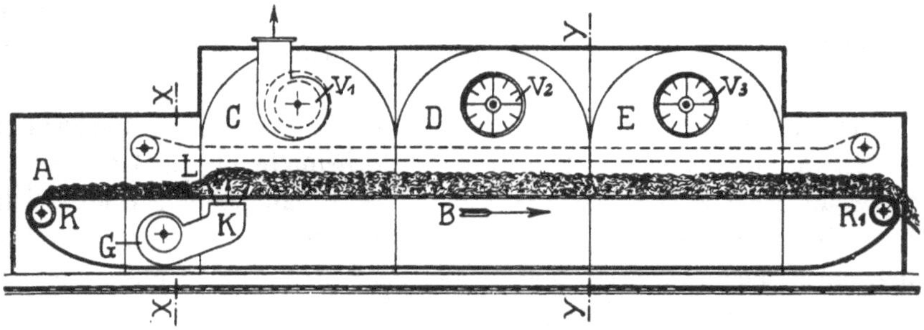

Abb. 200. Einbandtrockner von F. Haas, Lennep; Längsschnitt.

demselben Grund soll am Schluß der Trocknung nicht mehr vollständig trockene Luft auf die Faser einwirken, sondern bereits wieder etwas feuchte (vergl. S. 469).

1. Trocknen von loser Baumwolle und Kardenband. S. 373.

Zu der alten Trockenkammer und den Trockenapparaten, bei denen das Fasergut in erwärmter Luft ruht (Abb. 80—83, 136, Bd. II, 89—90), sind neuerdings die Trockenmaschinen gekommen, bei denen es wandert, so bei den Bandtrocknern mit Förderbändern für lose Faser z. B. von der Maschinenfabrik Friedrich Haas, Lennep, und dem Turbinentrockner der Büttner-Werke A. G., Ürdingen am Rh.

Beim Bandtrockner wird das Fasergut durch einen Selbstaufleger auf das oberste Förderband gebracht, von diesem nach hinten getragen, bei der Wendung nach unten auf das zweite Förderband fallen gelassen usw., bis das letzte Förderband nach etwa ½ Stunde es einer Auswurfvorrichtung übergibt.

Beim Turbinentrockner wird das Fasergut zwischen zwei endlosen luftdurchlässigen Bändern um eine große, aus Rollen gebildete Trommel geführt und wird dort von warmer Luft umspült, die ein Turbinenschaufelrad erzeugt. (Vergl. Sauglufttrockner von C. H. Weisbach, Bd. V. S. 49).

Bei dem neuen Einbandtrockner von Friedr. Haas, Lennep, Abb. 200—202 für lose Faser bewegt sich das Förderband in der Pfeil-

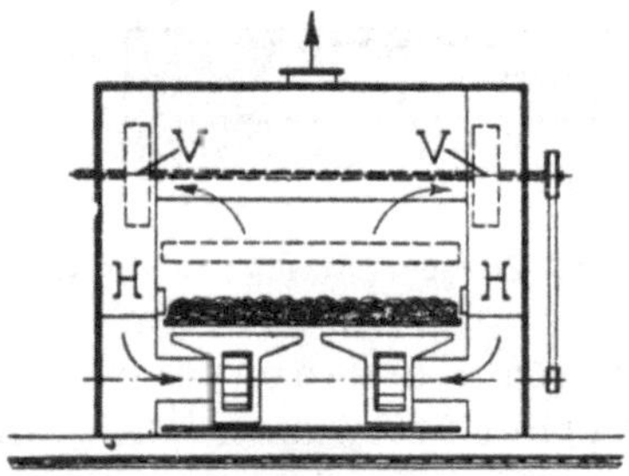

Abb. 201. Querschnitt X — X.

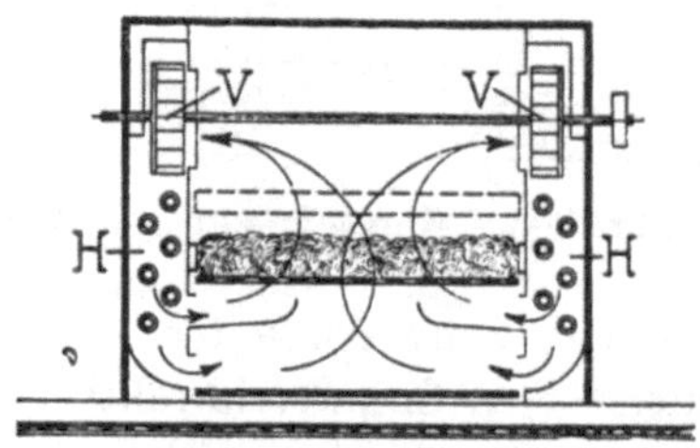

Abb. 202. Querschnitt Y — Y.

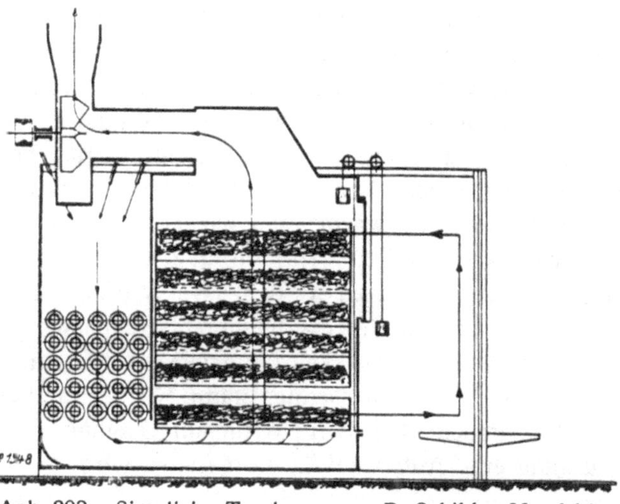
Abb. 203. Simplicior-Trockner von B. Schilde, Hersfeld.

richtung endlos über die Rollen R und R_1 und trägt das bei A aufgegebene Gut durch die Abteile C, D und E. Niederdruckgebläse V_1, V_2, V_3 saugen die Luft über dem Band ab und lassen sie durch die seitlichen Heizkörper H hindurch wieder von unten zutreten. Kurz hinter der Eintrittsstelle L des nassen Guts lockert das Hochdruckgebläse G mittels der Düsen K das Gut auf.

Bei dem Hordentrockner von Benno Schilde, Hersfeld, Abb. 203, für lose Faser, Wickel und Strümpfe (Schachttrockner) wird das Gut in Kästen mit Siebböden eingelegt, die in den Trockenraum eingefahren und, nachdem sie von oben nach unten gewandert sind, wieder ausgefahren werden (Simplicior-Trockner).

Der Kanaltrockner arbeitet mit Wagenbetrieb (S. 388) oder mit Kettenbetrieb (Abb. 204).

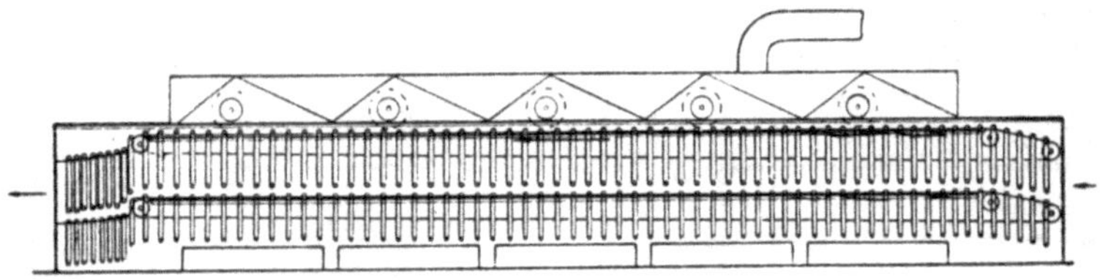

Abb. 204. Kanal-Trockner mit Kettenbetrieb, Zittauer Maschinenfabrik.

Die Schwierigkeiten des Trocknens von Kardenband wurden zuerst vom Spinnereidirektor Franz Werner überwunden mit Hilfe des von der Maschinenfabrik Karl Fleißner & Sohn, Asch in Böhmen, gebauten Kardenbandtrockners.

Die Bänder laufen von den Wickeln über Einzugswalzen auf den Einlauftisch und von da durch Rechen auf Siebtrommeln in der Trockenkammer. Das Band wird von den 8 Siebtrommeln durch die Kammer geführt und durch die durch die Bänder in das Innere der Trommeln gesaugte warme Luft festgehalten. Die Frischluft tritt beim Austritt der Bänder ein, wird vom Ventilator der letzten Siebtrommel angesaugt, an Heizelementen erwärmt und wieder in die Trockenkammer geleitet, um vom zweiten Ventilator durch die Faserbänder der vorletzten Siebtrommel gesaugt zu werden usw. In Folge der reichlichen Luftzufuhr können die Bänder die Kammer schon nach 1 ½ Minuten verlassen und zu festen Preßwickeln aufgewickelt werden.

Auch auf dem Turbinentrockner kann Kardenband ähnlich wie lose Baumwolle getrocknet werden, wenn am Eingang ein Einlaßtisch und am Ausgang eine Aufwickelung vorgesehen wird.

2. Garn. S. 373.

I. Strähngarn.

Zusammensetzung der Schlichte. S. 379.

Die Schlichten enthalten grundsätzlich zwei Bestandteile:

1. Ein klebendes und daher etwas härtendes Verdickungsmittel, meistens Stärkekleister, bereitet durch Verrühren und Kochen von 50—100 g Kartoffelmehl im Liter Wasser oder durch Verrühren von 100—120 g Kartoffelstärke mit ½ Liter Wasser und 1 Stunde kochen mit 1,2 g Aktivin (Bd. I, S. 337) oder aus bereits aufgeschlossenen

Stärken z. B. 14—25 g Amylose D (Bd. I, S. 359) zusammen mit 25—50g Kartoffelmehl.

2. Ein Weichwaschmittel (Bd. V, S. 22). Das bei den Webern so beliebte Paraffin sollte verpönt sein. Es ist beim späteren Entschlichten nur sehr schwer aus dem Gewebe wieder zu entfernen und verursacht ärgerliche Flecken. Ferner sollten Schlichteöle vermieden werden, die die Lichtechtheit von Indanthrenfärbungen herabsetzen. Man nimmt z. B. 5—10 g Talg oder 10—20 g Tallosan S und ¼—½ g Nekal BX trocken auf 1 Liter Schlichte.

Für das Schlichten gefärbter Garne (Buntschlichte) empfiehlt die **I. G.** 28 g Amylose D + ½ g Nekal BX trocken unter gutem Rühren zu kochen und nach Abkühlen auf 60—70° 5,5 g Ramasit I, in Wasser von 40° gelöst, zuzugeben (Bd. V, S. 23).

III. Trocknen von Kreuzspulen. S. 400.

Das Trocknen der Spulen in ruhender Luft auf Horden usw. hat den großen Nachteil, daß die äußeren Lagen längst trocken sind, wenn die inneren noch feucht sind; die äußeren werden daher leicht übertrocknet.

H. Krantz in Aachen und Obermaier & Co. in Neustadt a. d. H. haben deshalb Schnelltrockner gebaut, bei dem der Träger mit den Spulen in einen luftdicht abschließbaren Behälter gesetzt wird. Liegen Schwefel- oder Küpenfärbungen vor, so können diese zunächst durch Hindurchpressen von Dampf entwickelt werden unter Ersparnis des üblichen heißen Seifens. Darauf wird durch einen kräftigen Luftstoß ein großer Teil des zurückgebliebenen Wassers herausgestoßen und schließlich warme Luft mit wechselnder Richtung hindurchgeblasen (Krantz) oder es wird durch Kaltluft das Wasser möglichst abgesaugt und darauf Heißluft von innen nach außen hindurchgeblasen (Obermaier Modell ROVT).

Die Schnelltrockner brauchen infolge des Verzichtes auf Schleudern viel Wärme (und sehr viel Kraft). Die Abluft ist noch nicht mit Feuchtigkeit gesättigt und kann im Winter zur Entnebelung dienen.

3. Trocknen der Gewebe. S. 403.

Man kann unterscheiden:

A. Warmlufttrockner.

a) Gewebe in Ruhe.

1. die alte Hänge; ihre großen Vorzüge für die Erhaltung der natürlichen, edlen Beschaffenheit der Ware haben ihre maschinelle Fortentwicklung begünstigt;

2. die mechanische Trockenhänge von E. Gessner, Aue, Abb. 143 S. 488;

3. die automatische Trockenhänge z. B. von Jul. Fischer, Nordhausen, oder Benno Schilde, Hersfeld, (E. Rüf, T. **1923,** 574, R. Rengew, M. f. T. **1927,** 478) oder F. Haas, Lennep (T. **1924,** 496; H. Brüggemann T. **1927,** 338).

4. die fahrbaren Spannrahmen;

b) Gewebe in Bewegung.

I. mit freiem Geweblauf:

1. die Heißlufttrockenmaschinen (Heißlüfter, Hotflue für senkrechten (Abb. 205) oder waagerechten (Abb. 206) Gewebelauf;

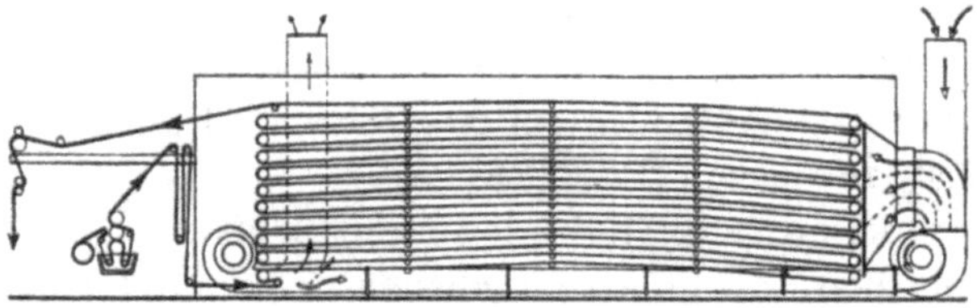

Abb. 205. Heißluft-Trockenmaschine für waagrechten Gewebelauf, Zittauer Maschinenfabrik.

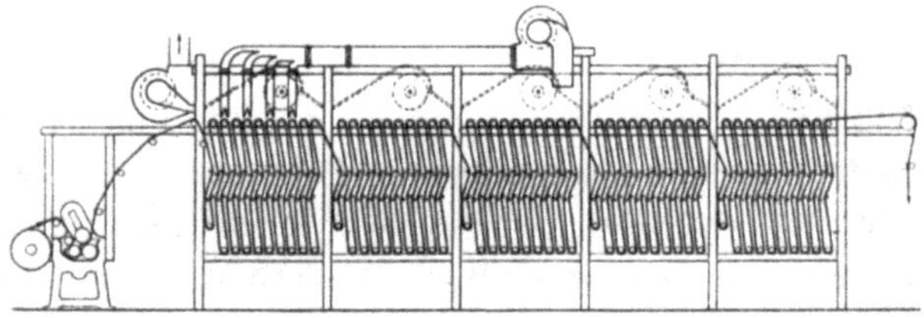

Abb. 206. Heißluft-Trockenmaschine für senkrechten Gewebelauf, Zittauer Maschinenfabrik.

2. der Sauglufttrockner Bd. V S. 30 Abb. 31/32,

3. die Trikotschlauchtrockenmaschine von E. Gessner, Abb. 144 S. 497.

II. mit breit gespanntem Gewebe

die Spann-, Rahm- und Trockenmaschinen, Abb. 102—104; Bd. V. S. 47.

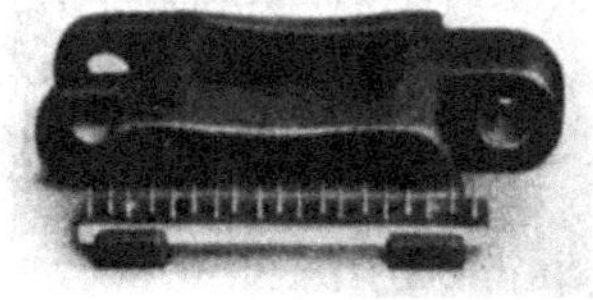

Abb. 207. Nadelkettenglied mit Messingleiste, die mit Stahlnadeln besetzt ist. C. G. Haubold, Chemnitz.

Mit Nadeln (S. 403, Z. 4 v. u.) werden dickere Gewebe festgehalten. Abb. 207 zeigt ein Nadelkettenglied mit Messingleiste und den darauf befestigten Stahlnadeln. Mit Kluppen werden dünnere Gewebe gefaßt; Abb. 208/9 zeigen eine vernickelte Tasterkluppe mit hinterer Kettenführung; bei a ist das Gewebe eingeführt, aber noch nicht erfaßt, bei b ist es gefaßt und gespannt.

Der Dirks-Trockenprüfer von C. G. Haubold am Ausgang der Maschine verhindert das Übertrocknen der Gewebe.

Zur krumpffreien Ausrüstung von Woll- und Baumwollwaren (M. f. T. **1932,** Fachheft III, 77; H. Krantz, Trocknen von Wolle, T. **1936,** 94) wird den Nadelketten ein Gewebeüberschuß zugeführt, damit die Länge während des Trocknens nachgeben kann (D. R. P. 458322 von H. Krantz, Aachen, und 556392 von Cluett, Peabody & Co., Troy in Newyork (Vicepräsident Sanford L. Cluett) („Sanforisieren"); neuerdings wird nach dem Prinzip der „kompressiven"

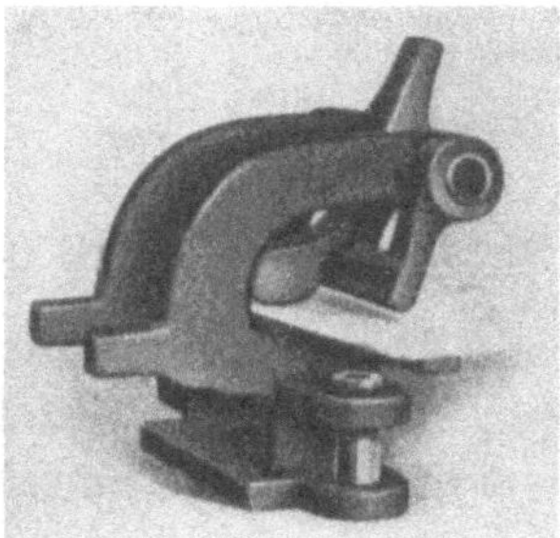

Abb. 208. Vernickelte Tasterkluppe C. G. Haubold, Chemnitz.

Abb. 209. Vernickelte Tasterkluppe, Gewebe gefaßt und gespannt. C. G. Haubold, Chemnitz.

Schrumpfung auf dem Filzkalander mit Metallschuhen über der Einführungswalze sanforisiert (U. S. P. 1861422 von Cluett; A. Bodmer, Krumpffreies Ausrüsten, **1934,** 71; G. Heberlein, Das Sanforisier-Verfahren, T. **1935,** 590). Schrumpffeste Ausrüstung bewirkt auch der spannungsfreie Flachtrockner von F. Haas, Lennep, oder C. G. Haubold, Chemnitz, der das Gewebe mittels eines wandernden Stabrostes oder luftdurchlässigen Gewebes durch die Trockenkammer trägt.

Die „Changier"-Spannrahmen-Trockenmaschinen S. 411 sollen den Appret brechen; durch waagerecht umlaufende Kluppenketten erhält bald die linke, bald die rechte Salleiste Voreilung so, daß abwechselnd in der Diagonale verzogen wird.

Krumpffreimachen wollener und halbwollener Gewebe wurde in England seit Jahrhunderten unter der Bezeichnung „Shrink" ausgeübt, indem das Gewebe mit einem Feuchttuch aufgetafelt und nach einigen Stunden in der Hänge getrocknet wird. Dabei nimmt es seinen durch die Ausrüstung verlorenen natürlichen Feuchtigkeitsgehalt auf und wird keinerlei Spannung unterworfen. In Deutschland ahmt man die englische Handarbeit mit Maschinen nach z. B. der Konditionier-

Abb. 210. „Rudjahr" Naturfeuchtmaschine. R. Jahr, Gera.

Maschine von E. Geßner, Aue, Bd. V, S. 59 Abb. 45. Auf der Naturfeuchtmaschine von R. Jahr, Gera, Abb. 210, wird das Gewebe in Hängefalten durch eine Kammer geführt, in die feuchte Luft eingeblasen wird.

B. Berührungstrockner. S. 407.

a) mit einer großen Trommel.

Filzkalander Bd. V, S. 64, Abb. 51 und 52.

b) mit mehreren kleinen Zylindern, S. 407—409.

3. Verbundtrockner.

Sie sollen durch Arbeitsteilung die Leistung erhöhen und durch stufenweises Vorgehen die Ware schonen.

So werden häufig Spann- und Trockenmaschinen mit Vor- und Nachtrockenzylindern verbunden, Bd. V, S. 46, Abb. 27/28.

B. Tierische Fasern.

α) Wollfärberei.

S. a. H. Glafey, D. Krüger und G. Ullrich, Technologie der Wolle, Berlin **1938,** S. 291 ff.

a) Abmustern. S. 414, Z. 21. Vergl. S. 577.

Beim Abmustern wird leider oft offenbar, daß die Farbe zu dunkel, also unterhalb der Ausfärbungskurve (S. 567) geraten ist. Dann muß versucht werden, die Fehlfarbe soweit aufzuhellen, daß noch nach Muster zu kommen ist. Wie weit das möglich ist, hängt davon ab, ob der Farbstoff stark oder schwach befestigt war, ob er sich also dementsprechend abziehen läßt; manchmal muß auch zur vollständigen Zerstörung des Farbstoffs geschritten werden z. B. bei der Reduktion der Azofarbstoffe.

I. Basische Farbstoffe haften nicht fest; meist genügt ein Bad mit 1 ccm Essigsäure 30% im Liter zum Abziehen oder man gibt ½ ccm Ammoniak 25% im Liter bei 60°. Die Färbung behält aber eine gewisse Trübung.

II. Saure Farbstoffe. Hier gilt das oben Gesagte:

Lose sitzende Farbstoffe, also namentlich die gut gleich färbenden, lassen sich meist schon dadurch abziehen, daß man bei Garnfärbungen auf der Kufe zwischen je 2 Stöcke mit gefärbtem 1 Stock ungefärbtes Garn, bei Stückfärbungen auf dem Haspel neben dem gefärbten ein ungefärbtes Stück einige Zeit kochend behandelt. Oder man kocht auf frischem Bade unter Zusatz von 10—20% Glaubersalz krist. oder 5—10 Ammonazetat + 1% Ammoniak 25% 30—40 Minuten und spült.

Fester sitzende Farbstoffe, also namentlich die leicht ungleich und schipperig färbenden, müssen unter gleichzeitiger Zerstörung abgezogen werden. Hierzu dient das stark reduzierend wirkende Hydrosulfit. Nach Vorschrift der **I. G.** wird das lauwarme Abziehbad mit 0,75—1,75% Ameisensäure 85% (oder Schwefelsäure 66° Bé) und 1,5—3,5% Decrolin lösl. konz. (Bd. I, S. 156) beschickt, sofort eingegangen, in ½ Stunde zum Kochen getrieben und 10—20 Minuten kochen gelassen. Bei Verwendung des in Säure löslichen Decrolin AZA (Zinksulfoxylat-Azetaldehyd) werden 2,25—5,25% gebraucht und die Säuremenge auf 1,6—3,7% erhöht; dafür braucht nur bis 80—85° erhitzt zu werden.

Um die Faser zu schonen, werden dem Abziehbad 1—2% Protektol Agfa I, um sie weich zu erhalten, 1% Monopolseife oder Prästabitöl V (Bd. I, S. 344) zugesetzt.

III. Substantive Farbstoffe wie saure Farbstoffe.

IV. Küpenfarbstoffe sind infolge ihrer hohen Echtheit kaum zu verbessern, ohne die Wollfaser im alkalischen Abziehbade in Mitleidenschaft zu ziehen. Am besten eignet sich noch eine blinde Küpe von folgender Zusammensetzung nach Vorschrift der **I. G.**:

2—3% gelöster Leim
2—3% Ammoniak 25%
1,5—2% Hydrosulfit konz. Pulver
2—4% Monopolseife

$^1/_2$—$^3/_4$ Stunden bei 50° behandeln, gut abquetschen, usw.

Im allgemeinen aber empfiehlt es sich, von Verbesserungen abzusehen und auf Schwarz umzufärben, damit die Faser nicht geschädigt wird.

V. Beizenfarbstoffe sind ebenfalls infolge ihrer hohen Echtheit schwer zu verbessern.

Auf Tonerde-Vorbeize gefärbte Rot trüben sich beim Abziehen.

Chromfärbungen werden durch Dekrolin z. T. abgezogen; es empfiehlt sich bei den betreffenden Farbstoffen den Angaben der Ratgeber der Farbstoffabriken zu folgen, damit die Wolle nicht unnötig angestrengt wird.

Verhältnismäßig leicht lassen sich mit Chromfluorid entwickelte Färbungen abziehen, nämlich durch Kochen mit 4% Oxalsäure und 50% Glaubersalz krist. Die abgezogenen Färbungen müssen aber nochmals im frischen Bade mit Chromfluorid entwickelt werden.

Im allgemeinen empfiehlt sich auch hier das Umfärben zu Schwarz.

Das Abmustern wird erschwert bei Färbungen, die sich langsam entwickeln oder durch die Nachappretur ihre Farbe nachträglich ändern; beides trifft in ausgesprochenem Maße für die Küpenfärbungen zu. Um zu einer schnelleren und möglichst richtigen Beurteilung zu gelangen, verfährt man folgendermaßen:

a) zur schnelleren Entwicklung der Farbe wird eine von der Hydrosulfitküpe abgequetschte Vorprobe mit 5% Essigsäure 30% 5 Minuten gekocht oder auch kurze Zeit gedämpft.

b) bei loser Wolle wird auf der Plattenfilzmaschine oder Rüttel ein Durchschnittsmuster gewalkt und dieses nach dem Absäuern so dekatiert, wie es mit der Hauptpartie geschehen soll. Man gewinnt dadurch ein Urteil über die zu erwartende Farbe und zugleich einen Anhalt für die Echtheit der Färbung in der Ausrüstung.

b) Reinigung der Wolle für die Färberei. S. 416.

S. Bd. II, S. 145—172 und IV 243—262.

I. Für lose Wolle braucht man 2½—4% Seife und 2% Soda kalz. Die Mengen hängen ab von der Art der Wolle; ferner von der Härte des Wassers; 1 cbm Wasser fällt für jeden Grad Härte 150 g Seife von 60% Fettgehalt als unwirksame Kalkseife aus, die noch ihrerseits überschüssige Seife erfordert, um in feiner Verteilung (Suspension) gehalten zu werden.

Neuerdings verwendet man härtebeständige Waschmittel:

Igepon A (Heft 519 der **I. G.**) (Bd. I, S. 345) hat soviel stärkere Waschkraft als Seife, daß bereits 1 g + 0,25 — 1 g Soda im Liter genügen ohne Rücksichtnahme auf etwaige Härte des Wassers. Durch das weniger alkalische Waschen wird die Wolle geschont.

Besonders günstig wirkt sich Igepon T beim Waschen der kalkhaltigen Gerberwollen aus. Hier verwendet man 2—3 g im Liter entweder neutral oder unter Zusatz von 2—5 ccm Salzsäure zum Lösen des Kalks.

Für Wolle mit Teer- oder Pechspitzen kommen Seifen mit Fettlösern z. B. Tetralix spezial (Bd. I, S. 343) oder Sulforizinate mit Fettlösern z. B. Hydroexamin S (Bd. I, S. 344) oder eine „chemische" Wäsche mit leicht flüchtigen Lösungsmitteln (Bd. I, S. 351) in Frage. Man hüte sich aber vor restloser Entfettung!

Karbonisation. S. 416, Z. 15.

Durch den Zusatz von säurebeständigen Netzmitteln wie Leonil SBS Teig hochkonz. oder Leonil SB (I. G.) (Bd. I, S. 348) oder Sapamin CH (I) (Bd. I, S. 345) ist es möglich geworden, die Schwefelsäure dünner, etwa 3° Bé anzuwenden, ohne die Wirkung herabzusetzen. 1 g Netzmittel im Liter Karbonisierflotte genügen.

II. Für Kammzug (S. 416) empfiehlt sich die Verwendung des nicht filzenden Igepon A oder Igepal W (I. G.) an Stelle von Seife ganz besonders. Man wäscht mit 0,5—2 g im Liter und setzt nur soviel Soda zu, als zur Neutralisation etwaiger freier Fettsäuren im verwendeten Schmälzöl erforderlich ist (Olein). Die dabei entstehende Seife vermag keine Kalkseife bei hartem Wasser zu bilden, da das Igepon diese in feiner Verteilung hält. Die Waschmaschine (Lisseuse) ist Bd. II, S. 212 abgebildet.

III. Garn. Auch für die Streichgarne (S. 417) verwendet man heute künstliche Waschmittel wie Igepon A, Igepal W (I. G.) oder Gardinol WA konz. (Böhme Fettch.) (Bd. I, S. 346). Z. B. für eine Sportwolle 14/2

	Ansatz	Nachsatz
Gardinol	1,5 %	0,5 %
Soda	0,75%	0,25%
Ammoniak ...	0,75%	0,25%

Bei weichem Wasser kann man auch im Zweibadverfahren erst mit Seife vorwaschen:

1. Bad 1,2% Seife	2. Bad 0,5% Gardinol WA konz. Paste
0,75% Soda	0,5% Ammoniak
0,5% Ammoniak	

Über die Verwendung der neueren Marken Igepon AP und AP extra s. Rundschr. der I. G. 633, 634 und 659, ebenso über die Anwendung der Igepale W u. L Rundschreiben I. G. 1455—58.

Die Waschmaschinen sind Bd. IV, S. 246, abgebildet.

IV. Die Streichgarnstoffe enthalten 6—12% Olein, das durch Waschen mit 1,5—3% Soda verseift wird. Danach wird lauwarm und kalt gespült. Damit es nicht beim Spülen zu Ausscheidungen kommt, setzt man der Waschflotte außer der Soda noch 1,5—2 g Igepon A auf den Liter zu.

Über Karbonisation, Walken und Rauhen s. Bd. V S. 8—20.

V. Kammgarnstoffe (S. 421) werden, wenn sie mit Kartoffelmehl geschlichtet wurden, vor dem Einbrennen mit 0,5 g Biolase N extra i. Pulver oder 0,25 g Viveral E konz. im Liter bei 30—50° (S. 647) entschlichtet.

Gewaschen wird mit 1,5 g Igepal W oder Igepon A + 0,5 ccm Ammoniak 25% im Liter; Soda wird nur zugesetzt, wenn mit Olein geschmälzt wurde. Der Ersatz der Seife durch Igepon verhindert das Verfilzen (Rundschr. 747 (1932) der I. G.). S. a. G. von Finck, Die Kaltwäsche von Woll- und Halbwollwaren mit Igepon, T. **1935,** 209.

VI. Chloren der Wolle. S. 424.

Bd. I, S. 222, II 204, III 333, VI 167.

Die Erhöhung der Farbstoffaufnahmefähigkeit durch das Chloren ist wertvoll, wenn nachher gedruckt werden soll; für das Färben ist sie eher nachteilig wegen der Gefahr ungleichen Anfärbens. Man zieht daher meist vor, erst nach dem Färben zu chloren, z. B. Strümpfe und Trikots, die beim späteren Waschen nicht eingehen sollen. Dann müssen die von den Farbstoffabriken zusammengestellten „chlorechten" Farbstoffe verwendet werden. Wird vor dem Färben gechlort, so dürfen nur bestgleichfärbende Farbstoffe verwendet werden.

Gechlort wird a. zur Erzeugung von Seidengriff (Bd. II, S. 204), b. zur Verhinderung des Filzens und Einlaufens. Das gut genetzte Garn wird auf einem Färbapparat (S. 450) in einem kalten Bade ½—¾ Std. mit wechselndem Kreislauf der Flotte behandelt, indem nach und nach Chlorlauge zugesetzt wird, bis die Flotte ½° Bé zeigt; danach läßt man während einer halben Stunde 6% Salzsäure 20° Bé langsam zulaufen und spült. Durch Nachbehandlung mit 6—10% Natriumbisulfit und nochmaliges gründliches Spülen kann man der Gefahr des Vergilbens vorbeugen.

VII. Schützen (Reservieren) der Wolle gegen Farbstoffaufnahme. S. 424.

Bd. I, S. 130, II S. 203, III S. 333.

Wenn in einem wollenen Gewebe nur verhältnismäßig geringe Mengen andersfarbiger Musterung vorkommen sollen, so ist die Herstellung durch Färben im Stück billiger als durch Färben der Garne und nachträgliches Verweben. Zu diesem Zweck müssen die andersfarbigen Garne unempfänglich gegen die Farbstoffe der Stückfärbeflotte gemacht werden. Das gelingt durch Abbinden der für die Aufnahme saurer Farbstoffe empfänglichen basischen Gruppen der Wollmolekel. Für das Abbinden gibt es zwei Verfahren:

1. Das Essigsäureanhydrid-Verfahren gibt das reinste Weiß, erfordert aber besondere Apparatur (geliefert von der Deutschen Steinzeugwarenfabrik für Kanalisation und chemische Industrie, Friedrichsfeld in Baden) und Lizenz (erteilt von der I. G.).

2. Das Gerbsäure-Verfahren, ursprünglich nach D. R. P. 137947, verbessert nach D. R. P. 395773 von Cassella durch Verwendung mittels Säure-anhydrid oder -chlorid veresterten Tannins, wodurch die geschützte Farbe wasch- und walkechter wird, heute unter Verwendung der Wollreserve CB der **I. G.** (Musterkarte 297 (1930). Das Verfahren erfordert keine besondere Apparatur, nur die Fernhaltung von Eisen, sei es an Apparaten, sei es im Wasser. Das Wasser sei weich, hartes Wasser wird durch Zusatz von 2—4% Salzsäure rein 22° Bé verbessert.

a) 30% Wollreserve CB, für sich in kochendem Wasser gelöst, Farbstoff, gut gelöst,
mit der gut genetzten Wolle bei 30—40° eingehen, langsam zum Kochen treiben, 2 Stunden Kochen; nicht spülen.

b) Nachbehandlung auf 90° heißem frischem Bade unter Zusatz von 1,5—2% Zinnsalz, gelöst in

3 —4% Salzsäure rein 22° Bé oder 10% Essigsäure 30%
3% Feltron C (Bd. I, S. 349).

1 Stunde kochend heiß; gründlich spülen.

Beim Arbeiten auf Apparaten vor Zugabe der Zinnsalzlösung einige Zeit mit 4% Salzsäure gehen lassen, damit Abscheidungen vermieden werden.

Für besonders reine Farben setzt man dem Reservebade a. 2,5—5% Natriumbisulfit Pulver zu.

Die Reservebäder können laufend gebraucht werden, das zweite Mal mit Nachsatz von 25%, später jedesmal 20% Wollreserve. Die Nachbehandlungsbäder sind frisch zu bereiten.

Für Weißreserven wird Natriumbisulfit mit verwandt nach folgendem Verfahren:

a) 30% Wollreserve CB
5—10% Natriumbisulfit Pulver

mit der gut gewaschenen Wolle bei 30—40° eingehen, 3 Stunden bei 60—70°, 1 Stunde kochen

b) Nachbehandlung auf 90—95° heißem Bade unter Zusatz von
1,5—2% Zinnsalz, gelöst in
1 —2% Salzsäure rein 22° Bé oder 5% Essigsäure 30%
3% Natriumbisulfit Pulver
3% Feltron C

1 Stunde in Holz- oder mit Schmelz überzogenen Gefäßen mit Heizschlangen aus V 4 A-Stahl.

Weißreservierte Ware soll nur mit sauren Farbstoffen und mit Ameisensäure gefärbt werden.

Buntreserven enthalten als Farbstoff meist walkechte, saure Farbstoffe, seltener Chromungsfarbstoffe, die noch im Reserve- oder auf frischem Bade gechromt werden müssen, worauf nachbehandelt wird, schließlich für besondere Echtheit Indigosole, die aber vor dem Reservieren gefärbt werden (S. 648). Überfärbt wird mit sauren Farbstoffen, die aber gut erschöpft werden sollen, oder mit Chromungsfarbstoffen, die aber in das Chromungsbad einen Zusatz von 5% Protektol I Pulver doppelt bei farbreinen Musterungen erhalten müssen, um Gilbung zu vermeiden; auch muß mit Ameisensäure gefärbt werden.

Die Reserve muß bei allen folgenden Behandlungen möglichst geschont werden, damit die Farben möglichst klar herauskommen. Man vermeide deshalb starke Sodalaugen beim Entgerbern, Waschen und Walken; auch werden stärker alkalisch gewaschene Waren besser nach dem Überfärben karbonisiert, während die Reserve auf leichteren Waren das Karbonisieren im Loden recht gut aushält.

c) Vorrichtungen zum Färben. S. 425.

Als Werkstoff ist das Holz wegen seiner Billigkeit, nur geringen Anfärbbarkeit und verhältnismäßigen Säurebeständigkeit noch in der Wollfärberei gebräuchlich.

Aus neuerer Zeit stammen Haveg (S. 650) und die säure- und korrosionsbeständigen Eisenlegierungen von Fr. Krupp in Essen wie Thermisilid (14—18% Silizium), Nirosta (> 24% Chrom, 1—2% Kohlenstoff, mit oder ohne Nickel oder Molybdän), beide wegen der schwierigen Bearbeitung nur für Gußstücke an Pumpen usw., VA-Stähle (18—20% Chrom, 7—12% Nickel), lassen sich ziehen, fräsen, bohren und schweißen. Gebraucht werden V 2 A-Stahl und der durch Hinzulegieren von Molybdän noch säurefestere V 4 A-Stahl (K. Volz Färben und Bleichen in Gefäßen aus nicht rostendem Stahl, Z. ges. Text. **1931,** 285).

Für Pumpen usw. gebrauchte man früher viel die säurefesten Bronzen (80% Kupfer + 20% Zinn). P. Weyrich (Das Färben und Bleichen der Textilfasern in Apparaten, Berlin 1937, S. 11) hat gezeigt, wie gefährlich solche Bronzen beim Färben von Wolle auf Apparaten werden können durch Bildung grünlicher Flecken, die vom Angriff des Kupfers durch die aus der Wolle abgebauten Aminosäuren herrühren. Er fand, daß solche Flecken nur bei sauren Farbstoffen, aber nie bei Nachchromungsfarbstoffen auftraten und schloß daraus, daß die Kupferverbindung (CuS) durch Kaliumbichromat in Kupfersulfat übergeführt und entfernbar wird.

Säurebeständiger sind Kupfernickellegierungen wie Nickelin (68% Cu + 32% Ni), noch mehr Monelmetall (67% Ni, 28% Cu, 5% Fe [und Mn]); sie können aber auf die Dauer auch zu Kupferflecken Veranlassung geben (A. Foulon, D. Färberztg. 1932, Beilage 5).

Auf der Leipziger Frühjahrsmesse 1937 hatten die Deutschen Edelstahlwerke A. G. Krefeld den Baustoff Remanit ausgestellt, der ähnlich wie die VA-Stähle gegen alle Angriffsmittel in Färbereien und Bleichereien gefeit ist.

Das Färben auf Apparaten (mit ruhendem Fasergut) (S. 427) hat für die Wolle eine noch viel größere Bedeutung als für die Baumwolle; für einzelne Erscheinungsformen wie Kammzug, feine einfache Garne, Hasenhaare, Hutstumpem usw. ist es geradezu unentbehrlich. Folgende Vorteile sind damit verbunden:

1. Schonung der Faser; infolge dessen
   a) kein Verfilzen,
   b) glattes Verspinnen,
   c) gutes Walken,
   d) kein Faserverlust,
   e) wolliger, weicher Griff.
2. Verkürzung der Flotte; infolge dessen Ersparnis an
   a) chemischen Hilfsmitteln, Wasser, Farbstoff,
   b) Heizstoff, Dampf.
3. Ersparnis an Arbeit z. B. des Haspelns bei Kopsen und Kreuzspulen.

Die Temperatur der Bäder soll 95° nicht übersteigen; dann arbeitet die Pumpe besser. Heizschlangen sollen nicht unter dem Fasergut liegen, damit nicht die unteren Lagen überhitzt werden und sich dunkler färben. Bei Apparaten ohne besondere Heizkammer stellt man am besten den Dampf ab, während die Flotte von unten nach oben durch das Gut geht.

1. Lose Wolle. S. 427.

Beim Färben auf mechanischen Apparaten, darf das Gut nicht so wie Baumwolle zusammengepreßt werden. Es würde dadurch an Spinnbarkeit einbüßen; auch bleiben Luftbläschen eher haften und verhindern den Zutritt der Farbflotte. Aus diesem Grunde wird auch die sanftere Flottenbewegung mit Propellerantrieb der starken durch Pumpendruck vorgezogen.

An Stelle der Apparate W. A. C. Abb. 117 und 118 bauen Obermaier heute den Apparat NUAPR (Abb. 211); zwischen 2 Materialkammern liegt eine Heiz- und Mischkammer.

Feine Wolle soll nicht in hohen Schichten gepackt werden, da sie dann von der Farbflotte nur schwer durchdrungen wird. Man legt dann besser in mehreren Schichten ein wie bei dem Färbeapparat von Colell & Beutner für lose Wolle Abb. 124 („für Kops und Kreuzspulen" ist verdruckt und bezieht sich auf Abb. 123). Einen Apparat mit Materialträger mit 3 Schichten und seitlichem Flottenraum zum Heizen und Zusetzen baut auch z. B. die Zittauer Maschinenfabrik.

Indigo und Küpenfarbstoffe auf loser Wolle. S. 438.

Für Indigo genügt der Apparat Abb. 41, zumal die folgenden Züge die Ungleichmäßigkeiten der vorhergehenden ausgleichen. Für die neueren Wollküpenfarbstoffe mit ihrem stärkeren Aufziehvermögen genügt meist 1 Zug; daher muß für Flottenbewegung gesorgt werden. Diese wird durch eine Pumpe bewirkt z. B. bei der automatischen Färbemaschine von Ed. Esser & Co., Görlitz, oder der mechanischen

Färbeküpe der Zittauer Maschinenfabrik. Das Gut ruht in diesem Falle zwischen Siebboden und Siebdeckel, und die Flotte muß ihren Weg hindurchnehmen.

2. Kammzug. S. 438. (Vgl. W. Zänker, Färberztg. **1904,** 312).

Das Färben des Kammzugs ist immer mehr in Aufnahme gekommen. Da Ungleichmäßigkeiten in der Farbe beim späteren Spinnen ausgeglichen werden, braucht die einzelne Partie nicht haarscharf nach Muster gefärbt zu werden, was zur Schonung des kostbaren und empfindlichen Gutes sehr beiträgt. Bei der zweiten Partie, die damit vermischt werden soll, wird das weggelassen, was bei der ersten zuviel war, und das im Überschuß zugesetzt, was bei der ersten zu wenig war. Zur Beurteilung des Zuviel oder Zuwenig muß der Färber im Farbkörper (S. 19) gut zu Hause sein. Er krempelt dann mittels Handkratzen gleiche Teile beider Partien zusammen oder macht auf der Mustermaschine einen Filz daraus und mustert ab. Ist er noch nicht ganz nach Muster, so sucht er durch entsprechendes Färben einer dritten Mischpartie genau nach Muster zu kommen usw. S. a. S. 414.

Abb. 211. Wollfärbeapparat, Modell „NUAPR“.

Abb. 212. Kammzugbobinen, Färbeapparat Modell „RAPR“

Der Röhren-Apparat S. 443 wird heute für besonders hohe Ansprüche in der Bauart „RAPR“ (Abb. 212) aus V 4 A-Stahl mit motorgekuppeltem Propeller und wechselnder Flottenrichtung gebaut. Bobinen von 6—8 kg Stückgewicht werden auf die durchlochten Röhren gesteckt.

3. Wollgarn.

1. Strähngarn. S. 447.

Wolle wird vorteilhaft als Strähngarn gefärbt, wenn sie später verstrickt werden soll. Im Kammzug gefärbte Garne werden nie so offen, weich und füllig. Am besten ist natürlich auch hier der Ausfall beim Färben auf Apparaten.

A. Auf der Kufe werden heute noch besonders die ganz hellen Farben („Pastell"-Farben) gefärbt; die Flotte läßt sich hier leichter herrichten und man kommt schneller nach Muster s. Musterkarte 1061 (1934) der I. G.

Die Wannen sind breiter als in der Baumwollfärberei, bis zu 2 Meter. Auf 1 Stock kommen 1—2 kg Garn. Meist schützt ein Siebboden das Garn vor der Berührung mit der Dampfschlange, doch werden durch diesen leicht Wirbel erzeugt. Um das vorzugsweise Kochen am Einlaß des Dampfrohres zu vermeiden, empfiehlt es sich dieses am Boden der Kufe eintreten zu lassen oder am Einlaß mit Asbest einzuhüllen. Die Strähne werden trotz der kaum erträglichen Hitze immer noch meistens von Hand umgezogen, seltener werden die Handvoll mit Hilfe des Stechers, eines zugespitzten Stockes (Abb. 184), der zwischen die Strähne geschoben wird, von zwei Arbeitern gleichzeitig gehoben und gewendet (S. 656). Soll Farbstoff nachgesetzt werden, so werden die Stöcke auf ein Gestell über der Wanne gelegt zum Abtropfen der Strähne.

In der Zusammenstellung von Farbstoffen S. 447, Z. 6 v. u. kann aufgenommen werden: Echtlichtorange GX, Anthracyanin- und Guineabraun-Marken, Amidonaphtolrot BB, G, Azogrenadin S, Guineaechtgrün B, Anthralangran B und Azosäureschwarz 3 BL extra und TL extra **(I. G.)**.

Wird bei Farbmischungen Orange oder Patentblau V verwendet, so wird die Färbung bei künstlicher Beleuchtung grüner; wird dagegen z. B. aus Echtlichtgelb G, Azogrenadin S und Cyanin B gemischt, so bleibt die Farbe bei Tages- und künstlichem Licht gleich (S. 571).

S. a. M. f. T. **1932,** Fachheft III, 75; Z. ges. T. **1933,** 508; **1934,** Heft 9; Musterkarte 112 (1929) (Haargarn), 773 (1933) und 1470 (1938) (Wollgarn) der I. G.

Für Teppichgarne werden heute lichtechte Säurefarbstoffe wie Anthralangelb G, -rot G und -blau G verwendet (Musterkarte 1399 (1937) „Die Anthralanfarbstoffe", I. G., aber auch Chromungs-, Metachrom- und Palatinechtfarbstoffe (Musterkarten 524 (1932), 996 (1935), 1164 (1937) „die Palatinechtfarbstoffe", I. G.; ferner 918 (1936) von Geigy.

B. Auf Apparaten. S. 449.

α. Das „Hängesystem" nach D. R. P. 219074 von Eduard Esser & Co. (Verfahren zum Färben von Garn in Strähnform mit in wechselnder Richtung kreisender Flotte) S. 450, ist heute immer noch die beste Art der Wollsträhngarnfärberei. Die neuere Ausführung in Haveg oder Stahl durch Esser oder Krantz oder Obermaier (Neumodell „Gawet" Abb. 213) gestattet zugleich zum Färben sehr großer Partien mehrere Apparate zusammenzukuppeln z. B. nach dem D. R. P. 465628 von August Riedel, Neumünster (Holstein) (Vorrichtung zum Färben von Textilgut mit kreisender Flotte und einem Behälter, der durch eine Querzwischenwand in 2 Behandlungskammern geteilt ist).

Abb. 213. Hängesystem, Neumodell „Gawet".

Obermaier verbindet die einzelnen Apparate durch kurze verschließbare Rohre. Die Flottenmischung besorgen die Propeller. Sollen z. B. 3 Apparate zusammen arbeiten, so wird in der Flottenmischkammer der beiden äußeren durch Anbringung eines Bodens über ihrem Propeller der Flotte der Weg zum Propeller versperrt. Sie tritt durch das obere Rohr in den Mischraum des mittleren Apparates, aus dem alle 3 Propeller — die beiden äußeren durch das untere Verbindungsstück — die Flotten ansaugen und durch das Gut von unten nach oben drücken. Bei Umkehrung der Propeller ist der Lauf umgekehrt.

Neuerdings bringen Obermaier und auch Krantz die Garnstäbe nicht mehr in gleicher Höhe an, sondern versetzt, einmal tiefer, einmal höher usw. Dadurch erlangt der Garnblock eine größere Oberfläche und wird mehr aufgelockert. Infolgedessen können Schwebestoffe der Flotte sich nicht oberflächlich festsetzen und Flecken hervorrufen. Außerdem versperren die weiter voneinander abstehenden Stäbe der Flotte nicht so sehr den Weg.

Bei ungenügender Füllung des Apparates werden nach Obermaier die Garne schräg aufgehängt, indem die unteren 2 oder 3 Rasten seitwärts eingesetzt werden. Dadurch wird vermieden, daß die Flotte den sonst zu lockeren Garnblock in Unordnung bringt, indem sie die Auflegestellen verschiebt, was ungleichmäßige Färbung zur Folge hätte.

Aus demselben Grunde ist auch das „Reitersystem" S. 451 nicht zu empfehlen, weil die Gefahr zu groß ist, daß die aufgelegten Strähne von der Flotte verschoben werden, wenn sie auch noch so vorsichtig über den Stab gelegt wurden.

β) Packapparate nach Art des Lindnerschen S. 451 werden heute nur noch für gröbere Garne (für Strümpfe und Socken) gebraucht. Feinere Garne werden hier zu sehr verpreßt, bildet eine dichte Masse, die der Flotte nur schwierigen Durchgang gestattet und daher sich leicht ungleich färbt.

Die einzelnen Schichten der Garnsträhne werden regelmäßig und kreuzweise gepackt, damit sich keine Kanäle bilden und zu ungleichen Färbungen Anlaß geben.

Flottenwechsel ist vorteilhaft; man beginnt mit dem Lauf von unten nach oben, damit die dem Garn anhaftenden Luftbläschen mit nach oben gerissen werden; sie geben sonst Anlaß zu weißen Stellen.

S. a. Abb. 124.

2. Kops und Kreuzspulen. S. 455.

A. Wollene Kreuzspulen werden heute noch gern im Pack gefärbt, weil sie viel weicher gewickelt sind als Baumwollspulen und daher der

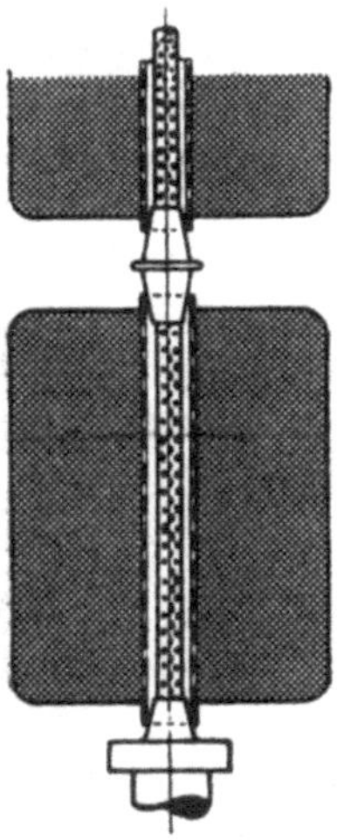

Abb. 214.

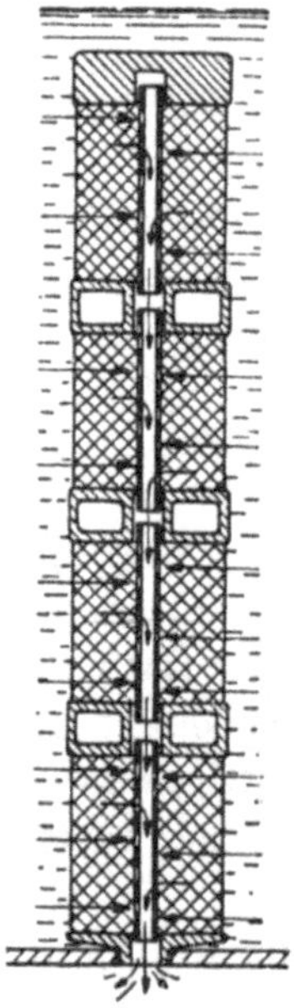

Abb. 215.

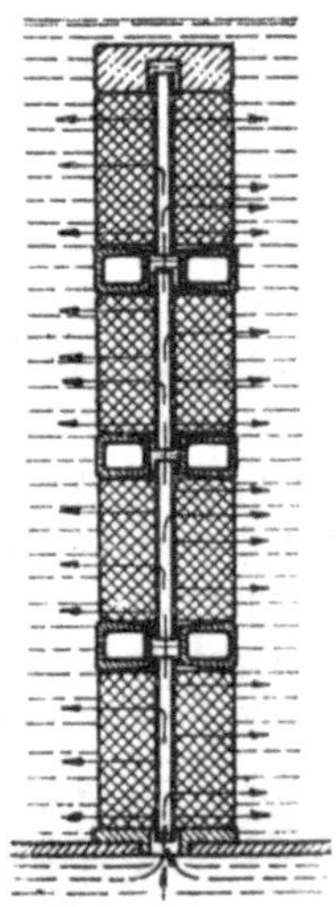

Abb. 216.

Abb. 214. 2 Kreuzspulen mit Hülse, Spindel und Konus übereinander.

Abb. 215. Scheibensystem „Spindellos" von H. Krantz, Aachen. Flottenrichtung von außen nach innen.

Abb. 216. Scheibensystem „Spindellos" von H. Krantz, Aachen, Flottenrichtung von innen nach außen mit Hohlscheiben.

Flotte guten Durchlaß gewähren. Dazu dient der Vollert-Apparat, Abb. 135. Die Spulen werden waagerecht und ganz gleichmäßig in die Kästen gelegt. Die Spulenhülsen werden durch Einstecken von Holz- oder Hartgummistäbchen geschützt. Ihre freien Enden werden möglichst in das Garn der Nachbarspule gedrückt, um Zwischenräume zu vermeiden. Noch besser entfernt man mit Hilfe einer Vorrichtung der

Zittauer Maschinenfabrik die Hülse vor dem Färben und zieht dafür einen Faden ein, mit dessen Hilfe man nach dem Färben wieder eine neue Papphülse einschieben kann.

B. Das Färben wollener Kreuzspulen im Aufstecksystem (S. 358) krankte immer an der Schwierigkeit die Hülsenenden gut abzudichten, damit die Flotte nicht hier hindurchschlüpfte anstatt durch die Spulen zu gehen. Man benutzte dazu mit zweifelhaftem Erfolg Konusse (Abb. 214). Häufig war die Abdichtung nicht vollständig, oft auch rutschte das Garn über das Hülsenende ab. Besser werden die ganzen Stirnseiten der Kreuzspulen durch Scheiben abgesichtet. Daraus ent-

Abb. 217. Kreuzspulen in einem Materialträger mit Boden-, Zwischen- und Deckelscheiben.

wickelte sich dann das System „Spindellos" S. 455, D. R. P. 290526 (Vorrichtung zum Färben von Garnwickeln, insbesondere Wollgarnkreuzspulen, auf gelochten Hülsen mit kreisender Flotte) und D. R. P. 299521 (gleichlautend), nach dem an Stelle der zu schweren Abdichtscheiben aus Steinzeug (Abb. 215) Hohlkörper (Abb. 216) verwendet werden (Abb. 217). D. R. P. 578121 von H. Krantz, Aachen (Vorrichtung zum Naßbehandeln von Garnwickeln, insbesondere von Kreuzspulen) betrifft Scheiben mit Anschlägen in den Bohrungen durch die Mitte zur Abstützung der Hülsenenden bei Erreichung einer bestimmten Zusammenpressung von konischen Kreuzspulen.

Ed. Esser & Co., Görlitz, verwenden als Spulenträger einen Einsatz aus Holz oder Haveg mit Löchern im Boden, in die Metallstäbe gestellt werden. Über die Metallstäbe werden die Kreuzspulen geschoben und stehen mit den unteren Hülsenenden in den Löchern. Die oberen Enden werden reihenweise durch eine Leiste abgedichtet, deren Löcher die oberen Hülsenenden aufnehmen. Auf die Leisten werden wieder Spulen gestellt usw.; den Beschluß macht wieder eine Leiste. Zwei Abstandbretter zwischen den Spulenreihen beschränken durch ihre Höhe die Zusammendrückung der Spulen beim Einsetzen und Anziehen der Schrauben. Beim Anheben des Einsatzes fallen die Eisenstäbe heraus, die zum Färben nicht mehr benötigt werden.

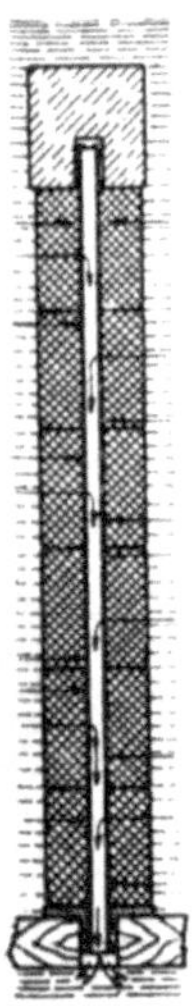

Abb. 218. System „Hülsenlos“ von M. Krantz, Aachen.

Abb. 219. Kreuzspule mit konischem Holzzylinder.

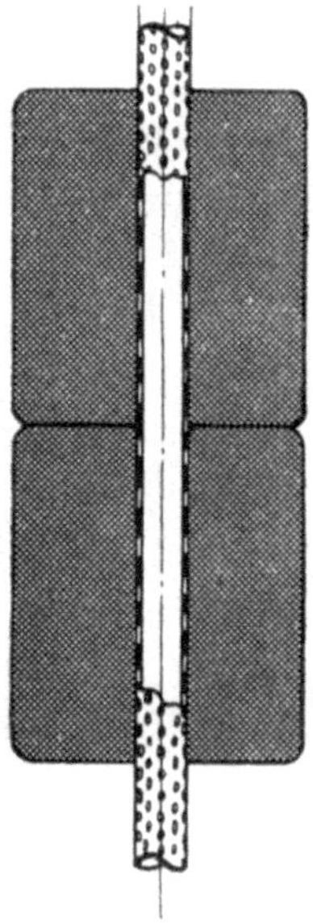

Abb. 220. Zwei Kreuzspulen auf durchlochter Nickelinröhre.

Das S. 361 beschriebene Aufschiebeverfahren von B. Cohnen, Grevenbroich, für Baumwollkreuzspulen hat H. Krantz, Aachen, als System „Hülsenlos“ besonders für Wollkreuzspulen ausgebildet. Bis zu 6 Spulen (Abb. 218) werden nach Ausstoßung des schwach konischen Holzzylinders (Abb. 219) auf ein durchlochtes Stahlrohr aufgeschoben so, daß sie sich mit ihren Seitenflächen gegenseitig abdichten (Abb. 220). Der Raum wird fast so gut wie im Packsystem ausgenutzt, die Flotte kann nur radial durch die Spulen, die sich daher schnell gleichmäßig durchfärben. Der einzige Übelstand ist die leichte Beschädigung feiner Wollgarne beim Aufschieben. Um sie zu schützen werden die Holzzylinder mit einem Gewebeschlauch überzogen, der auch später über das

Stahlrohr geschoben wird. Man hat auch versucht, das Aufschieben zu umgehen, indem nach dem D. R. P. 73503 von Peltzer & Fils, Verviers, (Apparat zum Färben von Garn als Vorgespinst im aufgespulten Zustand) das Garn auf Hülsen aufgewickelt wird, deren enges Ende in das weitere der Nachbarspule hineinpaßt; es hat sich aber herausgestellt, daß das weitere Ende der Hülse sich in die Garnschicht der anderen Spule derart hineindrückte, daß ein Ring ungefärbt blieb. Diesen Fehler beseitigt das D. R. P. 524424 der Zittauer Maschinenfabrik (Verfahren zum Naßbehandeln von Kreuzspulen) durch Anbringung eines Stützrings unter dem Rand jeder Hülse.

Abb. 221. Geschlossene Stückfärbemaschine von H. Krantz, Aachen.

4. Webware. S. 460.

Ein großer Fortschritt ist die geschlossene Stückfärbemaschine aus nicht rostendem Krupp-Stahl V 4 A z. B. von H. Krantz, Aachen, Abb. 221. Vorne und hinten befinden sich Schiebetüren mit Fenstern und Gegengewichten. Die drehbare Brille hat versetzbare Führungsstäbe und Abstellvorrichtung bei Knotenbildung; ein Lichtsignal zeigt den Stillstand der Maschine an. Der Haspel wird durch einen gekapselten Flanschmotor angetrieben. Ein Temperaturregler stellt jede beliebige Temperatur ein und erspart wesentlich Dampf. Die Maschine läßt sich von Innen beleuchten. Das Schwitzwasser wird abgeleitet.

Zur Vermeidung ungleicher Färbung muß bei allen Haspeln die Ware so ein- und auslaufen, daß sie auf der Seite, wo der Dampf (in besonderem Abteil) eintritt, nicht liegen bleibt, sondern emporgezogen wird. Stücke, die sich schwer gleich färben lassen, insbesondere dichte Stoffe, werden am besten im Anfang etwas breit gehalten von Hand oder mit Hilfe eines Stockes. Auch empfiehlt es sich das Stück nach dem Netzen vor der Farbstoffzugabe aus der Kufe herauszunehmen; nur gut gleich färbende Farbstoffe dürfen in das kleine Abteil gegeben werden, während das Stück in der Kufe umläuft.

Zur Vermeidung von Hitzfalten müssen die Enden der Stücke mit ganz kurzen Stichen glatt aneinander genäht sein (s. a. Wollen- und Leinen **1934,** 342; ferner E. Wunderlich, Winke zur Verhinderung von Unegalitäten bei stückfarbigen Tuchen, D. Färberz. **1935,** 532; W. Jaeck, Basel, Fortschritte in der Wollstückfärberei).

Neuere Wollstückmusterkarten von Geigy 823 (1931), 851 (1932); 876 (1934), 939 (1937); von der I. G. 775, 872 (1933) (Marineblau auf Wollstück), 1399 und 1440 (1937).

5. Wirkwaren. S. 462.

Wollene Trikots werden, wenn sie nicht bereits fertig zugeschnitten sind, ebenso wie baumwollene (S. 371) auf dem Haspel gefärbt. Man beläßt sie in der Form des Schlauches wie sie aus der Wirkerei kommen. Sie sind häufig mit Öl vom Wirkstuhl befleckt und müssen daher sorgfältig gereinigt werden (S. 647). Man färbt möglichst schnell, um Verfilzen zu vermeiden, also mit gut gleich färbenden Farbstoffen.

Strümpfe (S. 668) werden paarweise zusammengenäht und entweder auf offener Kufe oder im Apparat nach dem Hängesystem (S. 688) gefärbt. Besondere Schwierigkeiten bereitet das Durchfärben der Nähte und doppelt gewirkten Stellen. Soweit es sich um Wolle handelt, kann man sich durch Anwendung langsam aufziehender gut gleich färbender Farbstoffe helfen. Sind aber die Nähte aus Baumwolle, so muß zu Halbwollfarbstoffen gegriffen werden. Zuweilen sind die Nähte so unvernünftig fest, daß sie beim besten Willen nicht durchzufärben sind.

6. Filze. S. 462.

Die Filze werden durch Walken des Wollvließes hergestellt; zur Erzielung größerer Festigkeit wird dieses auch auf ein loses wollenes oder baumwollenes Mittelgewebe aufgewalkt (s. a. Bd. V, S. 63).

Die Filze kommen aus der Walke so rein heraus, daß nur die alkalische (oder saure) Walkbrühe gut auszuspülen ist. Die größte Schwierigkeit bereitet das Durchfärben des dicht gefügten Gutes. Am besten nimmt man gut gleichfärbende saure Farbstoffe, zunächst nur bei 40—50° unter Zusatz von 3% Essigsäure und 10% Glaubersalz krist. Man steigert langsam auf 80—90°, gibt 2—3% Schwefelsäure nach und kocht noch eine halbe Stunde. Leichte Filze können auf dem Haspel gefärbt werden, schwere auf dem Jigger.

Filze für die Huterzeugung heißen in halbgewalktem Zustande Labraz, im fertig gewalkten Stumpen.

1. Das Färben im Labraz empfiehlt sich, wenn geeignete Färbeapparate fehlen, auf gute Durch- und Gleichfärbung Wert gelegt wird, die Faser leicht filzt und durch kurzes Färben geschont werden soll.

2. Sonst ist das Färben im Stumpen überlegen: Die ungefärbte Faser walkt besser als die gefärbte, der ungefärbte Stumpen wird daher fester. Der Stumpen wird nicht so leicht mechanisch beschädigt wie der Labraz. Er verliert beim Färben kaum an Gewicht, während Labraze 8—10% verlieren. Schließlich können die ungefärbten Stumpen auf Lager genommen und je nach der Richtung der Mode eingefärbt werden so, daß keine gefärbte Restposten auf Lager bleiben, ein Vorteil, den die Stumpenfärberei mit der Stückfärberei gemein hat.

Die Stumpenfärberei hatte früher mit Schwierigkeiten zu kämpfen:

a) Die Handarbeit auf dem Kessel beschädigte den Stumpen und ergab mangelhafte Durchfärbung.

b) Das Färben auf dem Konusapparat, bei dem die Stumpen aufeinander gestülpt wurden, schwächte leicht die Kopfstellen und zwang, außer den gängigen gleichzeitig kleinere und größere nicht gängige Größen mitzufärben. Auch kamen Druck- und Hitzfalten, Glanzstellen usw. vor.

c) Diese Schwierigkeiten hat der Hutstumpen-Färbeapparat „Hup“ von Obermaier & Co., Neustadt a. d. Haardt, beseitigt. Die Stumpen werden durch Flottenströmung abwechselnd längere Zeit gegen einen gelochten Doppelboden gesaugt und dann kürzere Zeit emporgewirbelt und umgelagert, wobei sie frei in der Flotte schwimmen.

Der Apparat (Abb. 222) besteht aus dem Färbebehälter und dem Getriebe mit Propeller. Der Färbebehälter ist unterteilt in 1. Färbekammer, 2. Heiz- und Mischkammer und 3. Saug- und Druckkammer. In die Trennungswand zwischen Heiz- und Saug- und Druckkammer ist der Propeller eingebaut.

Man färbt im allgemeinen ohne Glaubersalz die von den Farbstofffabriken angegebenen sauren Farbstoffe unter Zusatz von 10% Ammonsulfat und 1% Leonil S (bei Haarhüten 2%), kocht ½ Stunde bis zur genügenden Durchfärbung, wendet die Stumpen, wenn nötig, und erschöpft durch zweimaligen Zusatz von je 1—1 ½% Schwefelsäure 66° Bé unter weiterem Kochen.

Leistungsfähiger ist der „Dohup“ (Abb. 223).

3. Hüte werden auch noch in der losen Wolle und im Haar gefärbt für den sog. „Melangehut“. Das Färben auf Apparaten bildet keine Schwierigkeiten; nur darf nicht zu stark gepreßt werden;

Abb. 222. Hutstumpen-Färbeapparat „Hup“, Obermaier.

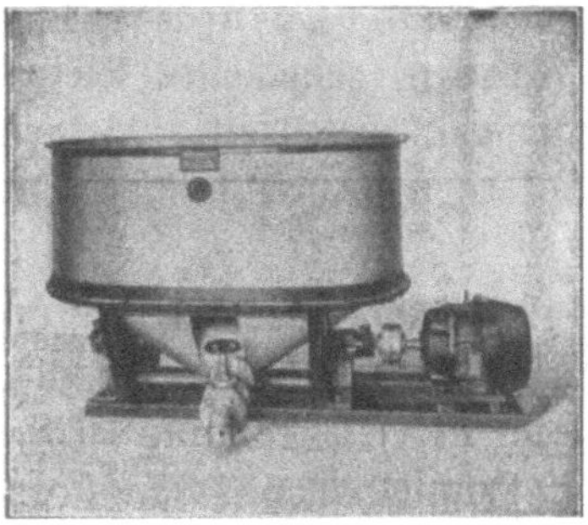

Abb. 223. „Dohup“.

die Dekaturwirkung würde das später erforderliche Walken stark beeinträchtigen; man bevorzugt deshalb Apparate mit Überguß z. B. Abb. 118, S. 431.

Haare müssen vor dem Färben durch heißes Spülen von den Rückständen vom Beizen der Felle mit Quecksilbernitrat befreit werden. Da sie zudem stark säurehaltig sind, braucht man beim Färben nur noch wenig Säure zuzugeben und verwendet statt Glaubersalz 1—2% Leonil S. Die Haare brauchen viel mehr Farbstoff wie lose

Wolle, Kaninchenhaare etwa die doppelte, Hasenhaare die dreifache Menge. Damit die gebeizten Haare nicht nachgilben und die Farbe aufgehellt wird, setzt man beim Färben Feltron C zu.

4. Schließlich werden Hüte vor oder in der Steife d. h. im mit Schellack u. dgl. gesteiften Zustande, der allerdings der jetzigen Mode wenig entspricht, gefärbt.

a) Vor dem Steifen.

Man färbt mit „schwenk-“ d. h. alkaliechten Farbstoffen, am besten Chromentwicklungsfarbstoffen, ohne Glaubersalz mit 3% Essigsäure bei 80°, treibt sofort zum Kochen, kocht schwach ½ Stunde, setzt zweimal je 1—2% Schwefelsäure 66° Bé nach und läßt noch ½ Stunde kochen auf dem Hup-Färbeapparat. Spülen mit kaltem Wasser. Nachchromen mit 1½—2½% Kaliumbichromat und 2% Ameisensäure 85% 30—40 Minuten unter schwachem Kochen. Das „Schwenken“ besteht im Reinigen der Hutoberfläche von Schellackresten mittels heißer 1—1,5%iger Boraxlösung.

b) Nach dem Steifen.

Dies hat den Vorteil, daß nicht so leicht Brüche vorkommen und daß mit gewöhnlichen saurem Schwarz gefärbt werden kann.

Über das Färben besonderer Hutarten unterrichtet der Wollratgeber der I. G. S. 545, sowie die Musterkarte I. G. 890 (1935) „Die Hutfärberei“; ferner Musterkarte 921 (1936) von Geigy.

7. Reißwolle. S. 463.

Das Abziehen läßt sich nicht ohne Faserschädigung bewerkstelligen. Es kann unterbleiben, wenn

a) die Farbmessung mit der Leiter ergibt, daß die zu färbende Farbe geringeren Weiß- und größeren Schwarzgehalt hat als die Ausgangsfarbe und die Farbtöne nicht weit abweichen,

b) die Farbstoffuntersuchung ergibt, daß die Ausgangsfärbung mit Farbstoffen derselben Gruppe hergestellt wurde, mit der gefärbt werden soll.

Beim Färben mit Helindonfarbstoffen kann das vorherige Abziehen häufig unterbleiben, weil das in der Küpe vorhandene Hydrosulfit schon genügend abzieht.

Auf jeden Fall werden zur Schonung der Faser den Abziehbädern 1—3% Protektol II N zugesetzt.

Hat die Farbmessung ergeben, daß abgezogen werden muß, so lehrt die Farbstoffuntersuchung (S. 535), welches Verfahren einzuschlagen ist:

a) Holzfarbstoffe werden mit 6—12% Schwefelsäure 66° Bé gekocht und gespült;

b) Saure Farbstoffe werden ½—1 Stunde bei 45—50° mit 5—10% Soda + 1—2% Protektol II N abgezogen, gespült und abgesäuert;

c) Substantive Farbstoffe (und saure, bei denen Verfahren b) nicht ausreicht) werden mit Dekrolin abgezogen (S. 678). S. a. Musterkarte 446 der **I. G.**

Die grünen, blauen und veilen Triphenylmethanfarbstoffe werden nach dem sauren Abziehen mit Dekrolin noch mit Soda lauwarm nachbehandelt, da sie sonst leicht mehr oder weniger stark später zurückkehren, besonders wenn später mit Chromfarbstoffen gefärbt wird, die mit Kaliumbichromat entwickelt werden. In solchen Fällen wird am besten auf die Chromfärbung verzichtet.

d) Küpenfarbstoffe, ferner fettige Wolle z. B. Reißwollkreuzspulen, werden abgezogen, indem dem 70° warmen Bade 5—8% Soda kalz. und 1—2% Protektol II N zugesetzt, 4% Hydrosulfit konz. Pulver eingestreut, eingegangen, nach ¾ Stunden gespült und schwach abgesäuert wird.

Auf jeden Fall prüfe man durch einen Vorversuch im kleinen, welches Verfahren am besten anspricht. Wenn durch keines der erwähnten 4 Verfahren genügend abgezogen wird, kommt schließlich noch das Abziehen mit 3—6% Kaliumbichromat und 6—12% Schwefelsäure 66° Bé (+ 3 — 6% Oxalsäure) unter Zusatz von 2—3% Protektol II N in Frage, welches die Farbstoffe entweder zerstört oder so befestigt, daß späteres Ausbluten nicht mehr zu fürchten ist; außerdem wird die Wolle mit Chrom gebeizt, so daß ohne weiteres Chromfarbstoffe darüber gesetzt werden können.

S. a. Hellmut Schaaf, Die Färberei der Kunstwolle unter Berücksichtigung der Anforderungen für Streichgarntuche Z. **1935,** 595.

Färben baumwollhaltiger Reißwolle. S. 465.

Wird auf gute Lichtechtheit Wert gelegt, so werden Siriusfarbstoffe zusammen mit neutral ziehenden lichtechten Wollfarbstoffen gefärbt.

Soll einer leichten Walke widerstanden werden, so werden substantive Farbstoffe gefärbt, die sich mit Formaldehyd oder Kaliumbichromat nachbehandeln lassen.

Für noch höhere Ansprüche an Walkechtheit werden Metachromfarbstoffe und Metachrombeize zu Hilfe genommen.

(Musterkarte 446 (1931) der I. G.)

Über das Vorfärben der Baumwolle in nicht karbonisierter Reißwolle s. S. 720.

8. Mottenechtmachen. S. 468.

1928 brachte die **I. G.** das Eulan neu heraus (Rundschreiben 177 und 1549 (1937)), ein weißes, geruchloses, in kaltem (auch saurem) Wasser lösliches Pulver, das, zu 3% dem sauren Färbebad zugesetzt, bei über 60° auf die Wolle zieht; 1930 Eulan NKF extra (Rundschreiben 494/495), ein neutral reagierendes, in heißem Wasser leicht lösliches Pulver, das zu 5% dem 35° warmen Bade zugesetzt wird, in dem Felle behandelt werden; 1930 Eulan NK (Rundschreiben 1098), ein gelbliches, schwach duftendes, in kochendem Wasser klar lösliches Pulver, das zu 3% dem Nachbehandlungsbade zugesetzt wird, in dem die Wollware ½—¾ Stunde zwischen 20 und 80° behandelt wird, das Aufziehen von Eulan NK wird beeinträchtigt

a) durch Säure; deshalb muß säurehaltige Wolle vorher gut gespült werden, am besten mit 2—5 g Natriumbikarbonat im Liter; blaues Lackmuspapier darf nicht gerötet werden;

b) Farbstoffe, sogar neutral ziehende, Netz- und Waschmittel; Eulan NK gibt mit ihnen schwer lösliche Ausscheidungen; Ware, die bei längerem Einlegen in kaltes Wasser, Farbstoff abgibt, kann nicht mit Eulan NK behandelt werden; Netzmittel sind überflüssig, da Eulan Nk selbst gut netzt.

Aus dem reichen Eulan-Schrifttum seien angeführt: F. Meckbach T. **1921,** 350; Kehren Z. ges. Textilind. **1929,** 361; H. Stötter Z. angew. Ch. **1929,** 621 und 1074; T. **1929,** 725; Ch. Ztg. **1935,** 473; ferner D. R. P. 507256 und 506989; Eulan in der Tuchfabrikation T. **1934,** 469; O. Mecheels, Untersuchungen über die Eulanbehandlung der Wolle T. **1935,** 42 gibt zwei Reaktionen an:

a) Eulan neu färbt sich mit Eisenchlorid blau; der blaue Farbstoff löst sich in Amylazetat und Essigester.

b) die Probe wird 15 Minuten mit 60 T. Wasser gekocht; 4 ccm werden mit 1 Tropfen Ninhydrin (Triketohydrinden) 40 Sekunden gekocht, mit 0,2 ccm Pyridin versetzt und noch 10 Sekunden gekocht; beim Abkühlen tritt Blauveil-Färbung auf, wenn die Wolle nicht eulant war.

Natürlich beschränkt man sich nicht darauf, die Wolle durch Eulan für die Mottenraupe ungenießbar zu machen, sondern man geht dieser selber und anderem gefräßigen Ungeziefer wie Teppichkäfer (Anthrenus) und Pelzkäfer (Attagenus) mit chemischen Giften zu Leibe. Die Raupe wird getötet:

a) in Vergasern mittels Tetrachlorkohlenstoff, Formaldehyd, Blausäure (= Zyklon B), Äthenoxyd (= T-Gas).

b) durch Ausstreuen von Hexachloräthan („Mottenhexe"), p-Dichlorbenzol (Mottenmittel Agfa; „Mottex"); Eukalyptusöl; Naphtalin; Kampher („Mottot", „Mottenpulver").

4% Eulan neu schützen die Wolle auch gegen Zerstörung durch den Pelz- und den Teppichkäfer (Attagenus und Anthrenus) u. a.

Auch andere Fasern außer Wolle werden zwar nicht gefressen, aber zerbissen, um daraus den Köcher für die Puppen zu bauen (J. Plail, Messing- und Teppichkäfer im Reichenberger Textilgebiet, Wollen- und Leinenind. **1936,** 104; A. Herfs, Insektenschäden an Kunstseide, T. **1936,** 689).

d) Trocknen wollener Stücke. S. 471.

Dem Schleudern wird heute vielfach das Absaugen (Bd. V, S. 13) vorgezogen. Freilich entwässert die Absaugmaschine die Leisten unvollkommen, weil der Absaugeschlitz seitlich durch die herangeschobene Decke nicht ganz abzudichten ist.

Außer dem Spannrahmen S. 472 wird auch der Filzkalander (Bd. V, S. 64) zum Trocknen der Stücke benutzt.

β) Seidenfärberei. S. 476.

b) Reinigung und Zurüstung. S. 477.

I. Im Strähn.

Abkochen der Seide. S. 477.

Die Bezeichnung „Abkochen" ist schlecht gewählt, da das Seifenbad in Wirklichkeit nie kochen d. h. aufwallen soll. Am empfindlichsten sind Canton- und Chinaseide, bei denen man daher nicht heißer als 92° macht.

Bei kalkhaltigem Wasser (S. 478) empfiehlt es sich etwa $^1/_5$ der Seife durch ein Zerteilungsmittel wie Igepon T zu ersetzen, ferner Trilon A, B zuzusetzen. Nach J. Stockhausen (Seide **1932,** 387; Text. Forschung **1933,** 115) beeinflussen die synthetischen, nicht hydrolisierbaren Waschmittel die Entbastung ungünstig.

Wertvolle Beiträge zur Erklärung der Entstehung der „Seidenläuse" S. 478 hat W. Wagner geliefert (T. **1926,** 929; Seide **1931,** Heft 9 und 10; Jubiläumsschrift der Krefelder Färbereischule **1933, 49).**

Das Bleichen gelber Rohseide und Souple (S. 479) ist Bd. IV S. 281 beschrieben.

Über das Beschweren der Seide s. Bd. V S. 108.

II. Im Stück. S. 480.

Außer auf dem Sternreifen (S. 485) wird Stückseide auch abgekocht, indem sie getafelt und an Strippen in das heiße Seifenbad gehängt wird; weniger gut läßt man sie in Strangform langsam über den Haspel laufen.

Zum Beschweren (S. 486) wird sie in Buchform auf Stöcken in die Barke gehängt; besser noch wird sie zum Pinken und Phosphaten in Schleudermaschinen eingelegt (Bd. V, S. 110).

c) Vorrichtungen zum Färben. S. 480.

1. Im Strähn.

Das Färben von Hand auf der Barke (S. 476) ist heute vielfach durch das Färben auf Maschinen (S. 657) ersetzt worden; die Seide wird dabei mehr geschont.

Von den S. 476 erwähnten Farbstoffgruppen sind die folgenden heute noch gebraucht und ihrer Bedeutung nach geordnet. Neuere Farbstoffgruppen sind hinzugekommen (Musterkarte **I. G.**, 922 (1933) auf unbeschwerter, 1023 (1934) auf beschwerter Seide):

1. Saure Farbstoffe.

Gewöhnlich färbt man aus gebrochenem Bastseifenbade d. h. Bastseife mit 2—4 Teilen Wasser verdünnt und mit Schwefel-, Essig- oder Ameisensäure schwach angesäuert. Man stellt bei 40—50° auf, zieht einige Male um, wirft auf, setzt die Farbstofflösung zu, geht wieder ein und färbt unter allmählichem Heißermachen bis 90—95° fertig. Beschwerte Seide zieht weniger gut.

Schwarzfärbereien brauchen keine Bastseife, Buntfärbereien haben oft Mangel daran. Man kann sich dann mit einer Milch aus Seife (etwa 3 Teile), Leim (etwa 0,6 T.) und Olivenöl (etwa 0,2 T. in 100 T. Wasser) helfen oder man setzt dem Bade 2—3 ccm Peregal 0 auf den Liter zu.

Die Palatinechtfarbstoffe (Musterkarte **I. G.** 965 (1934) werden aus mit Essigsäure gebrochenem Bastseifenbade gefärbt und das Bad nötigenfalls durch Zusatz von Ameisensäure erschöpft (S. 592).

2. Substantive Farbstoffe.

Da sie weniger echt sind, wählt man vorzugsweise die gutlichtechten Vertreter.

Gewöhnlich färbt man aus mit Essigsäure gebrochenem Bastseifenbad und setzt bei dunklen Farben 10—20% Glaubersalz zu. Bei satten Färbungen erschöpft man mit Ameisensäure.

Manche substantive (und saure) Farbstoffe ziehen auch aus neutralem bzw. schwach alkalischem Bad mit 5% Seife und 5% Glaubersalz (besonders in der Seidenstückfärberei üblich).

Etwaige Nachbehandlung geschieht ganz ähnlich wie bei Baumwollfärbungen (S. 120, 125 und 599).

3. Basische und Resorcin-Farbstoffe.

Gewöhnlich färbt man aus mit Essigsäure gebrochenem Bastseifenbad, aber Janusfarbstoffe auch mit Schwefelsäure. Dunkle Farben läßt man im erkaltenden Bade nachziehen. Zarte Farben werden mitunter aus 30—60° warmem Seifenbad gefärbt.

4. Beizenfarbstoffe (S. 333 und 644).

5. Schwefelfarbstoffe (S. 602).

6. Küpenfarbstoffe. Indanthren- (und Algol-)farbstoffe werden auf unerschwerter Seide und Schappe (S. 608) für Waschstoffe wie Hemden, Kleider und Effektgarne gefärbt; nicht dagegen für Vorhang- und Möbelstoffe; ebenso Indigosole (S. 625).

7. Naphtol AS auf unbeschwerter, abgekochter Seide (S. 633). S. a. I. G. 986 (1934) Koch- und bleichechte Naphthol AS-Färbungen.

2. Im Stück. S. 487.

Außer auf dem Haspel (Abb. 142) und auf dem Sternreifen (Abb. 141) wird auch auf besonderen Jiggern mit leichtem Lauf gefärbt. Als Farbstoffe dienen die obigen Gruppen A—C (Musterkarte Geigy 832 (1932), **I. G.** 922 (1933); 930 (1934).

d) Nachbehandlung. S. 480.

Die S. 482, Z. 4 erwähnte Schutzbehandlung empfiehlt sich zur Erhöhung der Wasser- und Waschechtheit basischer und saurer (auch substantiver) Färbungen. Man behandelt 1 Stunde basische Färbungen mit 5—10% Tannin lauwarm, saure mit 10—20% Tannin + 3—5% Essigsäure 30%ig kalt, windet ab und behandelt ½ Stunde basische Färbungen mit 3—5%, saure mit 5—10% Brechweinstein kalt und spült gut. Basische Färbungen werden noch leicht geseift, gespült und geschönt.

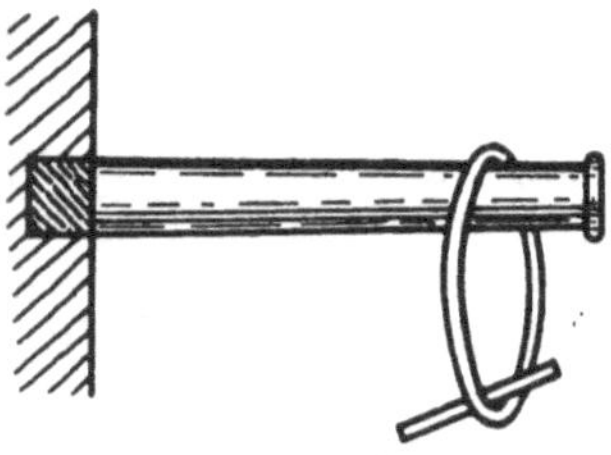

Abb. 224. Wringpfahl.

Strecken der Seide. S. 482.

Abb. 224 zeigt den Wringpfahl zum Ausstrecken und zum Abwinden mittels des in den Strähn gesteckten Stockes. Er fehlt in keiner Strähngarnfärberei. In Seidenfärbereien heißt er auch „Pol", in Baumwollfärbereien „Docke".

Er dient auch zum „Chevillieren" S. 484. Eine Chevilliermaschine ist Band V, S. 92 abgebildet.

C. Kunstseide (Kupfer- und Viskose-). S. 490.

a) Allgemeines.

Nitratkunstseide (Chardonnetseide) ist vom Markt verschwunden.

Kupferkunstseide (Bemberg-, Zellvag) wird nach dem Streckspinnverfahren gesponnen, wodurch die Feinbauteilchen nach der Längsachse des Fadens gerichtet werden; dabei werden Feinheit und Festigkeit gleichzeitig erhöht.

Viskosekunstseide (Agfa-, Agfa-Travis-, Zehla, Glanzstoff, Dunova Glanz-Courto, Glauchau, Novamat, Kasema) wird heute am meisten gebraucht. Eine Abart ist die Luftkunstseide (Celta) mit Hohlräumen im Innern der Faser, die sie matter erscheinen lassen.

Azetatkunstseide (Aceta der I. G. Farbenindustrie A.-G., Rhodiaseta der deutschen Azetat-Kunstseiden A.-G. Rhodiaseta in Freiburg) nimmt als Celluloseazetat eine besondere Stellung ein. Sie ist durch ihre Löslichkeit in Azeton leicht von den übrigen Kunstseiden zu unterscheiden. S. a. Gespinstfaser-Prüfmethoden, I. G. Karte S. 5471 (1937).

Außer den eigentlichen reinen glänzenden Kunstseiden verlangt die Mode seit einigen Jahren Mattkunstseide (Bd. VI, S. 191).

Bei der spinnmatten Kunstseide werden der Faser feine Teilchen, meist Titandioxyd, einverleibt. Die Entglänzung ist gut und dauerhaft; das Titandioxyd löst aber häufig als Katalysator bei Gegenwart von Licht, Luft, Wärme und Nässe Oxydationen aus, die Verfärbungen der gefärbten Kunstseide zur Folge haben können. Daß mehr Farbstoff gebraucht wird, erklärt sich aus der Erhöhung des Weißgehaltes infolge der Einlagerung des weißen Titandioxyds. S. a. S. 554.

Es gibt auch spinnmatte Azetatkunstseide z. B. Setilmat von Tubize, Albene (Garn) von Freiburg und Peau d'ange (Stück, Band).

Im Übrigen s. Band II.

b) Reinigung und Zurüstung für die Färberei. S. 491.

α) Strähne, Trikots und Strümpfe sind meist so rein hergestellt, daß sie ohne weiteres gefärbt werden können. Höchstens wird auf warmem weichem Wasser genetzt. Enthalten sie aber von der Herstellung her Ölreste, so müssen sie gereinigt werden. Sie werden bei 70—75° geseift z. B. mit 2—3 g Seife, 0,5—1 g Igepon T und 0,5—1 ccm Laventin KB oder HW. Dies macht sich besonders notwendig bei Trikots und Strümpfen aus „präparierter" Kunstseide. Zur Entfernung des Paraffins setzt man wohl auch 2—3 ccm Terpentinöl auf 1 Liter Bad zu.

Das „Präparieren" der Kunstseide für die Wirkerei soll den Faden auch geschlossen, vor allem aber weich und geschmeidig machen. Wenn das Befeuchten auf Apparaten der Maschinenfabrik H. J. Schwabe, Chemnitz, Siegmar-Schönau, nicht genügt, wird paraffiniert, indem man den Faden entweder über einen Paraffinklotz oder besser durch eine mit Seife oder Monopolbrillantöl oder dgl. bereitete Milch von Paraffin laufen läßt. Auch käufliche Spulöle werden verwendet; sie dürfen aber keine freien Fettsäuren enthalten, da diese die Kupfer- und Messingteile der Cottonmaschine angreifen würden. Die am meisten verwendete Bembergkunstseide kommt bereits präparaiert (mit „Spebol", Olivenöl + fettsaures Ammon) in den Handel.

S. a.: H. D. Das Behandeln, Präparieren und Avivieren der Kunstseide, Z. ges. Textilind. **1937**/ 209.

β) Gewebe müssen gründlich entschlichtet werden. Man verfährt wie oben, beachte aber dabei folgendes:

Stärkeschlichten läßt man vorher durch ein Entschlichtungsbad laufen und zwar entweder 50—60° Biolase N extra Pulver (1—1,5 g im Liter auf dem Jigger, 0,5—1 g auf dem Haspel) oder 0,3% Viveral E nicht über 50°.

Leinölschichten läßt man, besonders wenn sie stark verharzt sind, einige Stunden in dem etwas stärker angesetzten Seifenbadequellen und erwärmt ganz langsam bis 80—90°. Nötigenfalls setzt man 2 g Soda kalz. und 10 ccm Terpentinöl auf 1 Liter Bad zu, vorteilhaft auch 1—2 g Lenokal AL flüssig.

Paraffin- und dergl. Schlichten werden am besten mit Benzin oder Tetrachlorkohlenstoff in entsprechenden Maschinen gewaschen.

Das Schlichten der billigeren Schußkunstseide, um sie als besser füllende Kette im Gewebe zu verwenden, ist heute allgemein üblich geworden. Man verfährt ähnlich wie beim Schlichten von Baumwollesträhnen S. 378 oder auf der Maschine von Gerber-Wansleben, Krefeld von Bobine zu Bobine, indem die Fäden über eine sich in einem Schlichttroge drehende Walze laufen und weiter zwischen dampfgeheizten Platten getrocknet werden.

Man verwendet entweder Naßschlichten, z. B. eine Leimlösung mit Zusatz von Seife zwecks schnellerer Netzung oder Trockenschlichten, z. B. die Leinöl- oder Schettyschlichte nach D. R. P. 198931 von J. Boyeux, Villeurbanne (Rhone) (Verfahren zum Überziehen von Fäden, insbesondere von den Kokons abgehaspelten Seidenfäden, mit einer Schmälze). Danach wird die Kunstseide in eine Lösung von 450 g gekochtem Leinöl und 15 g Bienenwachs oder 20—30 g Mastix in 1 kg Benzin eingelegt, geschleudert und allmählich während mehrerer Tage trocknen gelassen. Derart geschlichtete Kunstseide verrät sich durch ihre gelbliche Farbe und den Leinölgeruch. Sie sollte nicht allzulange liegen bleiben, damit sie nach dem Verweben wieder leicht entschlichtet werden kann.

S. a. M. Becker, Kunstseidenschlichte, Z. ges. Textilind. **1931**, **44**; E. M., Für und wider die Leinölschlichte, Z. ges. Textilind. **1931**, 123; A. Lorenz, Wie muß Kunstseide zur Verwendung als Kette vorbehandelt werden, Kunstseide **1932**, 86.

Das Kreppen oder Krepponieren d. h. das Einspringenlassen der stark gedrallte Kreppgarne enthaltenden Kreppgewebe geht immer mit dem Entschlichten einher. Die Kreppgewebe sind naturgemäß sehr empfindlich gegen mechanische Behandlung; es entstehen leicht Bruchfalten, die nicht mehr zu entfernen sind. Größere Betriebe verwenden zur schonenden Behandlung besondere Krepponiermaschinen. Beim Arbeiten mit der Hand wird die Rohware in Buchform getafelt und in die Entschlichtungsflotte eingelegt, die kurz gehalten wird, damit die Ware nicht ins Schwimmen geraten kann unter Faltenbildung der einzelnen Lagen. Man kann auch die Rohware breit auf einen Haspel aufwickeln, die Enden an die unterste, bzw. oberste Lage annähen, vom Haspel auf zwei breite Stöcke bringen und mit ihrer Hilfe in voller Breite mehrere Male durch die Entschließungsflotte ziehen, ähnlich wie beim Strangfärben.

Das Kreppbad besteht vorteilhaft zunächst aus kalter Natronlauge 3—5° Bé. Die Natronlauge begünstigt die Entfernung der Leinölschichte. Während der einige Minuten bis zur Erzielung des gewünschten Einsprunges dauernden Behandlung muß jede Streckung in Länge oder Breite vermieden werden. Danach wird gründlich gespült und auf das kochende Krepponierbad gegangen, das je nach Härte des Wassers 1—2 g Seife + 2—3 ccm Laventin HW oder 1—2 g Seife + 1—2 g Igepon T + 2—3 ccm Laventin KB im Liter enthält. Nach etwa einer Stunde wird warm und kalt gespült.

Enthält der Rohkrepp Azetatkunstseide, so unterbleibt die Laugenvorbehandlung und die Temperatur des Entschlichtungsbades wird unter 80° gehalten.

Später darf nie heißer gefärbt werden als gekreppt wurde, weil sonst leicht fehlerhafte Kreppung die Folge sein könnte.

Ferner sollen Flecken nie im Rohkrepp beseitigt werden, sondern erst nach dem Kreppen und Trocknen in der Hänge.

c) Färben. S. 492.

Nach A. Lehner und A. Jäger (Kunstseide **1927**, 219) übt jede auf den sich bildenden Faden einwirkende Spannung einen Einfluß auf die Anfärbbarkeit der Viskose aus: Substantive und Indanthrenfarbstoffe werden schwächer, basische stärker aufgenommen. Das Verhalten ähnelt also demjenigen bei Gegenwart von Oxyzellulose.

Nach einem Aufsatz „Das Färben der Viskosekunstseide" aus Rev. gen. des mat. (D. Färberztg. **1932,** 528) spielt auch die Temperatur bei der Natronlaugebehandlung der Zellulose, beim Reifen der Natronzellulose, beim Waschen, Entschwefeln, Bleichen eine Rolle. Desgleichen der P_H-Wert sowohl dieser als auch der Farbbäder. Scheckig gefärbte Kunstseide kann durch Behandlung mit 0,5—3% NaOH während 15—60 Minuten gleich gemacht werden. Ein Kennzeichen für die zu erwartende Gleichmäßigkeit der Ausfärbung ist die Aufnahme von Methylenblau durch die Viskose; sie ist proportional dem Oxyzellulosegehalt.

Nach Mitteilungen aus der Versuchsfärberei der **I. G.** (Neue Erfahrungen mit Igepon, T. **1932,** 150) befördert Zusatz von Igepon T die Gleichmäßigkeit der Färbung und die Weichheit des Fadens. Zum Gleichfärben dient auch ein Zusatz von Peregal oder Humektol CX. Mit Kupferkunstseide wird handwarm, mit Viskose bei 60° eingegangen und zum Kochen getrieben.

Ebenfalls vergleichmäßigend wirkt ein Zusatz von 0,5—1 g Oxycarnit L 50 oder, wenn im Färbebad vorgereinigt werden soll, Modinal 64 S doppelt konz. je Liter; beide Mittel von der Böhme Fettchemie.

Substantive Farbstoffe S. 493 werden heute am meisten angewandt, zumal die Gruppen der Sirius- (I. G.), Chlorantinlicht- (Ciba) und Diphenylecht-farbstoffe (Geigy) für viele Zwecke genügend lichtechte Vertreter in allen Hauptfarben bieten. Die am besten gleichfärbenden sind von den Farbstoffabriken zusammengestellt z. B. in Musterkarte 811 (1931) von Geigy und 760 (1934) und 1593 (1938) der I. G. s. a. S. 126 und 600.

W. Weltzien und K. Götze (M. f. T. **1926,** 257; **1927,** 401; **1928,** 372) haben substantive Farbstoffe und ihr Verhalten gegen Viskose und Kupferkunstseiden untersucht, indem sie 1. Gewebeabschnitte mit Streifen aus Viskose und Kupferkunstseide ausfärbten und den Farbunterschied maßen, 2. gefärbte und ungefärbte Kunstseideproben ½ Stunde mit ½%iger Seifenlösung kochten und den Ausgleich der Farben maßen. Sie fanden, daß Kupferkunstseide sich besser gleich färben läßt als Viskose. Ferner, daß Vorquellen der Viskose in 4%iger Natronlauge die Gleichfärbbarkeit der Viskose verbessert, die Faser aber zugleich so schwächt, daß es technisch nicht ausgeführt werden kann.

Schütz, Basel, Graphische Darstellung von Färbevorgängen (T. **1938,** 72) wählt als Abszisse die Zeit, als Ordinate die durch kolorimetrische Messung des im Becher zurückgebliebenen Farbstoffs nach 2, 10, 20, 50 Minuten usw. ermittelte Stärke der Färbungen. Farbstoffe mit rasch ansteigender und nachher abfallender Kurve färben streifig färbende Viskose gleichmäßig.

S. a. K. Risch, Über die Beziehungen zwischen der Färbbarkeit der Viskose und ihren anderen chemischen und physikalischen Eigenschaften, T. **1932,** 589; ferner **I. G.** Heft 972 (1934) Färbungen auf Kunstseidenstrang für Vorhang- und Dekorationsstoffe Viskose-Agfa und **I. G.,** Abteilung Kunstseide Berlin, Verarbeitung und Ausrüstung von Agfa-Kunstseiden und Agfa-Travis, S. 33.

1. Strähngarnfärberei.

Man färbt auf glatten Färbestöcken oder auf mit Hartgummi überzogenen Metallrohren oder auf dem Haspel der Strähngarnfärbemaschine höchstens 1 kg Garn je Stock oder Haspel (bei Agfa Travis nur ½ kg). 30—40fache Flotte (bei Agfa Travis 40fach). Um die Berührung mit der Hand möglichst zu vermeiden, zieht man mit Hilfe von zwei Stöcken vorsichtig um.

Nach dem Färben wird gespült, zwecks leichteren späteren Abwindens aviviert z. B. mit Ramasit I oder Soromin A, F, abgestockt, in handlichen Bündeln in Tücher gepackt, sofort in Schleudern mit 700 bis 900 Touren in der Minute geschleudert (nicht stärker wie nötig), mit der Hand vorsichtig ausgeschlagen und auf glatten Stangen getrocknet. Das bei Baumwollsträhnen übliche starke Ausschlagen und Wringen ist nicht zulässig.

Nach dem Trocknen bei höchstens 60° muß das Garn wieder seine normale Feuchtigkeit annehmen, was sich durch eine Klimaanlage oder durch Trockenmaschinen leicht bewerkstelligen läßt, die das Garn mit der gewünschten Feuchtigkeit entlassen.

2. Stückfärberei.

a) Webware.

Man färbt im allgemeinen auf der Haspelkufe, namentlich feine Gewebe; gröbere auch auf den besonderen Jiggern (S. 663). Nach dem Färben wird mit Soromin und dergl. aviviert, abgesaugt und in der Hänge oder auf dem Kluppenspannrahmen getrocknet, wobei man 3—10% einspringen läßt. Stärkeres Spannen macht brettig und beschädigt leicht die Webkanten. Wird auf der Zylindertrockenmaschine getrocknet, so müssen die ersten Zylinder bombiert sein. Leichte Gewebe werden auch auf dem Filzkalander mit Palmerausbreiter getrocknet. Nach dem Trocknen wird noch auf dem Papierkalander Glanz oder auf der Spanpresse Hochglanz erteilt.

b) Wirkware.

Nach dem gründlichem Reinigen von Ölpräparation und Maschinenölflecken auf der Haspelkufe z. B. mit 3—5 g Mars. Seife oder Igepon A und 2—3 ccm Laventin KB bei 80—90°, wobei aber jegliches Reiben vermieden werden muß, färbt man auf der Haspelkufe. Bei Rundstuhlware, Charmeuse, oder Milanese wähle man die Stücke nicht zu lang und lasse den Haspel nicht zu schnell laufen, um starken Zug des Gewebes zu vermeiden; anfangs soll die Ware mit der Hand breit gehalten werden. Beim Zusetzen oder beim Beendigen des Färbens soll die Ware nicht auf dem Haspel aufgeleiert, sondern breit aus der Flotte herausgetafelt werden.

Kettstuhltrikot, Charmeuse und Milanese werden vor dem Färben zum Schlauch genäht mit der linken Seite nach außen.

Helle Färbungen erfordern einen Zusatz von Seife (bei hartem Wasser 1—3 g Igepon A je Liter) und kein Glaubersalz; dunkle Färbungen brauchen keine Seife, aber bis zu 20% Glaubersalz krist. Man färbt kochend heiß. Zum Weichmachen setzt man z. B. 0,25—0,5 g Soromin F je Liter zu.

Nach dem Färben wird gespült, zur Vermeidung von Knittern nur kurz geschleudert und Kettware auf dem Nadelrahmen gespannt, Rundstuhlware auf dem Schlauchtrockenapparat S. 497 getrocknet. Zu starkes Spannen macht brettig und speckglänzend. Den Beschluß macht leichtes Kalandern auf dem Papierkalander oder auf der Muldenpresse bei möglichst niedriger Temperatur.

Küpenfarbstoffe, S. 493, erfordern beim Färben der Kunstseide große Übung. Vorzügliche Gleichfärbemittel sind Peregal O und OK **(I. G.)**. S. a. Musterkarte 714/C (1932) Indanthrenfarbstoffe auf Kunstseidenstrang (Viskosekunstseide-Agfa) der I. G.

Sehr gut gleich färben die Indigosole wegen ihres höheren Zerteilungsgrades. Leider sind sie in tiefen Färbungen noch etwas teuer und werden daher mehr im Kunstseidendruck verwendet.

Naphtol AS-Farbstoffe dienen hauptsächlich für lebhaftes, vollfarbiges Rot, auch für Braun, Blau und Schwarz. Die Grundierung kann schwächer als für Baumwolle genommen werden. Die Entwicklungsbäder seien nicht heißer als 50—60° und sollen Essigsäure statt Aluminiumsulfat enthalten, um Trübung des Glanzes der Kunstseide zu vermeiden (S. 634).

Einrichtungen zum Färben der Kunstseide. S. 493.

Wegen der Empfindlichkeit der im nassen Zustand gequollenen Faser müssen die Oberflächen, mit denen sie in Berührung kommt, ganz glatt sein. Als Werkstoff hat sich Porzellan gut bewährt. Die Färbe-

und Haspel-kufen der Maschinenfabrik Gerber-Wansleben, Krefeld und die Jigger der Maschinenfabrik Gustav Obermeyer, Plauen, sind damit ausgelegt; die Jiggerwalzen sind aus Hartgummi.

Auch die Bearbeitung mit der Hand soll möglichst vermieden werden. Dazu dienen die Färbemaschinen und zwar

a) für Strähn von Gerber-Wansleben oder von der Niederlahnsteiner Maschinenfabrik oder von Wilhelm Taschner, Krefeld.

b) für Stück der schon erwähnte Porzellanjigger von Obermeyer, Plauen, und der Automatenjigger der Maschinenfabrik Benninger A. G., Uzwil, bei dem ein Differentialgetriebe die Ware stets mit gleicher Geschwindigkeit laufen läßt und der Antrieb beider Jiggerwalzen den Zug des Gewebes möglichst verringert.

c) für Strümpfe von der Maschinenfabrik Oskar Jahn, Waldenburg in Sa., indem die an einem Ring aufgehängten Strümpfe in den runden Färbebottich gesenkt werden, wo sie von der am Umfang einströmenden Farbflotte nach der Mitte zu bewegt werden, oder von der Maschinenfabrik W. Langen, Krefeld, nach Art der Waschtrommeln, in Amerika von der Maschinenfabrik Smith-Drum, Philadelphia, in Deutschland von Gerber-Wansleben, Krefeld und von Weise Chemnitz-Schönau (S. 669) gebaut.

Eigentliche Färbeapparate haben sich für Kunstseide nicht einführen können. Die gequollenen Wickel setzen der Färbeflotte einen unüberwindlichen Widerstand entgegen; beim Hängesystem entsteht zuviel Reibung an den Wänden.

Kreppgewebe müssen auch beim Färben mit größter Sorgfalt behandelt werden; sonst entstehen Bruchfalten und Risse. Am besten verwendet man besondere Haspelkufen z. B. von der Alba-Porzellankufen G. m. b. H., Chemnitz, mit eiförmigem Haspel und angetriebener Leitwalze. Anfangs soll die Ware mit der Hand möglichst breitgehalten werden.

d) Nachbehandlung. S. 497.

Griffig machen, ähnlich wie Baumwolle und Seide sowohl „krachend" mit 5 Seife im Liter, meist gleich im Färbebad, und nachfolgendem Schleudern und Säuern mit 2—5 g Ameisen- oder Milchsäure, als auch „weich" z. B. mit 0,5—2 g Soromin AF Paste oder N Pulver im Liter Färbe- oder letztes Spülbad (Rundschr. I. G. 824, 826, 842 (1932).

Weichmachmittel, die ungesättigte Fettsäurereste enthalten wie Türkischrotöl und Olein können, besonders bei Gegenwart von Alkalien, Färbungen weniger beständig gegen Licht machen.

Zur Erzielung des weichen Griffes bei Kreppgeweben werden dem Färbebade je Liter 0,2—0,5 g Soromin F oder Igepon T (S. 517) oder noch besser einem nachfolgenden Bade je Liter 2 g Soromin F oder Igepon T oder 2—3 g Tallosan K zugegeben. Darauf wird auf dem Kluppen- (Egalisier-) rahmen getrocknet. War vorher bereits in der Hänge getrocknet, so wird auf dem Dämpfbock stark gedämpft, ehe gerahmt wird. Schließlich läuft die Ware durch einen Filzkalander oder zwischen Stahl- und Papierwalze eines Kalanders, dessen Papierwalze durch eine zweite Stahlwalze angewärmt wird.

Entglänzen (Nachmattieren) s. Bd. VI S. 191.

D. Azetatkunstseide.

S. 493. S. a. Heft 786 und 927 von Geigy, 286 (1929), 660 (1931), 670 (1932) und 1397 (1937) der I. G.

Das Verseifen der Azetatkunstseide, um sie anfärbbar zu machen, kommt heute längst nicht mehr in Frage. Das Färben der Azetatkunstseide ist ein Lösungsvorgang, bei dem der Farbstoff seiner wäßrigen Lösung in ähnlicher Weise entzogen wird wie das Fett aus der Milch durch Ausäthern. Es handelt sich also nur darum, Farbstoffe ausfindig zu machen, die mit der Eigenschaft der Löslichkeit in Azetylzellulose behaftet sind. Die dahin zielenden Forschungen sind in zahlreichen Patenten von British Dyestuffs Corporation Ltd, R. Clavel, CourtauldsLtd und **I. G.** Farbenindustrie niedergelegt. S. a. P. Rabe, Die Azetatseide in der Färberei, T. **1928,** 235; H. Brandenburger, Das Färben der Azetatseiden und Azetatseidenmischgewebe, Z. ges. Textilind. **1929,** 356; **I. G.** Musterkarte 124/B, Die Azetatseide in der Kleiderfärberei, H. Gürtler, Die Entwicklung der Azetatseidenfärberei und -Druckerei, T. **1933,** 406; F. Nevely, Das gangbare Färben von Wirkware aus Azetatseide, T. **1935,** 191.

Nach Fierz, Farbstoffe, Erg.-Bd., S. 48 färben die Azetatkunstseide an 1. alle azetonlöslichen Farbstoffe, 2. alle Azofarbstoffe, in deren Aminogruppe der Rest des Glykolchlorhydrins Cl. $CH_2 \cdot CH_2 \cdot OH$ eingeführt ist.

Die heute gebräuchlichen Farbstoffe für Azetatkunstseide werden am besten nach ihrer verschiedenen Färbeweise in folgende drei Gruppen eingeteilt:

I. Wasserunlösliche: Werden in Wasser fein verteilt und so der Faser dargeboten. Als Verteilungsmittel werden dem Bade 2—3 g Seife auf den Liter weichen Wassers zugesetzt und bei 60—75° ½—1 Stunde gefärbt; danach spülen, leicht seifen, mit Essigsäure avivieren: Celliton und Cellitonecht- (I. G.), Cibacet- (Ciba), Setazyldirekt- (Geigy), Celanese SRA- (British Celanese Ltd), Dispersol- (British Dyestuffs Corporation) -Farbstoffe. Die Färbungen färben nur heißes Wasser etwas an.

2. Wasserlösliche: Werden in heißem Wasser gelöst und in 30facher Flotte bei 75°, helle Färbungen bei 20° beginnend, ½—1 Stunde, je nach Tiefe der Färbung mit Zusatz von 20—50% Glaubersalz kalz.

oder Ammonchlorid gefärbt: Cellit- und Cellitecht- **(I. G.)**, Azetol- (Gebr. Seitz, Frankfurt am M.), basische Farbstoffe.-Vgl. S. 588. Die Färbungen färben kaltes Wasser an.

3. Entwicklungsfarbstoffe: Basen, die zunächst aufgefärbt und danach diazotiert und entwickelt werden ähnlich wie Primulin S. 127: Cellitazole (I. G.), Cibacetdiazo- (Ciba), einige Setazyl-direkt-(Geigy)-farbstoffe, Ionamine (British Dyestuffs Corp. Die Färbungen sind ganz wasserecht und werden nur von Alkalien abgezogen.

Durch folgende zwei Regeln unterscheidet sich das Färben der Azetatkunstseide grundsätzlich von demjenigen der Zellulosekunstseiden:

1. Alkalische Zusätze wie Soda oder gar Natronlauge, besonders in der Wärme sind streng verpönt, da sie die Azetylzellulose verseifen, was zur Schwächung und Entglänzung der Kunstseide führt.

2. Temperaturen von 80—85° sollen beim Färben nie überschritten werden, damit nicht ähnliche Folgeerscheinungen auftreten. Insbesondere darf niemals Dampf gegen Azetatkunstseide strömen und das Trocknen, Bügeln, Kalandern darf nur bei niedriger Temperatur vorgenommen werden.

1. Wasserlösliche (Suspensions-) Farbstoffe.

Die Celliton- und Cellitonecht-farbstoffe kommen heute in der Regel als Pulver in den Handel. Sie werden mit Wasser von 40—50° angeteigt und dem Färbebade zugesetzt.

Man geht bei 40° in das 1—2 g Mars. Seife im Liter enthaltende Bad bei 40facher Flotte ein und treibt in ½—1 Stunde auf 75°. Nach einer weiteren halben Stunde wird mit weichem Wasser gespült, geseift und bei niederer Temperatur getrocknet.

Tierische Faser wird nur wenig, Baumwolle, Viskosekunstseide und -zellwolle kaum angefärbt.

In Ermangelung weichen Wassers ersetzt man einen Teil der Seife durch ein kalkbeständiges Dispergiermittel wie Igepon A oder T.

Die Farbstoffe sind nicht metallempfindlich, was die Auswahl des Baustoffes für die Färbegefäße erleichtert.

2. Wasserlösliche Farbstoffe.

Die Cellit- und Cellitecht-farbstoffe kommen als Pulver in den Handel, die sich in heißem Wasser klar lösen.

Man geht für helle Farben bei 20—25° in das 20—50% Glaubersalz kalz. enthaltende Bad bei 30facher Flotte ein, treibt auf 75° und färbt ½—1 Stunde.

Tierische Faser wird stark, Baumwolle, Viskose-kunstseide und -zellwolle etwas angefärbt.

Diese Farbstoffklasse wird heute nur noch selten angewendet. Die Gelb- und Orange-Marken neigen zur Phototropie, am wenigsten noch Cellitechtgelb GGN, das einen Zusatz von 3—5% Essigsäure 6° Bé zum Färbebad erfordert.

3. Entwicklungsfarbstoffe.

Die Cellitazole werden entweder gelöst als salzsaure Salze oder unlöslich und dann mit Hilfe eines Dispergierungsmittels wie Seife der Faser dargeboten, die große Verwandtsschaft zu ihnen hat, besonders zu den basische Gruppen enthaltenden Azolen.

Die Cellitazole (S. 495) lassen sich auf Grund ihrer Verschiedenheit beim Lösen bzw. Anteigen und Färben in folgende 4 Untergruppen einteilen:

1. STN, AZN, BN und SG werden mit warmem Wasser angerührt und durch ein feines Sieb in das 2—3 g Marseiller Seife enthaltende 40—50° warme Färbebad gegeben, auf dem 1 Stunde bei 50—75° gefärbt wird; danach spülen.

2. B und SR werden entweder in 30—50 Teilen kochendem Wasser + 2 Teilen Salzsäure 20° Bé gelöst und nach ¼stündigem Färben 5—15% Natriumazetat nachgegeben oder

sie werden mit 3—4 Teilen Tetrapol + 4,5 T. Seife + 0,5 T. Soda kalz. in 100 T. weichem Wasser 20 Minuten aufgekocht, durch ein feines Sieb ins Färbebad gegeben und ein etwaiger Rückstand nochmals mit Seifenlösung gekocht. Gefärbt wird ¾—1 Stunde bei 60—65°.

3. R und RB werden entweder in 10 T. Ameisensäure 85%ig bei gewöhnlicher Temperatur gelöst und in 1000 T. heißes Wasser + Salzsäure 20° Bé (bei R in 4facher, bei RB in 8facher Menge) durch ein dünnes Wolltuch gegeben oder

sie werden wie unter 2. mit Tetrapol usw. gelöst.

Gefärbt wird von 40—70°.

4. ORB wird in kochendem Wasser gelöst; gefärbt wird unter Zusatz von 30—50% Glaubersalz kalz. + 5% Essigsäure 6° Bé.

Alle 4 Untergruppen werden nach dem Färben kalt gespült, in frischem kaltem Bade mit 2 g Nitrit + 5 ccm Salzsäure 20° Bé im Liter diazotiert und gespült. SR verlangt 3 g Nitrit + 7½ ccm Salzsäure im Liter.

Die diazotierten Basen (waagerechte Linie der Übersicht) werden mit den Entwicklern (senkrechte Linie) zu folgenden Farben entwickelt:

	R	RB	ORB	SR	B	SR	STN
J	gelb	gelb	gelb	kreß			
F konz.	k	r	e	s s			
A	r	o	t				
BS	bor	do					
ON	bor	do	veil		blau	schwarz . . .	

Gelöst werden die Entwickler A, F konz. und J in heißem Wasser, BS unter Zugabe von etwas Salzsäure, ON nach Zugabe der gleichen Menge Natronlauge 40° Bé.

Alle Entwickler werden mit Ausnahme von ON kalt bis lauwarm verwendet; ON wird in dem mit Essigsäure angesäuerten Bade bei 60—70 (für Schwarz aus STN, STN konz. bei 30—40°) angewendet.

4. Basische Farbstoffe, s. S. 588.

E. Zellwolle. S. 499.

a) Allgemeines.

Zellwolle ist die seit 1935 eingeführte Bezeichnung für das durch Zerschneiden vom Kunstseidefäden gewonnene Fasergut. Ihre Herstellung, Verarbeitung, Verwendung und Wirtschaft ist in Band II beschrieben.

In der Hauptsache unterscheidet sich also die Zellwolle nur mechanisch durch ihre Faserlänge von der Kunstseide, stofflich stimmt sie damit überein; so erklärt es sich, daß die Veredlung der Zellwolle sich chemisch kaum von derjenigen der entsprechenden Kunstseiden unterscheidet und daß der Unterschied mehr in der Art der mechanischen Behandlung liegt.

Die Zellwolle hat vor der Kunstseide voraus, daß etwaige Ungleichheiten der Spinnmasse, die sich beim späteren Färben der Kunstseide als Streifigkeit bemerkbar machen, bei Zellwolle nicht auftreten können infolge der späteren Vergleichmäßigung durch das Verspinnen.

Ein weiterer Vorteil ist die größere Unempfindlichkeit der Zellwolle gegen die unvermeidliche mechanische Beanspruchung bei der Veredlung. Während das Aufspleißen eines Kapillarfädchens bei der Kunstseide zur Nesterbildung führt und für die weitere Verarbeitung verhängnisvoll werden kann, ist dies bei Zellwolle nicht zu befürchten, da sie aus vielen Einzelfasern zusammengedreht ist.

b) Reinigung und Zurüstung für die Färberei.

α) Flocke.

Da die Zellwolle in Form der Flocke leicht klumpt, wenn sie längere Zeit naß behandelt wird, sieht man von einer Vorreinigung lieber ab und setzt die üblichen Reinigungsmittel lieber dem Färbebade zu.

β) Strähn und Wirkware.

Man verfährt wie auf Seite 702 angegeben unter möglichster Vermeidung aller quellend wirkender Reinigungsmittel.

So empfiehlt z. B. die Böhme Fettchemie G. in ihrem Heft „Zellwolle“ bei geringerer Verschmutzung mit 1—2 g Gardinol CA im Liter 30 Minuten bei 60—100° zu reinigen, nur bei stärkerer Verschmutzung unter Zusatz von 0,5—1 g Soda. Bei Anwesenheit mineralölhaltiger Schmälzen oder sonstiger schwer entfernbarer Öle und Fette soll Lanaclarin MK zugesetzt werden.

Die **I. G.** empfiehlt in ihrem Heft „Vistra“ mit 0,5—1 g Igepon T + 1 — 2 g Mars. Seife + 1 — 2 ccm Laventin KB oder mit 1—2 g Marseiller Seife + 2 — 3 ccm Laventin HW im Liter 30 Minuten bei 60—70°, im Bedarfsfalle noch eine Viertelstunde kochend heiß zu reinigen.

Nach dem Reinigen erst heiß, dann erst kalt spülen, damit die emulgierten Fette nicht erstarren und auf die Faser zurückschlagen.

Bei Azetatzellwolle kann in der gleichen Weise gereinigt werden, wenn die übliche Vorsicht beachtet wird: Kein starkes Alkali (statt Soda lieber 2 ccm Ammoniak auf den Liter), Temperatur höchstens 70°, Vermeidung aller Hilfsmittel, die lösend auf Zelluloseazetat einwirken können!

γ) Gewebe.

Mit Bezug auf die Entschlichtung gilt das S. 647 gesagte.

Aufgeschlossene Stärke und andere wasserlösliche Schlichtemittel wie Ortoxin K, Amylose D oder N, Ramasit I und Leim lassen sich bereits durch halb- bis einstündiges Waschen bei 50—90° mit 0,5 g Igepon T + 2 g Seife + 1 g Laventin KB oder HW im Liter entfernen.

Unaufgeschlossene Stärke wird vorher nach S. 647 aufgeschlossen.

Leinölschlichten (leicht riechbar) lassen sich am besten zweibadig entfernen. Im ersten Bade läßt man 1 Stunde bei 50—65° mit 2—3 g Soda kalz. und 2—3 ccm Laventin HW (bei hartem Wasser) oder BL (bei weichem Wasser) quellen. Im zweiten Bade wird mit 1 g Soda kalz., 2—3 g Mars. Seife, 1—2 ccm Laventin HW oder BL und nötigenfalls 1—2 g Natriumperborat im Liter bei 90° 1 ½ bis 2 Stunden behandelt.

Bei weichem Wasser kann man auch im Einbadverfahren zunächst mit 1—3 ccm Lenocal AL flüssig (I. G.) + 3 — 5 g Seife im Liter bei 40° vorquellen lassen und dann auf 85—90° treiben. Die Böhme Fettchemie Ges. empfiehlt Vorquellen mit 2—3 g Lanaclarin MK und 0,5—2 g Soda im Liter 1—2 Stunden bei 50°, worauf auf 100° getrieben wird; nötigenfalls unter Zugabe von 0,5—1 g Ondal, das ähnlich wie Perborat oxydierend wirkt.

Für das Kreppen (Kripponieren) Zellwollkreppgarn enthaltender Gewebe gilt das S. 286a gesagte. S. a. Vistraheft der **I. G.** S. 11.

Bleichen vor dem Färben ist nur ausnahmsweise nötig. Näheres s. Band IV.

c) Färben.

Wie schon S. 714 erwähnt, entsprechen die Färbverfahren für Zellwolle in chemischer Beziehung vollkommen denjenigen für die Kunstseidenarten gleicher Herkunft (S. 702ff.; s. a. Anleitungen zum Färben, Drucken und Ausrüsten von Vistra der **I. G.**, Abteilung Vistrafaser, Berlin).

Das Färben der Zellwolle ist mithin verschieden bei Viskose- und Kupfer-Zellwolle einerseits und bei Azetatzellwolle andererseits.

α) Kupfer- und Viskosezellwolle.

Die Kupferzellwolle (Cuprama) tritt der Menge nach gegen die Viskosezellwolle zurück, noch mehr als die Kupferkunstsseide gegen die Viskosekunstseide. Wie zu erwarten zieht sie substantive Farbstoffe sehr stark, basische dagegen nur wenig an.

Unter den Viskosezellwollen ist die Vistra (Band II, 265) die älteste und wichtigste.

Vistra wird als Flocke, Zug, Strähngarn, Wickel und Stückware gefärbt.

1. Flocke.

Flocke und Stichelhaar (besonders kräftige Faser) wird gefärbt, um in Streichgarnspinnerei zu Mischgarnen, hauptsächlich mit Wolle versponnen zu werden. Sie werden zunächst mit der Hand oder besser auf der Krempel aufgelockert, damit sie sich besser durchfärben lassen. Man färbt im offenen Kessel, besser auf Apparaten, wobei aber für mehrschichtige Lagerung (S. 685) zu sorgen ist. Der Deckel wird nur so aufgelegt, daß die Flotte ruhig kreisen kann, am besten mit wechselnder Richtung. Das Farbgut darf nicht zu einem Block zusammengepreßt werden.

Man geht mit der trockenen Zellwolle in das Färbebad ein, das für tiefere Farben aus Preisgründen mit Immedial-, für hellere und echtere Farben mit Indanthrenfarbstoffen beschickt ist. Mitunter genügen auch Diazofarbstoffe (s. Karte 1408 **(1937)** der **I. G.:** Färbungen auf Zellwolle (Vistra-matt).

Vistra-Stichelhaar muß mit solchen Indanthrenfarbstoffen gefärbt werden, daß es nicht nur koch- und chlorecht, sondern auch neutral- und sauerüberfärbeecht ist, um loser indanthren gefärbter Vistra oder ungefärbter loser Wolle beigemischt werden zu können.

Bei Durchfärbeschwierigkeiten mit Indanthrenfarbstoffen im Packapparat empfiehlt sich die Anwendung des besonderen Imprägnierverfahrens der **I. G.**, bei welchem das Farbgut zunächst nur mit dem angeschlämmten Farbstoff imprägniert wird, worauf verküpt und fertig gefärbt wird.

Als Netz- und Durchfärbemittel empfiehlt z. B. die I. G. für Immedialfärbungen Humectol CX, für Indanthrenfärbungen Humectol CX oder Peregal O, die Böhme Fettchemie 0,5—1 g Oxycarnit L 50 je Liter.

2. Zug.

Zug oder Kammzug kann sowohl als Bobine als auch als Band gefärbt werden.

Die Bobinen sollen mit vier- bis fünffachem Band (10 g je Meter) locker und gleichmäßig gewickelt werden. Man entferne daher den für Wolle üblichen Stahlkern aus der Holzspule und stelle den Zahnradwechsel so ein, daß Vistrazug beim Austritt aus dem Kammsystem nachgeschoben wird. Die Bobinen sollen nicht schwerer als 1,5—2 kg Vistrazug tragen, bei Immedialfärbungen kann bis 3 kg gegangen werden. Die auf die durchlochten Materialträger gesetzten Bobinen können durch darüber gestellte durchlochte Spinnkannen vor dem Verbeulen während des Färbens geschützt werden.

Substantive Farbstoffe sind besonders zum Färben der Bobinen geeignet, weil sie leicht löslich und im neutralen Bade zu färben sind. Gut bewährt haben sich die Siriusfarbstoffe, insbesondere Siriuslichtgelb RT, -scharlach B, -blau BRR, 3 R und 6 G und -grün BB.

Den trockenen Bobinen im Aufsteckapparat wird die kochende Flotte zugesetzt und 5 Minuten stehen gelassen, bis die Luft aus den Bobinen entwichen ist; dann erst wird die Umlaufpumpe in Gang gesetzt.

Immedialfarbstoffe erheischen größere Vorsicht. Zunächst muß auch hier der Luft genügend Zeit gelassen werden, um aus der Bobine zu entweichen. Ferner muß der Farbstoff gut gelöst sein, was seinerseits gewisse Vorsichtsmaßregeln erfordert:

1. Auswahl gut löslicher Farbstoffe; bewährt haben sich Immedialgelbolive 3 GR extra, -gelbbraun G extra, -braun BR extra, -indonviolett B extra, -direktblau RL extra, -grün GG, -carbon KRN und -schwarz MO extra.

2. Verwendung hinreichender Mengen Natriumsulfids.

3. Lösen des Natriumsulfids am vorhergehenden Tage, damit sich die unvermeidlichen Teilchen Eisensulfid zu Boden setzen können, und Abhebern der klaren Lösung.

4. Mindestens ½ Stunde den Farbstoff mit der Natriumsulfidlösung kochen.

Etwaige Netzmittel müssen so ausgewählt werden, daß sie salzbeständig sind. Netzmittel auf Ölbasis sind dies nur wenig; sie werden leicht ausgesalzen und im Innern der Bobine abgeschieden.

Nach dem Färben muß sorgfältig in weichem Wasser gespült werden. Mindestens 1 Stunde soll das Gut im Spülwasser verbleiben, damit auch der letzte Rest Farbflotte entfernt ist. Dieser würde sich beim nachfolgenden Oxydieren als Farbstoff im Innern der Bobine ausscheiden und bronzige, zum mindesten reibunechte Färbungen ergeben.

Indanthrenfarbstoffe bereiten Schwierigkeiten, wenn beim Verküpen an die 10 ccm Natronlauge 38° Bé auf 1 Liter verwendet werden müssen und die Zellwolle zu stark quillt.

Am besten bewährt sich auch hier das Klotzverfahren, besonders bei nicht zu großen Bobinen (2½ kg).

Besonders schwer gleich zu färben sind die stark substantiven Blau-Marken.

Indigosolfarbstoffe lassen sich dagegen, weil wasserlöslich, gut auf 5 kg schwere Bobinen färben. Bewährt hat sich besonders Indigosolblau JBC Teig, dessen Mischung mit -braun JBR wertvolle Grau ergibt.

Man färbt bei 30—33° im schwach ammoniakalischen Bad, setzt nach ¼ Stunde in Anteilen Glaubersalz und dann vorsichtig Essigsäure zu bis zur Entfärbung der Flotte (unter Bildung eines besser ausziehenden Di-esters). 33° sollen nicht überschritten werden; bei 35° fällt der Farbstoff aus und geht für die Färbung verloren. Nach vollkommenen Ausziehen der Bäder wird die Schwefelsäure zugesetzt.

In Bandform kann Vistrazug gefärbt werden, wenn mehrere nicht zu dicke Bänder mit Hilfe endloser Tragbänder durch das Färbebad geführt werden. Auch auf der Lisseuse (Band II, S. 212) kann z. B. Naphthol AS gefärbt werden.

3. Strähngarn, s. S. 706.

4. Wickelkörper.

Kreuzspulen mit 400—500 g Garn, lose gewickelt, können auf Apparaten ungenetzt mit Indanthren bzw. Naphthol AS gefärbt, abgesaugt und unter Umständen getrocknet werden.

Kettbäume von besonderer Bauart, auf die mittels geeigneter Zettelmaschine in leichter Kreuzwickelung aufgebäumt wurde, mit unter 20 kg Garn, gestatten gleichmäßiges Durchfärben, auch mit Indanthrenfarbstoffen, besonders nach dem IK- und IW-Verfahren.

5. Stückware, s. S. 706.

S. a. Karte 1077 (1934) der **I. G.:** Färbungen auf Vistragewebe, S. 5100 **(1935)** Modetöne auf Vistragewebe und 1356 **(1937):** Substantive Farbstoffe auf Zellwollgewebe (Vistra-Agfa).

β) Azetatzellwolle, s. S. 710.

„Lanusa", von der **I. G.** nach dem Streckspinnverfahren hergestellte Viskosezellwolle (Lizenz an die Thüringische Zellwolle A. G., Schwarza, daher auch „Schwarza" genannt) mit starker Kräuselung färbt sich ebenso tief an wie Kupferzellwolle, so daß es den Anschein hat, als wäre die Ausrichtung der Zellulosemolekeln die gemeinsame Ursache. S. a. F. Günther, Das Färbevermögen der Zellwollen (M. f. T. **1938,** Fachheft II, 45).

F. Gemischte Fasern. S. 500.

a) Halbwolle. S. 501.

In der Vorappretur wird dem Waschbad zur Entfernung des Spinnöls und Kettenleims heute gern 0,5—1 g Igepon A zugesetzt, worauf erst lauwarm, dann kalt gespült wird.

Wenn mit Kartoffelmehl geschlichtet wurde, empfiehlt es sich vor dem Krabben mit Biolase oder Viveral zu entschlichten (S. 647).

1. Vorfärben der Baumwolle. S. 502.

Die Baumwolle in nicht karbonisierter loser Reißwolle (Zeile 2 v. u.) wird heute mit Immedialleukofarbstoffen vorgedeckt. Am besten eignet sich ein eiserner Färbeapparat mit auswechselbarem Materialträger (S. 652), auch ein Indigofärbeapparat mit aushebbarem Siebeinsatz (Abb. 41) und Quetschvorrichtung.

Man bereitet zuerst eine Stammküpe, indem man z. B. 10 g Immedialcarbon BO mit 20 g Soda kalz. in 100 ccm Wasser bei 70° anrührt und 10 g Hydrosulfit konz. Pulv. langsam einrührt. 1 Liter Bad wird mit 0,2 g Soda kalz. und 0,1 g Hydrosulfit konz. Pulv. vorgeschärft, die nach 15—20 Minuten langem Stehen gebrauchsfertige Stammküpe und (zum Schutz der Wolle gegen die alkalische Einwirkung) 10 g Protectol II N zugegeben, nötigenfalls zur Erhöhung der Deckkraft noch 5—10 g Kochsalz.

Man geht mit der gereinigten, geschleuderten Reißwolle kalt ein, färbt 20—30 Minuten, spült sofort und säuert mit Essigsäure ab.

Beim Weiterfärben auf altem Bade werden das erste Mal 70, späterhin 40% des Ansatzes zugegeben.

2. Erst Wolle, dann Baumwolle färben. S. 503.

Bei Verfahren 2. B. möchte man oft die Baumwolle möglichst tief decken, ohne daß die Wolle dabei nachdunkelt. In diesem Falle setzt man dem Baumwollfärbebad 2—3% Katanol SL oder WL (I. G.) oder Erional C oder CL (Geigy) zu und färbt bei 50—70°.

Bei Verfahren 2. C. (Zeile 3 v. u.) muß natürlich die Wolle bzw. Reißwolle walkecht vorgefärbt sein. Man walkt bei 50° unter Zusatz des substantiven Baumwollfarbstoffes und vorteilhaft zwecks besseren Durchfärbens 1½—2 g Leonil SB auf 1 Liter Flotte und spült gut.

Als Verfahren 2. D. mag das walk- und lichtechte Decken baumwollhaltiger Reißwolle in kaltem Bade während ½—¾ Stunde mit Schwefelfarbstoff und Hydrosulfit erwähnt werden. Es wird entsprechend S. 723 gearbeitet.

3. Erst Baumwolle, dann Wolle färben, S. 504.

Das Verfahren 3. A. wird z. B. für seewasserechte Färbungen auf Halbwolltrikot angewendet (Musterkarte 504 (1931) der **I. G.**). Die Diazofarbstoffe werden bei 60° mit 3% Katanol WL und 30—40% Glaubersalz krist. 1 ½ Stunden gefärbt, gespült, diazotiert, gespült, entwickelt und gespült. Die seewasserechten sauren Wollfarbstoffe z. B. Supranole werden mit 10% Glaubersalz krist., 5—10% Ammonazetat und 1—2% Essigsäure 30% gefärbt; Eingehen bei 50°, langsam zum Kochen treiben, 1 Stunde kochen. Zusatz von 3% Intrasol erhöht die Reibechtheit.

Das Verfahren 3. B. ist heute durch das Schwefelfarbstoff-Hydrosulfitverfahren S. 723 überholt.

Die Wolle wird unter Zusatz von Ameisensäure nachgefärbt. Ins letzte Spülbad müssen 3—5 g Natriumformiat oder -azetat auf 1 Liter gegeben werden.

Beim Verfahren 3. C. wird in der Walke gefärbt und zwar hauptsächlich mit den überfärbeechten Pluto-schwarz BS extra und -walkschwarz B, ferner mit bestimmten Diazotierungsfarbstoffen. Nach der Walke läßt man 1—2 Stunden liegen und spült lauwarm und kalt.

4. Baumwolle und Wolle zugleich färben. S. 505.

Das Verfahren 4. B. (S. 506), wonach substantive zugleich mit Chromfarbstoffen gefärbt werden, ist sehr vervollkommnet worden. (Halbwollchromverfahren). Man färbt in kurzem Bade mit bestimmten substantiven und Chrom-, besonders Metachromfarbstoffen unter Zusatz von 25% Glaubersalz krist. und 3—5% Metachrombeize + 2 — 3% Ammonsulfat oder 0,25—1% Kaliumbichromat + 3—5% Ammonsulfat, geht bei 50—60° ein, treibt zum Kochen, kocht ½—¾ Stunden und läßt bei abgestelltem Dampf noch ¾—1 Stunde nachziehen. Dadurch, daß die Chromsalze die substantiven Farbstoffe etwas von der Wolle fernhalten, läßt sich die Baumwolle damit tiefer decken.

S. a. Geigy Musterkarten 785 (1931) und 892 (1935); I. G. M. K. 108 (1928) Färbungen auf Halbwollgolfers, 442 (1931) Halbwollfarbstoffe, 504 (1931) Seewasserechte Färbungen auf Halbwolltrikot, 783 (1933) Färbungen auf Halbwollgarn, S 5378 Halbwollecht- und Siriusfarbstoffe, 1230 „Die Halbwollfärberei“ und Ratgeber Wolle 1932 S. 571. Rabe, Wollreserve in der Färberei von Mischgeweben, T. **1935,** 47; E. Köster, Einiges über Mischgewebefärberei T. **1935,** 363; R. Haynn, Immedialleukofarbstoffe in der Halbwollfärberei, T. **1936,** 58 und 226.

b) Halbseiden. S. 508.

Vorappretur.

Gebleicht wird auf Holz- oder Steingutbarke mit 10% Wasserstoffsuperoxyd 30%ig vom Gewicht der Ware. Man erwärmt durch eine geschlossene Bleischlange auf 60°. Durch einen Siebboden ist die Ware vor der Berührung mit der Bleischlange geschützt. Man haspelt die Ware, legt für 3—4 Stunden ein, deckt die Barke zu, haspelt nochmals unter Erwärmen auf 60° und legt nochmals ein. Dann wird gespült, schwach geseift und gleich gefärbt.

Gefärbt wird für

I. Einfarbigkeit („Uni").

Heute fast nur noch nach dem Einbadverfahren, S. 509.

Substantive Farbstoffe werden am meisten gebraucht. (Musterkarte 17 (1929) der **I. G.**).

Man färbt mit 2—4 g Marseiller Seife oder 1—2 g Igepon T, 0,2—0,5 g Soda (bei hartem Wasser) und 0—20 g Glaubersalz krist. im Liter bei 20—30facher Flotte. Man geht bei 50° ein und steigert bei hellen Farben bis 70°, bei dunklen bis 90°.

Wenn nötig, gibt man für die Seide noch etwas Säurefarbstoff zu, der im Glaubersalz-Seifenbad auf die Seide zieht.

(Soll die Seide möglichst wenig angefärbt werden, so empfiehlt sich das Katanol-Reserve-Verfahren:

Entweder wird mit 10% Katanol WL und 4% Ameisensäure 1 Stunde bei 90° vorbehandelt, gespült und gefärbt mit substantiven Farbstoffen unter Zusatz von 20—30% Glaubersalz krist. bei 50°

oder (nicht so wirksam) wird unter Zugabe von 3% Katanol WL ¼ Stunde bei 30° und ¾ Stunde bei 60° gefärbt.)

Für höhere Ansprüche an Wasserechtheit, insbesondere auch für Schwarz, verwendet man Diazo- und Formaldehyd-Farbstoffe.

Tramseidene Strümpfe mit baumwollenen Fuß und Rand (Manschette) werden im Seifenbad unter Zusatz von Laventin KB oder HW (1—2 ccm auf 1 Liter) und Igepon T (besonders bei hartem Wasser) gereinigt, meist auch entbastet und im frischen oder auch gleich im Reinigungsseifenbad mit substantiven Farbstoffen gefärbt, denen man, wenn nötig, für die Seide noch im Seifenbad aufziehende saure oder auch Janusfarbstoffe beigibt. Damit die Nähte durchfärben wird Glaubersalz erst zum Schluß und nur bei dunklen Farben zugesetzt. Die Strümpfe werden meist an Stöcken hängend auf der Barke gefärbt. Im Trommelapparat (S. 668) bekommt die Seide leicht Scheuerstellen.

Schwefelfarbstoffe. S. 509.

Sie werden heute nur noch selten und dann mit Protectol zum Schutz der Seidenfaser gefärbt.

Der mit Eulysin A- oder Igepon T-Lösung angeteigte, durch Aufkochen mit Natriumsulfid gelöste Farbstoff wird dem 50—60° (bei Schwarz 80—90°) warmen Bade zugesetzt, das außerdem 1 g Soda, bis zu 20 g Glaubersalz kalz. und 5—10 g Protektol 1 Pulver doppelt auf 1 Liter enthält. Man färbt 1 Stunde, quetscht ab, spült, seift, wenn nötig, und schönt.

Kräftigere Farben enthält man nach dem Hydrosulfitverfahren: Der wie oben angeteigte, mit der dreifachen Menge Soda kalz. und etwas Wasser aufgekochte Farbstoff wird durch vorsichtiges Einstreuen der gleichen Menge Hydrosulfit konz. Pulver nach dem Abkühlen auf 50° gelöst und nach 20—30 Minuten Stehen durch ein Sieb dem 60° warmen Bade zugesetzt, das außerdem bis zu 20 g Glaubersalz kalz. auf 1 Liter enthält. Protectolzusatz wirkt auch hier günstig. Man färbt 1 Stunde, am besten unter der Flotte, spült, verhängt kurz, säubert mit Essigsäure ab, spült, seift heiß, spült und schönt.

Küpenfarbstoffe in bestimmter Auswahl liefern die beste Echtheit.

Abkürzungen.

A oder Agfa	Aktiengesellschaft für Anilinfabrikation, Berlin
Atm	Atmosphären
Atü	Atmosphären Überdruck
B.	Berichte der Deutschen Chemischen Gesellschaft, Berlin
B oder BASF	Badische Anilin- u. Sodafabrik, Ludwigshafen
D. F. Ztg.	Deutsche Färberzeitung
DH. oder Durand	Farbwerke vorm. L. Durand, Huguenin & Co., Basel
D.R.P.	Deutsches Reichspatent
Färb. Ztg.	Lehnes Färberzeitung
F. P.	Französisches Patent
G. oder Geigy	J. R. Geigy A.-G., Basel
G_1	Ausfärbung 1 der Musterbeilagen von Geigy
I. G.	Interessengemeinschaft der deutschen Farbstoff-Fabriken, Frankfurt a. M.
I. oder Ciba	Gesellschaft für chemische Industrie, Basel
I_1	Ausfärbung 1 der Musterbeilagen der Ciba
J. Ch. I.	Journal of the Society of chemical Industry, USA.
J. Col.	Journal of Dyers & Colourists
L.	Löslichkeit
L_1	200—20 g im Liter löslich — leichtlöslich
L_2	20—10 g im Liter löslich
L_3	10— 5 g im Liter löslich
L_4	5— 1 g im Liter löslich — schwerlöslich
L. E.	Lichtechtheit
L. M. f. T.	Leipziger Monatsschrift für Textilindustrie
M. f. T.	Monatsschrift für Textilindustrie, Leipzig
M. L. B.	Farbwerke vorm. Meister Lucius & Brüning, Höchst
Mol.	Molekel (Molekül) oder Grammol
Rev. gén. mat. col.	Revue générale des matières colorantes, Paris
S.	Seite
S. oder Sandoz	Chemische Fabrik vorm. A. Sandoz, Basel
T.	Melliand Textilberichte, Heidelberg
W. E.	Waschechtheit
Wa.E. oder W.K.	Walkechtheit
Z.	Zeile
Z. f. ges. Text	Zeitschrift für die gesamte Textilindustrie. Leipzig

Namen.

Stichwörter.